Christine Ax

Das Handwerk der Zukunft

Leitbilder für nachhaltiges Wirtschaften

Springer Basel AG

Die Deutsche Bibliothek – CIP-Einheitsaufnahme

Ax, Christine:
Das Handwerk der Zukunft : Leitbilder für nachhaltiges Wirtschaften / Christine Ax. – Basel ; Boston ; Berlin : Birkhäuser, 1997

ISBN 978-3-7643-5674-3 ISBN 978-3-0348-6112-0 (eBook)
DOI 10.1007/978-3-0348-6112-0

Ursprünglich erschienen bei Birkhäuser Verlag 1997

Gedruckt auf säurefreiem Papier, hergestellt aus chlorfrei gebleichtem Zellstoff. TCF ∞
Umschlaggestaltung: Matlik und Schelenz, Nieder-Olm

9 8 7 6 5 4 3 2 1

Lukas, Kapitel 6, Vers 43–49

Ich widme dieses Buch Andreas Grzybowski,
der den Traum vom ganzen Menschen mit mir teilt,
meinem Mann und unseren Kindern Christopher,
Louise und Catarina

Inhalt

Inhalt

Welche Zukunft wollen wir?

Auf dem Weg in das Handwerk von morgen

Geleitwort von Franz-Theo Gottwald

Im Flußbett der Megatrends

Trendforschung hat nach wie vor Hochkonjunktur. Angesichts der vielfältigen Wandlungsprozesse, in denen sich die Industriegesellschaften befinden, herrschen große Orientierungsprobleme. Von Trendforschern wie J. Naisbitt, H. Kahn oder G. Gerken erwarten wir uns Orientierungen darüber, wie denn der Fluß des Lebens in Zukunft sein Bett ändern wird. Wie auch immer die Qualität der Aussagen – wer vorgibt, ein wenig mehr vom Morgen zu wissen, der findet schnell ein immer größer werdendes Publikum. Was früher die Kartenlegerinnen, Astrologen, Hellseher und Wahrsager besorgten, müssen heute die Trendforscher leisten. Dabei ist eines klar: Wenn Menschen etwas zum Trend oder zu ihrer eigenen Zukunft erklären, wird es im Sinn einer sich selbst erfüllenden Prophezeiung in der Tat zukunftschaffend. Ohne ein Für-wahr-Halten und Für-ernst-Nehmen, also ohne ein aktives Aufgreifen der erklärten Trends, bekommen sie nicht die Macht und die Sogwirkung, die kommende Zeit tatsächlich und nicht nur in der Phantasie zu prägen.

Ich glaube deshalb daran, daß es Entscheidungsspielräume gibt darüber, welche Zukunft der einzelne, aber auch Gruppen wie beispielsweise einzelne Handwerke haben. In dieses Feld zukunftsrelevanter Entscheidungen pflanzt Christine Ax ihr Buch. Sie greift Trends in Richtung eines nachhaltigen, eines allseitig verträglichen Lebensstils auf und zeigt die großen Chancen, die gerade das Handwerk in diesen Entwicklungen bekommt.

Es gibt zweifelsohne Megatrends, also globale Entwicklungspfade, die sich schon jetzt absehen lassen. Für das Handwerk deuten die meisten dieser Megatrends darauf hin, daß nach Jahrzehnten durch industrielle Entwicklungen ausgelöster Depression nun eine bessere Zeit anbricht. Die für die allgemeine Wohlfahrt zentrale Rolle der Industrie wird zunehmend zugunsten von Verarbeitern des Rohstoffs „Information" verschoben. Die ökonomische Zukunft gehört den Dienstleistern. Dazu zählt auch das Handwerk, wie Ax es eindrucksvoll im Rückgriff auf die Historie manches Einzelgewerks aufzeigt. Die Organisationsform und die Art, wie sich größere Gemeinschaften selbst verwalten werden, verändert sich von zentral wirkenden Einheiten zu dezentralen Strukturen. Netzwerke von Kompetenz entstehen, die sich weg von kurzfristigen hin zu langfristigen Planungen und ganzheitlichen, qualitativ hochwertigen Leistungen wandeln. Mehr und mehr kommt es schließlich auf die menschliche, soziale und ökologische Komponente an, wenn man am Markt erfolgreich sein will – auch dies eine der Herausforderungen für das Handwerk.

Von Ax lernen wir, daß der Wandel in der Bedürfnisstruktur der Kunden von morgen absehbar ist. Zukünftig wird das Kleine wieder sympathisch und vertrauenswürdig wirken. Darüber hinaus möchte ich betonen, daß Erfahrungen, die Konsumenten und Nutzer von Dienstleistungen beispielsweise mit „ihrem" Schreiner um die Ecke gesammelt haben, schneller als früher weitergegeben werden, da das Bewußtsein der Vernetzung viel stärker werden wird. Beziehungen, Prozesse und Abläufe stehen mehr und mehr im Mittelpunkt des Erlebens der dienstleistungsorientierten Mitbürger und nicht länger Dinge, Objekte oder Fakten. Der Handwerker, der auf dem Klavier der zwischenmenschlichen Kontakte und des aktiven Miteinanders am besten spielt, wird in seinem Markt am erfolgreichsten sein. Zukünftig wird mehr denn je der Erwerb eines Produkts oder einer Dienstleistung eine Bereicherung des Lebens darstellen müssen. Wo teilweise heute noch Produzenten und Anbieter ihre Auffassung im Markt gegenüber Käufern durchdrücken, wird es in Zukunft mehr und mehr darum gehen, die gegenseitige Beeinflussung im Kommunikationssystem „Produzent-Handwerker-Nutzer/Konsument" zu begreifen.

Für die Organisation auch der kleinen und mittelständischen Handwerksunternehmen zeichnet sich ebenfalls das Wirken von Megatrends ab. Alte hierarchische Strukturen werden aufgebrochen. Über Ax hinausgehend, behaupte ich, daß Arbeitnehmerbeteiligungen, Kooperativen und Netzwerken die Zukunft gehört. Kleine funktions- bzw. bereichsübergreifende Arbeitsteams erlauben ein Höchstmaß an Flexibilität, Manövrierfähigkeit und Kreativität. Formale Position und Autorität verlieren in diesen Teams an Bedeutung. Statt der Festanstellung von Mitarbeitern werden verstärkt Arbeitskräfte geleast bzw. Spezialisten für definierte Projekte auch von kleineren Handwerksbetrieben unter Vertrag genommen werden. Flexiblere Arbeitszeiten, Job-Sharing, Job-Enrichment sind neue Organisationsformen der Arbeit.

Die Erwartung von Mitarbeitern, daß sich die Arbeit ihrer Art zu leben und ihren Vorstellungen anpaßt und nicht umgekehrt, ist fest eingerastet und bestimmt das soziale Klima in allen Unternehmen. Die Identifikation mit dem Betrieb und seiner Organisation wird nachlassen. Mitarbeiter wollen ihre Arbeitsaufgaben und ihre Rolle in größeren Zusammenhängen verstehen und auch einsehen können, wie sich ihre Arbeit auf das Ganze auswirkt. Die Fähigkeit, gezielt Auskunft zu geben, weiterzubilden, und ein hohes Maß an Informiertheit spielen für Meister und Betriebsleiter sowie für mittelständische Unternehmer eine immer größere Rolle. Auch im Handwerk werden Information, individuelles und organisationales Lernen und Kreativität als lebenswichtige Ressourcen erkannt. Intuition und Vision werden immer bedeutender, um unter den Mitarbeitern und bei sich selbst seelische Stabilität in einer turbulenten Welt zu schaffen.

Handwerk und „Neue Arbeit"

Ax unterstellt mit Leitbildern wie Maßproduktion, Reparieren, umweltfreundlicher Energieerzeugung und -bereitstellung, Lebensmittelherstellung in der Region und anderen Zukunftsperspektiven ein neues Verständnis von Arbeit. Um ihre Auffassung zu ergänzen, möchte ich hier hervorheben, daß das Arbeitsverständnis in unserer Gesellschaft vor einem revolutionären Umbruch steht. Die Krise der Erwerbsarbeit ist offensichtlich. Wenn in der Erwerbsarbeitsgesellschaft die Arbeit auszugehen scheint, wird die ganze Schematik des Lebens, die Freuden und Leiden, der Begriff von Leistung, die Balance der Mächte, erschüttert. Der Hintergrund für ein dringend notwendiges neues Begreifen dessen, was Arbeit in Zukunft sein kann, ist die anhaltende und steigende Massenarbeitslosigkeit sowie die diffuse Bedrohung durch die Globalisierung. Auch wenn das Handwerk scheinbar bessere Karten als die Industrie hat im Spiel der ökonomischen Globalisierung, also der zunehmenden wirtschaftlichen Verflechtung von Ländern und ihren Wirtschaftszweigen, müssen selbst kleine und mittelständische Unternehmen ihre Entscheidungen immer mehr in einem internationalen statt bloß nationalen Rahmen fällen. Güter, Kapital und Technologien werden zunehmend mobiler, die Kosten für den Informationsaustausch sinken, und die Geschwindigkeit desselben steigt. Für das Handwerk relevant sind folgende Trends:

- Deutschland krankt an einem ausgeprägten Dienstleistungsdefizit. Trotz der im Vergleich zur Industrie günstigeren Beschäftigungsdynamik des Handwerks ist auch in Deutschland das beschäftigungsmäßige Expansionspotential, das in einer Dienstleistungsgesellschaft steckt, nicht ausgeschöpft.
- Die Beschäftigungschancen werden zu Beginn des nächsten Jahrhunderts noch ungleicher verteilt sein als jetzt. Erwerbspersonen ohne formalen Ausbildungsabschluß müssen in noch steigendem Maß mit dem Risiko der Arbeitslosigkeit fertig werden. Das Überangebot an jungen Arbeitskräften ohne Ausbildungsabschluß steigt weiterhin. Das System der dualen Ausbildung ist in einer Krise.
- Alle Arbeitsbereiche werden zunehmend informatisiert. Der umfassende Einsatz der Mikroelektronik als Universaltechnologie wird die Arbeit der Zukunft flächendeckend prägen. Auch in handwerklichen Prozessen werden virtuelle Datenwerkstätten gemeistert werden müssen. Der Handwerker von morgen

muß mit dem Trend zur Visualisierung, den Möglichkeiten des Informations-Brokings, der Infographik etc. umgehen können.

- Die Qualifikationsanforderungen verändern sich, und die Qualitätsanforderungen werden größer. Auch im Handwerk verlieren manuelle und Routinearbeiten zunehmend an Bedeutung. Ein höherer Grad an Spezialisierung wird nötig und besonders größere Beratungsfertigkeiten, da die erwarteten Dienstleistungen des Handwerks und das sich verändernde Kundenerwartungsmuster hin zu Dialog und Beratung tendieren. Der Trend zu Gruppen und kleinen Teams fordert neue und erweiterte Kompetenzen der Beschäftigten. Die Kundenerwartung an gleichbleibend hohe Qualität der handwerklichen Leistung ist flächendeckend gestiegen. Wer morgen überleben will, muß heute etwas Besonderes bieten.
- Nur diejenigen Arbeitnehmer werden auf Dauer auch in handwerklichen Betrieben zur Kernmannschaft gehören, die sich als Mitunternehmer begreifen. Aber auch alle Nichtfestangestellten müssen eine Doppelrolle als Arbeitnehmer/Unternehmer erlernen, um zu „Geschäftsführern ihrer Arbeitsfähigkeit" zu werden und sich frei zu assoziieren, wenn ein ortsansässiger Betrieb aufgrund zunehmender Projekte mehr freie Mitarbeiter braucht. Projekte werden auch im Handwerk in Zukunft mehr auf der Basis von Netzwerkstrukturen oder sogenannten „atmenden Organisationen" bewältigt. Dies führt zu ungewöhnlichen Beschäftigungsverhältnissen. Die Arbeitnehmer von heute werden morgen jenseits des regulierten und geschützten Arbeitsmarkts bestehen müssen und sich in den neuen Dienstleistungsmärkten mit all ihren Unwägbarkeiten bewähren. Diese „Entbetrieblichung" führt dazu, daß nicht nur Fleiß, Korrektheit und Pflichterfüllung zählen, sondern auch Lernfähigkeit, Flexibilität, unternehmerischer Mut und ein hohes Maß an Verantwortungsbereitschaft.

Die guten Seiten dieser Trends für das Handwerk von morgen bestehen darin, daß Handwerker Vorreiter und vorzügliche Begleiter von Prozessen des Umlernens breiter Teile der Bevölkerung sind, die nicht mehr ausschließlich von der Erwerbsarbeit leben können. Das in den USA immer weiter ausgreifende Konzept der „Neuen Arbeit" nach F. Bergmann richtet sich an Menschen, die nur noch teilweise am erwerbswirtschaftlichen Arbeitsmarkt teilnehmen. Die durch Erwerbsarbeit nicht mehr ausgelastete Zeit füllen diese Menschen mit Leistungen in gärtnerischer, textiler, baulicher Selbstversorgung, für die sie größtenteils Anleitung brauchen.

Auch in Deutschland werden zunehmend Betriebe gegründet, in denen, von Handwerksmeistern angeleitet, Menschen ihre Kfz-Reparaturen oder Reparaturen von Elektrogeräten und ähnliche Aufgaben für ein geringes Maschinennutzungsentgelt und eine Einweisungsgebühr selbst erledigen können. Je weniger die auf dem Geldfluß basierende Wirtschaftsweise funktioniert und je mehr die Wirtschaft wieder auf den Tausch von Leistungen zurückgreifen muß, um so mehr wird das Handwerk eine gesellschaftlich tragende Rolle spielen als Träger von Kompetenzen, die zur Selbstversorgung nötig sind.

Auch in der Entwicklung eines weiteren Aspekts der sogenannten „Neuen Arbeit", nämlich dem Entdecken und Leben von Berufungen, kann dem Handwerk von morgen eine nützliche Funktion zukommen. Eine Vielzahl unserer Mitbürger weiß um brachliegende Begabungen, die darauf warten, daß „die Hände wieder entdeckt werden". Dies bezieht sich nicht nur aufs Schreinern, Schweißen, Elektrohandwerk, sondern auch auf Fertigkeiten, die das Lebensmittelhandwerk und der Garten- und Nutzpflanzenanbau vermitteln können.

Wer entscheidet? Oder: Neue Gestaltungsräume für die Auswahl von Zukunftsoptionen

Die von Ax brillant dargelegten Leitbilder für nachhaltiges Wirtschaften im Handwerk fußen auf einem neuen, wiedererstarkten Binnenwissen der Regionalität. Dem Trend zur Globalisierung steht der sich abzeichnende Trend zur Regionalisierung gegenüber. Um die zukünftigen heimischen Lebensverhältnisse, eingebettet in den Fluß von globalen Megatrends, regional zu gestalten, braucht es eine Re-Organisation der nationalen Politik im Sinn eines Umbaus von Staat und verbandlicher Regulierung. Davon werden auch die Handwerkskammern betroffen sein. Ich erwarte, daß sie sich viel aktiver denn je zuvor mit politisch tragfähigen Antworten auf die Frage zu Wort melden, welche Zukunft das Handwerk für sich will.

Die Regionalisierung von Politik im Sinn einer „subnationalen Handlungsfähigkeit" wird sich mehr und mehr durchsetzen, wenn das 1992 in Rio de Janeiro beschlossene Leitbild einer nachhaltigen Entwicklung von Ökonomie und ökologischer Gesamterhaltung greift. Regionen sind funktionsräumliche Einheiten mit einer gewissen autonomen politischen Handlungsfähigkeit, die oberhalb der kommunalen und unterhalb der nationalstaatlichen Ebene angesiedelt ist. Eine regionsorientierte Politik schließt die Regelungslücke, die sich dank Globalisierungen wie beispielsweise der Europapolitik mit dem Verlust nationalökonomischer Steuerungskompetenzen ergibt. Das Handwerk als Hauptakteur für eine Regionalisierung der Ökonomie ist mithin auch Träger für die Reaktivierung der Politik auf der regionalen Ebene. Regionen werden zu Arenen kollektiver Entscheidungsprozesse. Von den Interessenvertretungen der einzelnen Akteursgruppen müssen an Runden Tischen oder in Form anderer neuer Verhandlungssysteme Entscheidungen für ihre Region getroffen werden.

Neue Ansatzpunkte für eine regionale Politik ergeben sich auch aus der veränderten Nachfrage nach regionalen Unternehmensnetzwerken – und dazu kann auch der Verbund von Handwerksbetrieben unterschiedlichster Art zur Bewältigung gemeinsam gewählter Projekte gehören –, die spezifische öffentlich und politisch zu vereinbarende Dienstleistungen beispielsweise im Verkehrssystem benötigen, um funktionieren zu können. Ich gehe davon aus, daß in Zukunft das Prinzip der Freiwilligkeit und des Konsenses vorherrschen wird. Das Handwerk hat in seiner Form der Selbstorganisation immer nach diesen Prinzipien Entscheidungen getroffen und kann deshalb auch aus dieser Perspektive ein Zukunftsfaktor Nummer eins sein.

Die Schweisfurth-Stiftung, München, hat sich in den vergangenen Jahren mit den genannten Trends und der Zukunftsfähigkeit des Handwerks, speziell in der Lebensmittelerzeugung, auseinandergesetzt. Sie hat deshalb das Projekt „Handwerk" von Christine Ax gerne gefördert, erfaßt es doch die Folgen globalen politischen Umsteuerns in Richtung einer langfristig verträglichen Wirtschafts- und Lebensweise für das gesamte Handwerk in der Bundesrepublik.

Bei der Lektüre dieses richtungweisenden Werks wünsche ich Ihnen die Zielstrebigkeit, Wachheit und den langen Atem, die handwerkliches Tun immer schon ausgezeichnet haben.

Franz-Theo Gottwald ist geschäftsführender Vorstand der Schweisfurth-Stiftung, München

Einleitung

„Eine Gemeinschaft mit einer niedrigen Produktivität und einem hohen handwerklich/künstlerischen Schaffensniveau wird auf Dauer materiell reicher sein als eine moderne Gesellschaft, in der die Industriegewinne in vergänglichen, unfruchtbaren Ausgaben verzettelt werden. Ausschlaggebend ist das Verhältnis von Produktion zum Schaffen von Werten."

Lewis Mumford

Der Konzern Handwerk ist heute in Deutschland der größte Arbeitgeber und dennoch für die meisten Menschen ein unbekannter Kontinent. Wer an Wirtschaft denkt, der denkt an Mercedes-Benz und vergißt den Bäcker von nebenan. Dies gilt nicht nur für die Flaggschiffe der deutschen Presse, es gilt gleichermaßen für die großen Wirtschaftsinstitute und für die gängigen Prognosen, die sich mit dem Thema „Arbeit durch Umweltschutz" beschäftigen.

Dieses Bild der Wirtschaft greift jedoch zu kurz und übersieht die Stärken und die Chancen, die kleine und mittlere Unternehmen für Städte und Regionen bedeuten. Nicht nur, daß sie das Rückgrat der Ökonomie sind. Schon der deutsche Wirtschaftstheoretiker und Soziologe Werner Sombart stellte Anfang dieses Jahrhunderts mit Staunen und Genugtuung fest, das Handwerk habe nicht nur die Industrie überlebt, es werde auch in Zukunft die lokale Arbeit, die individualisierte Arbeit sowie Service, Wartung und Reparaturen beherrschen und eine Menge darüber hinaus.

Daß sich am Ende des 20. Jahrhunderts jedoch genau diese drei Wirtschaftszweige als wichtige Säulen einer zukunftsfähigen, nachhaltigen Wirtschaftsweise herausstellen würden, das konnte Professor Sombart natürlich noch nicht wissen.

Nachhaltige Entwicklung – damit ist das Entwicklungsleitbild gemeint, auf das sich 1992 in Rio de Janeiro die meisten Nationen dieser Erde verständigt haben, um zu verhindern, daß das Ökosystem Erde im nächsten Jahrhundert durch Übernutzung zerstört wird.

Vor allem die Industriegesellschaften tragen hier maßgeblich Verantwortung. Denn ihr Wohlstandsmodell und ihr Lebensstil sind noch immer Vorbild für die meisten Menschen dieser Erde.

Die wichtigsten Ziele einer nachhaltigen Entwicklung für unsere Wirtschaft sind gegenwärtig:

- Klimaschutz durch Energie- und Verkehrswende
- ein nachhaltiger Umgang mit nachwachsenden Rohstoffen
- eine drastische Reduzierung des Verbrauchs nichterneuerbarer Rohstoffe
- ein nachhaltiger Umgang mit Boden und Landschaft sowie Erhalt der Artenvielfalt

Auch wenn heute noch nicht im Detail gesagt werden kann, wie wir diese Ziele erreichen, so sind doch tragende Elemente einer nachhaltigen Ökonomie bereits erkennbar. Das Handwerk ist bereits heute ein Stück gelebte Nachhaltigkeit, und seine Bedeutung kann in einer zukunftsfähigen Wirtschaft weiter zunehmen – so die These dieses Buches.

Es sind die Sombartschen Kategorien, die, in die Gegenwart projiziert, schon heute die Zukunft sichtbar werden lassen: Maßproduktion statt Massenproduktion, Wochenmarkt statt Weltmarkt, Austauschen und Reparieren statt Wegschmeißen, Pflege des Bestandes ... Eine lebenswerte Alternative.

Die Zukunft des Handwerks liegt bei seinen Menschen und ihrer Lernfähigkeit. Neue Technologien und neue Werkzeuge ziehen in die Werkstätten ein, und doch wird das Handwerk nur Zukunft haben, wenn es seine Herkunft nicht vergißt. Es sind vor allem die jungen und die innovativen Unternehmen und die Traditionalisten, die Identität, Kultur und langfristigen Erfolg des Handwerks sichern. Innovation und Tradition gehören im Handwerk zusammen.

So zutreffend es ist, daß moderne Informationstechnologien und hochflexible elektronische Werkzeuge neue virtuelle Fabriken und virtualisierte Produktionsprozesse ermöglichen und neue Märkte öffnen – auch für das Handwerk –, so sicher ist auch, daß die Stärke des Handwerks darin liegt, daß seine Produkte nicht virtuell sind. Sie sind vielmehr einmalig, sinnlich und schön.

Nicht zuletzt: Handwerk ist kein „global player", der seine Produktionsstätten in Billiglohnländer verlegt. Handwerk, das ist der Unternehmer von nebenan, das sind Menschen, die mit Leib und Seele produzieren, die mit Liebe am Werk sind und für das, was sie herstellen, verantwortlich sein wollen, wenn man sie denn läßt. Handwerk, das sind in erster Linie Menschen. Die Zukunft des Handwerks liegt auch im 21. Jahrhundert in der Kompetenz, der Kraft, der Phantasie, der Sorgfalt und der Liebe der HandwerkerInnen zu ihrer Arbeit.

Verschwendung für Arbeit?

Ernsthafte Männer beschäftigen sich in diesen Tagen mit ernsthaften Themen: Bücher über die Folgen der Globalisierung füllen Regale, und manche geraten zu Bestsellern. Die Büchertitel und die Schlagzeilen in den Medien verheißen nichts Gutes: da ist die Rede vom „Ende der Arbeit"[1] (und ihrer Zukunft), vom „Wohlstand für niemand"[2], von der „Globalisierungsfalle"[3], und der „Spiegel" meldet: „Alle schaffen Arbeit – wir nicht"[4].

Auch Bundeskanzler Helmut Kohl sprach zum Jahreswechsel 1996/97 vom Ernst der Lage und kündigte weitere Opfer an für den „Standort Deutschland". Und angesichts von fast fünf Millionen gemeldeten Arbeitslosen Anfang 1997 scheint nicht mehr allein den Wirtschaftsliberalen jedes Mittel recht, um Deutschland attraktiver zu machen für die „global players" vom Softwaregiganten Microsoft bis hin zu den gefürchteten kalifornischen Rentenfonds. Die soziale Schieflage der Politik wird so offensichtlich, daß sich selbst die Kirchen zusammenschließen, um in einer gemeinsamen Erklärung den sozialen Zusammenhalt der Gesellschaft anzumahnen.

Zur selben Zeit befindet sich das einstige Lieblingsthema der Deutschen im freien Fall. „Mit atemberaubender Geschwindigkeit ist in Deutschland der Umweltschutz von der Tagesordnung der Politiker verschwunden. In der Debatte um die Reform des Wohlstandsstaates entpuppt sich das hochgelobte Umweltbewußtsein der Deutschen und ihrer Parteien als Schönwetterveranstaltung."[5] So im Herbst 1996 Greenpeace-Chef Thilo Bode. Im April 1997 erklärte die Bundesregierung, daß sie das selbstgesetzte Ziel

1 J. Rifkin, Das Ende der Arbeit und ihre Zukunft, Frankfurt a. M. 1996

2 H. Afheldt, Wohlstand für niemand, München 1994

3 H.-P. Martin, H. Schuhmann, Die Globalisierungsfalle. Der Angriff auf Demokratie und Wohlstand, Reinbek bei Hamburg 1996

4 Der Spiegel, Nr. 17/1997

5 Der Spiegel, Nr. 40/1996

einer CO_2-Minderung von 25 Prozent bis zum Jahr 2005 nicht erreichen könne. 1996 ist der Kohlendioxidausstoß sogar gestiegen. Die Öffentlichkeit regt sich darüber nicht auf.

Auch wenn die Wissenschaft den Begriff „Globalisierung" noch nicht einheitlich definiert hat, so stimmen die Experten doch in folgenden Merkmalen weitgehend überein:

- Die Internationalisierung der Waren- und Finanzströme führt zu einem globalen Wettbewerb um Standorte von Produktions- und Dienstleistungszentralen sowie um Kapitalanleger.
- Die Einflußmöglichkeiten der nationalen Regierungen schwinden zusehends, und es bedarf neuer globaler Kommunikations- und Steuerungsmöglichkeiten, um die Risiken des sich verselbständigenden Wirtschafts- und Finanzsystems in Schach zu halten.
- In den USA und Europa wächst der Druck auf soziale und ökologische Standards; sie werden zunehmend nach unten angeglichen, also auf das schlechtere Niveau konkurrierender Standorte gesenkt.
- In den Industriegesellschaften wird der gesellschaftliche Reichtum von unten nach oben umverteilt, und Entsolidarisierungstendenzen werden stärker.
- Die Beschäftigungskrise in Europa hält an: die Ausschöpfung der Rationalisierungspotentiale neuer Technologien wird weiterhin Arbeitsplätze kosten in der Produktion und bei Dienstleistungen; schon seit Jahren schafft Wirtschaftswachstum in der Industrie keine neuen Arbeitsplätze, und daran wird sich auch in Zukunft nichts ändern.

Der politische Krieg um die richtigen Rezepte ist voll entbrannt: Die einen halten an ihren neoliberalen Dogmen fest. Sie wollen zur Sicherung des „Standorts Deutschland" auf Kosten der abhängig Beschäftigten die wirtschaftlichen Risiken privatisieren und soziale Leistungen abbauen. Als Vorbilder für diese Entwicklung werden gerne die USA und Großbritannien genannt. Die anderen verlangen ein Primat der Politik. Sie wollen das Kapital weltweit sozial und ökologisch eingrenzen und fordern daher, die Möglichkeiten zur politischen Steuerung zu erweitern (zum Beispiel durch die Welthandelsorganisation [WTO] oder durch eine ökologische Steuerreform).

Doch ganz gleich, von welcher Seite das Thema auch betrachtet wird, eines haben die unterschiedlichen Standpunkte gemeinsam: Ihr Bild von der Wirtschaft ist meist verkürzt und daher falsch. Sie beschränken sich auf den gut sichtbaren Teil der Wirtschaft – die international operierenden Konzerne. Wer in Deutschland an Wirtschaft denkt oder über Wirtschaft redet, der denkt an Industrie, und wer an Industrie denkt, der denkt an weltumspannende Unternehmen und Massenproduzenten.

In der veröffentlichten Meinung von „Handelsblatt“ bis „Spiegel“, aber auch in der einschlägigen Literatur ringen Konzerne wie Bertelsmann, Mercedes-Benz, Siemens oder die Deutsche Bank einsam auf dem Weltmarkt gegen ferne Konkurrenten und veranstalten Wettläufe um Schlüsseltechnologien. Die Bedingungen der weltweiten Konkurrenz zwischen den multinationalen Riesen durchschaut nicht nur der Normalbürger nicht. Die Wechselhaftigkeit des Schicksals entspringt nicht mehr den Launen der Götter oder der Natur, sondern den Devisenbörsen von Tokio, Frankfurt oder New York. Die Wechselkurse von Dollar, Mark und Yen schweben wie Gewitterwolken über unseren Köpfen und entscheiden über das Wohl und Wehe unserer Konjunktur. Ein wenig ermutigendes Bild.

Wer es genauer wissen will, der stellt bald fest, daß neben den berühmten Titanen auf dem Weltmarkt auch noch ein sogenannter Mittelstand existiert. Ja er ist sogar das „Rückgrat unserer Wirtschaft“. Um ihn sorgen sich Sprecher und Arbeitskreise in allen Parteien. Zwar weiß jeder, daß es Handwerker gibt, aber wirtschaftlich wichtig will sie kaum einer finden. Handwerksunternehmen erscheinen als rückschrittlich, goldener Boden hin, goldener Boden her.

„Natürlich schreiben wir mehr über große als über kleine Firmen und mehr über bekannte als über unbekannte Manager.“ So Armin Mahler, Leiter des „Spiegel“-Wirtschaftsressorts: „Es ist nun mal für ganze Regionen und auch für die Volkswirtschaft wichtig, wie sie [die Konzerne] sich entwickeln.“ Und: „Ich glaube, daß sich unsere Leser mehr für ein Unternehmen interessieren, das sie kennen, als für ein weithin unbekanntes.“[6] Nicht nur für das Hamburger Nachrichtenmagazin ist Wirklichkeit nur wichtig, soweit sie sich verkaufen läßt.

Der Mythos des Massenproduzenten

Der Mythos vom Massenproduzenten, der dieses verzerrte Bild der Wirtschaft bis heute prägt, ist allerdings keine Erfindung unserer Medien. Er ist so alt wie der Kapitalismus selbst und wurde – Ironie des Schicksals – von dessen schärfsten Kritikern, den Sozialisten und Sozialdemokraten, maßgeblich mitgeschaffen. So beginnt das Erfurter Programm der SPD von 1891 mit den Worten: „Die ökonomische Entwicklung der bürgerlichen Gesellschaft führt mit Naturnotwendigkeit zum Untergang des Kleinbetriebes (...)." Die Tatsache, daß sich die Entwicklung nicht an die Prognose gehalten hat, konnte an dieser Einschätzung nichts ändern.

Die anhaltend große Zahl mittelständischer und kleiner Betriebe, die trotz aller Konzentrationsprozesse in der Industrie das Rückgrat der lokalen und regionalen Ökonomie blieben, wurde notgedrungen zur Kenntnis genommen. Bis heute betrachten die meisten Wissenschaftler, Politiker oder Journalisten allerdings Handwerksbetriebe als Relikte der feudalen Produktionsweise und nur Großunternehmen als fortschrittlich. Der Theorie würdig sind nach wie vor nur Großbetriebe, auf die sich die Aufmerksamkeit auch der Arbeiterbewegung bis heute konzentriert, nicht zuletzt wegen des hohen Organisationsgrads in den Stätten der Massenproduktion. Die Wirtschaft der sozialistischen Länder entsprach nicht weniger diesem Bild, wie die flächendeckenden Monokulturen von Großbetrieben zeigen. Der Mercedes-Stern symbolisiert Deutschlands Wirtschaftskraft, nicht der Schreinermeister.

Der Wirtschaftswissenschaftler Thomas Manz findet es wenig verwunderlich, daß die sich in diesem Kontext etablierende [west-

6 Antwortschreiben des Wirtschaftsressorts des "Spiegels" an die Autorin vom 10. Februar 1997

deutsche] Industriesoziologie den Großbetrieb zum Fixpunkt ihres wissenschaftlichen Interesses machte. Als Markstein einer „neuen Periode der industriellen Organisation“ ließen sich – so schien es zumindest – an ihm am ehesten ökonomisch, technisch und sozial fortgeschrittene Entwicklungen studieren. Die kleinen Betriebe blieben dagegen weitgehend uninteressant, weil sie eher das „Zurückgebliebene“ repräsentierten. Dem folgte zunächst auch die Politik; die meisten Förderprogramme hatten (und haben in wichtigen Bereichen z. T. bis heute) in der Bundesrepublik einen mehr oder weniger starken großbetrieblichen Bias; die gleichwohl recht zahlreichen Programme zur Mittelstandsförderung wurden durchweg mit den vermeintlich größenbedingten Nachteilen der Klein- und Mittelbetriebe im Wettbewerb mit den großen Betrieben begründet. Auf europäischer Ebene wurde Industriepolitik in den sechziger und siebziger Jahren explizit mit dem Ziel betrieben, Großunternehmen aufzubauen und zu fördern, um der vermeintlichen „amerikanischen Herausforderung“ begegnen zu können.[7]

Doch das Bild ist nicht nur falsch, es ist auch schädlich, denn es täuscht gewollt oder ungewollt die Öffentlichkeit über die tatsächliche Reichweite der Globalisierung. Es verstellt den Blick auf vieles, was heute vor Ort machbar wäre, auch unter den Bedingungen einer unzweifelhaft stattfindenden Internationalisierung der Wirtschaft. Dieser Knick in der Optik trägt wesentlich dazu bei, daß Energien, Phantasien und Kapital auf zentralisierte Wirtschaftsstrukturen konzentriert werden. So werden wichtige Zukunftschancen hier und anderswo verspielt.

David und Goliath

Daß sich der Großbetrieb als der Inbegriff von Wirtschaft durchsetzen konnte, muß angesichts der überwältigenden Zahl von Kleinst-, Klein- und Mittelbetrieben verwundern. Ein kurzer Blick

7 T. Manz, Schöne neue Kleinbetriebswelt? Perspektiven kleiner und mittlerer Betriebe im industriellen Wandel, Berlin 1993, S. 50f.

in die Wirtschaftsstatistik zeigt, daß eigentlich das genaue Gegenteil die Regel ist. Nur 0,2 Prozent aller Unternehmen der alten Bundesrepublik hatten im Zeitraum von 1970 bis 1987 mehr als 500 Beschäftigte, 84,6 Prozent aber weniger als 10. Dabei handelt es sich um eine Betriebsgrößenstruktur, die nicht nur für Deutschland, sondern auch für die Europäische Union insgesamt typisch ist.

Betriebsgrößen und Betriebsgrößenkennziffern für Europa 1995*

Unternehmensgröße	0–9	10–19	20–49	50–99	100–199	200–249	250–499	500
Zahl (in 1000)	14.835	660	350	100	45	10	20	15
Beschäftigte (in 1000)	32.260	8.700	10.125	18.825	6.530	2.100	6.150	27.350
Durchschnittsgröße	2	15	30	70	140	225	347	2.059
Umsatz/ Betrieb (in Mio. ECU)	0,2	1,5	4,9	12	28	41	69	270
Umsatz/ Kopf (in 1000 ECU)	37	38	49	62	62	60	61	50
Anteil Arbeitskosten (in % vom Umsatz)	52	69	64	64	61	60	62	58

* Quelle: Jahresbericht der Europäischen Beobachtungsstelle für kleine und mittlere Unternehmen 1996, Brüssel 1996

Angesichts der so offensichtlich überwältigenden Bedeutung der kleinen und mittleren Betriebe für unser Wirtschaftssystem läßt sich die Fixierung auf Konzerne vielleicht am ehesten mit der überproportionalen beschäftigungspolitischen Bedeutung von Großbetrieben für einzelne Regionen (zum Beispiel Volkswagen für Niedersachsen) erklären. Die Tendenz ist allerdings rückläufig: Waren 1977 noch fast 25 Prozent aller Beschäftigen in Großbetrieben beschäftigt, so waren es 1987 nur noch etwa 21 Prozent.

Beschäftigungsanteile nach Betriebsgrößen im Zeitvergleich für verschiedene OECD-Länder*

Land	Jahr	unter 20	20–100	100–500	über 500
Frankreich	1971	20,5	18,5	18,4	42,6
	1979	23,3	20,1	17,3	39,3
	1985	25,8	20,4	18,3	35,5
	Diff. 1971–85	+5,3	+1,9	–0,1	–7,1
BRD	1971	33,0	20,3	21,2	25,5
	1977	24,8	22,2	23,4	29,6
	1987	35,0	22,4	21,7	20,9
	Diff. 1971–87	+2,0	+2,1	+0,5	–4,6
Italien	1971		–	15,7	15,0
	1981	50,7	21,7	14,9	12,7
	Diff. 1971–81		–	–0,8	–2,3
USA	1974	25,8	26,7	23,2	24,3
	1979	26,0	28,1	23,5	22,4
	1985	26,9	29,0	23,9	20,1
	Diff. 1974–85	+1,1	+2,3	+0,7	–4,2

* Quelle: T. Manz, Schöne neue Kleinbetriebswelt?, a. a. O., S. 53

Während die Großunternehmen in Deutschland und Europa seit über fünfzehn Jahren planmäßig oder notgedrungen „verschlanken", ist die Bedeutung der kleinen und mittleren Betriebe[8]

8 Laut dem Institut für Mittelstandsforschung (1993) hatten 1987 europaweit 99 Prozent aller Unternehmen weniger als 100 Beschäftigte und 97 von 100 Unternehmen sogar weniger als 10 Mitarbeiter.

für den Arbeitsmarkt stetig gewachsen. Neue Arbeitsplätze gibt es nur bei den Kleinen, dies gilt für alle hochindustrialisierten Länder. Seit Mitte der achtziger Jahre diskutieren Wirtschaftswissenschaftler leidenschaftlich über diese Entwicklung, die so gar nicht den Erwartungen entspricht. Neue Theorien werden verlangt.

Global denken – lokal handeln

Die Überschätzung der Großkonzerne widerspricht auch den wahren Verhältnissen der Weltwirtschaft. Der US-amerikanische Entwicklungsexperte und Mitautor des Worldwatch-Reports Hal Kane schreibt:

> *Natürlich sind es nicht (...) Miniaturunternehmen, an die wir Bewohner der Industrienationen denken, wenn wir von „der Weltwirtschaft" reden. Die Weltwirtschaft, das sind die großen Konzerne mit ihrer allgegenwärtigen Werbung, ihren Lobbyisten in den Parlamenten und Regierungen und deren Notierungen an den Börsen von New York oder Frankfurt, die in Sekundenschnelle um die ganze Welt gemeldet werden. Dennoch beschäftigen die weltweit 500 größten Unternehmen, die 25 Prozent der gesamten Wirtschaftsleistung kontrollieren, gerade einmal ein halbes Promille der Weltbevölkerung. Die meisten Menschen verdienen sich ihr tägliches Brot in sehr viel kleineren Unternehmen – viele so klein, daß selbst ihre eigenen Regierungen es kaum der Mühe wert finden, sich um sie zu kümmern. Und dennoch bilden diese Abermillionen von namenlosen Klein- und Kleinstunternehmen, die ein paar Äcker bestellen, am Straßenrand Essen verkaufen, Kinderbetreuung anbieten, Tonkrüge töpfern oder Strohmatten flechten, in Hinterzimmern für große Bekleidungskonzerne schneidern oder eine von zahllosen anderen Tätigkeiten verrichten, die für Großunternehmen nicht lukrativ genug sind, das eigentliche Rückgrat der Weltwirtschaft und des globalen Arbeitsmarktes. In den Städten der Dritten Welt steigt der Anteil der Arbeitsbevölkerung, die in Mikrounternehmen beschäftigt ist, kontinuierlich an, in manchen Regionen wird er bereits auf über 50 Prozent ge-*

schätzt. Die über sieben Länder im Süden Afrikas vorliegenden Zahlen deuten darauf hin, daß dort deutlich mehr Menschen in kleinen, in keinem Handelsregister eingetragenen Firmen arbeiten als in „regulären“ Unternehmen. In Lateinamerika und der Karibik arbeiten in über 50 Millionen Mikrounternehmen insgesamt mehr als 150 Millionen Menschen.[9]

Doch der Mythos vom Massenproduzenten ist nicht nur in den alten Industrieländern lebendig. Er steht vielerorts immer noch im Zentrum der Entwicklungspolitik, und viele Eliten der sogenannten Entwicklungsländer haben ihn übernommen – zum Nachteil der dort lebenden Menschen.

Denn in vielen Regionen dieser Erde bedeutet die Fixierung auf die Großindustrie Armut und Unglück für unzählige Menschen. Mit der Übernahme des westlichen Entwicklungsleitbildes und der Ansiedlung westlicher Produktionsstätten und Produktionskonzepte haben diese Länder nicht nur Kapital, sondern auch Arbeitslosigkeit und Umweltzerstörung importiert. Die kapital- und ressourcenintensive Produktionsweise der hochindustrialisierten Länder brachte schnellen Wohlstand für Eliten, zerstörte aber traditionelle agrarische und handwerkliche Wirtschaftsstrukturen, soziale Gemeinschaften und deren kulturelle Identität. Sie hat undemokratische Verhältnisse zementiert und die überwiegend noch immer auf dem Land lebende Masse der Bevölkerung in Armut versinken lassen. Die Flucht in die Städte konnte nur wenigen eine menschenwürdige Existenz bieten.

Kleinbetriebe sind aber nicht nur im Hinblick auf Arbeitsplätze wichtig, sie sind auch eine der wichtigsten Optionen bei dem Versuch, weltweit dauerhaft tragfähige und nachhaltige Wirtschaftsstrukturen aufzubauen. Kleinbetriebe sind flexibler und beweglicher als Großbetriebe, sie bieten Frauen und Männern die Möglichkeit, Familien- mit Erwerbsarbeit zu verbinden in Form von Teilzeit- oder Saisonarbeit. Kleine Unternehmen benötigen meist wenig Grundkapital und können auch in armen ländlichen

9 H. Kane, Mikrounternehmen. Fortschritt von unten, in: World Watch, Heft 3, August/September 1996, S. 10 ff.

Regionen erfolgreich tätig werden. Sie sind in vielen Teilmärkten und Nischen innovativer und effizienter als Großbetriebe, und ihre große Zahl sorgt für eine schnelle Anpassung an veränderte Umwelteinflüsse. Wie das chinesische Beispiel zeigt, sind sie eines der wichtigsten Instrumente gegen die Landflucht. Noch einmal Hal Kane:

> *Als Ende der achtziger Jahre die Landflucht in China ein so starkes Ausmaß annahm, daß bei der Regierung in Peking die Alarmglocken läuteten, ermutigte Deng Xiao-ping Kleinstädte und Dörfer, eigene Unternehmen auf die Beine zu stellen und damit neue Arbeitsplätze zu schaffen. Die meisten dieser von den Lokalverwaltungen betriebenen Unternehmen beschäftigen unter 100 Mitarbeiter und decken von Blecheimern bis hin zu Seidenteppichen die gesamte kleinindustrielle Produktpalette ab. Obwohl einige dieser Betriebe zu groß sind, um noch als Mikrounternehmen zu gelten, sind sie alles andere als Großbetriebe. Pekings Strategie gegen die Landflucht ging auf: Die Zahl der kommunal betriebenen Unternehmen schnellte von 1978 bis 1991 von 1,5 Millionen auf 19 Millionen hoch, 112 Millionen neue Arbeitsplätze wurden geschaffen. Wie erfolgreich diese Unternehmen sich behaupten konnten, zeigt sich unter anderem daran, daß sie 1991 bereits 30 Prozent des chinesischen Bruttosozialprodukts erwirtschafteten.*[10]

Weltweit sind Klein- und Mittelbetriebe, darunter auch das Handwerk, eine der wichtigsten Strukturen für eine zukunftsfähige Wirtschaft, nicht nur in Armutsgebieten. Deshalb ist die Fixierung auf das Leitbild des Massenproduzenten oder der global operierenden Konzerne nicht nur falsch, sondern sogar schädlich. Sie verhindert, daß eine Wirtschaftsentwicklung gefördert wird, die an dezentralen Wirtschaftseinheiten, Organisationsmustern und Technologien anknüpft. Diese Entwicklung aber wäre global umwelt- und sozialverträglich. „Small is beautiful“: Was viele Experten schon für die Technologieentwicklung fordern, gilt nicht min-

10 Ebenda, S. 19

der für Wirtschaftstheorie und Wirtschaftspolitik. Hier würde es bedeuten, die Instrumente noch stärker auf das Handwerk und andere Klein- und Mittelbetriebe zu fokussieren.

Die ökologische Krise

In der Medizin heißt „Krise", daß sich der Krankheitsverlauf eines Patienten in der entscheidenden Phase befindet. Erst in der Krise zeigt sich, wer die Oberhand behält: die Abwehrkräfte des Patienten oder die den Organismus bedrohenden Krankheitserreger. In Westeuropa heute von einer ökologischen Krise zu sprechen, mag vielen übertrieben erscheinen. Die Städte und die Grünanlagen sehen sauber und freundlich aus. Und die Ausschnitte von Natur, die wir NormalbürgerInnen durch die Fensterscheiben des Autos oder beim Spaziergang vor Augen haben, erwecken nicht den Eindruck, daß sie krank sind.

Auch die unbestreitbaren Erfolge der Umweltpolitik, die uns medienwirksam verkauft werden, sind respektabel: Der Ausstoß von Schadstoffen wie Schwefeldioxid oder anderen gefährlichen Chemikalien konnte verringert werden, neue Autos haben Katalysatoren, und gewöhnliche wie gefährliche Abfälle werden geordnet beseitigt. Deutschland, dieser Weltmeister im Umweltschutz, ist ohne Zweifel einer der erfolgreichsten Saubermänner, und dies auch mit beachtlichem wirtschaftlichem Erfolg: die Ausfuhr von Entsorgungs- und Filtertechnologien ist gegenwärtig eine der festesten Säulen der Volkswirtschaft.

Und doch stehen wir aus ökologischer Sicht mit dem Rücken an der Wand, auch wenn wir es nicht sehen, schmecken oder riechen können. Wir stecken mit drin in der Krise. Denn die Produktionsstrukturen und Lebensstile in Westeuropa (auch in Nordamerika und Teilen Asiens) sind nicht zukunftsfähig. Unsere Produkte, unser Konsum und unsere Lebensweise verursachen einen Energie- und Umweltverbrauch, der langfristig weder regional noch global tragbar ist. Das „Modell Deutschland" ist ökonomisch und ökologisch in einer Sackgasse.

Alle wissenschaftlichen Analysen folgern, daß unsere ökologischen und gesellschaftlichen Strukturen grundlegend verändert werden müssen. Und weit gefährlicher als einige wenige gern verspottete „Apokalyptiker" sind die Vertreter einer „Utopie des Status quo", wie sie Ex-Bundespräsident Richard von Weizsäcker so treffend charakterisiert hat. Er meint damit die Koalition jener, die alles tun, um notwendige Veränderungen zumindest hinauszuzögern: die einen, weil sie von diesen Verhältnissen profitieren, die anderen, weil sie Veränderungen fürchten.

Nachhaltige Entwicklung: ein Menschenrecht

Im Jahr 1992 verpflichteten sich auf der Konferenz von Rio de Janeiro die meisten Länder dieser Erde auf ein neues Entwicklungsziel, das mit dem englischen Begriff „sustainable development" – „nachhaltige Entwicklung" – charakterisiert wird. Es verlangt auch für die erfolgreichen und „sauberen" Industrienationen einen weitgehenden Paradigmawechsel, eine neue Denkweise.

Mit Blick auf den Klimaschutz und den Erhalt der biologischen Vielfalt einigte man sich in Rio (allerdings recht unverbindlich) auf erste konkrete Ziele. Eine Vielzahl künftiger globaler Aktionen, darunter Maßnahmen für die Frauen, wurde festgehalten in der „Agenda 21", der Tagesordnung für das 21. Jahrhundert.

Nachhaltig ist eine Entwicklung nur dann, wenn sie dauerhaft umweltverträglich und zukunftsfähig ist. Der Begriff der nachhaltigen Entwicklung stammt aus der Forstwirtschaft: Man schlage nicht mehr Holz, als nachwächst. Die UNO-Weltkommission für Umwelt und Entwicklung unter Leitung der norwegischen Spitzenpolitikerin Gro Harlem Brundtland hat ihn in ihrem Bericht 1987 zum erstenmal als globales Entwicklungsleitbild formuliert: „Unter ‚dauerhafter Entwicklung' verstehen wir eine Entwicklung, die den Bedürfnissen der heutigen Generation entspricht, ohne die Möglichkeiten künftiger Generationen zu gefährden, ihre eigenen Bedürfnisse zu befriedigen und ihren Lebensstil zu wählen."[11]

11 V. Hauff (Hg.), Unsere gemeinsame Zukunft, Greven 1987, S. XV

„Sustainable development“ beruht auf folgender Prämisse: Alle Menschen dieser Erde und auch die künftigen Generationen haben ein gleiches Anrecht auf die Nutzung unseres gemeinsamen natürlichen Erbes. In Anlehnung an Kants kategorischen Imperativ könnte man es auch so formulieren: Du sollst nur so viel Umwelt verbrauchen, wie es unter Berücksichtigung der Interessen aller Menschen heute und morgen jedem erlaubt werden kann.

Hintergrund des Bekenntnisses zu diesem Ziel war und ist die unübersehbare Tatsache, daß der bisher beschrittene Weg sowohl in den Industrienationen als auch in den meisten anderen Regionen dieser Erde eine wachsende „Nachhaltigkeitslücke“ aufweist. Der Norden und die Schwellenländer des Südens verbrauchen durch übermäßigen „Wohlstand“ überproportional viel Umwelt. Und in vielen Gebieten der Dritten Welt verbinden sich Armut, Umweltzerstörung und Bevölkerungswachstum in einem tödlichen Kreislauf.

Der Süden und der Norden müssen sich ändern, darin waren sich die Konferenzteilnehmer in Rio einig: Der Süden muß die Kluft zum Norden verringern, sich aber möglichst nachhaltig entwickeln und darf die Fehler der Industrienationen nicht kopieren. Der Norden muß übergehen zu einer umwelt- und sozialverträglichen Wirtschafts- und Lebensform, die Energie und natürliche Ressourcen so weit schont, daß genügend Umweltraum für die Entwicklung des Südens und für künftige Generationen bleibt.

So sieht es auch die Enquete-Kommission „Schutz des Menschen und der Umwelt“ des Deutschen Bundestags: „Wer einerseits den weniger entwickelten Ländern das ‚Recht auf Entwicklung‘ – sei es aus Gerechtigkeitsgründen oder aus Gründen der politischen Klugheit – einräumt und andererseits anerkennt, daß eine weltweite Orientierung an der Wirtschaftsweise der Industrieländer einen ‚ökologischen Kollaps‘ verursachen würde (...), steht vor der Aufgabe, ein neues Wohlstandsmodell zu entwickeln, das eine Überbeanspruchung des Naturhaushaltes verhindert.“[12]

12 Bericht der Enquete-Kommission des Deutschen Bundestags “Schutz des Menschen und der Umwelt”, Bewertungskriterien und Perspektiven für umweltverträgliche Stoffkreisläufe in der Industriegesellschaft, Drucksache 12/8260, 12. Juli 1994, S. 13

Auf den ersten Blick erscheint das Ziel klar, aber auch hier steckt der Teufel im Detail. Als schwierig erweist es sich nämlich, die notwendigen Maßnahmen zu bestimmen. Dennoch versuchen immer mehr Wissenschaftler, Politiker, Unternehmen und Initiativen, konkrete Schlußfolgerungen aus allgemeinen Einsichten zu ziehen.

Auf internationaler Ebene wurde versucht, die Beschlüsse von Rio umzusetzen. Diesem Zweck dienten der Weltgipfel für soziale Entwicklung in Kopenhagen 1995, die Klimavertragskonferenz von Berlin 1995 sowie 1996 die Habitat-II-Konferenz in Istanbul, die sich vor allem mit Wohnen, Stadtentwicklung, der Stadt-Land-Beziehung und Siedlungspolitik beschäftigte.

Nachhaltige Entwicklung in Deutschland und Europa

Als wichtiges Ergebnis der wissenschaftlichen Debatten lassen sich heute vier Regeln für unseren Umgang mit der Erde und ihrem natürlichen Reichtum ableiten, die kaum noch umstritten sind:

1. Die Ausbeutung erneuerbarer Ressourcen darf die natürliche Regenerationsrate nicht übersteigen. Die Funktionsfähigkeit der Natur muß erhalten bleiben.
2. Die Schadstoffabgabe muß unter der Aufnahmekapazität der Umwelt („carrying capacity“) bleiben.
3. Statt nichterneuerbare Ressourcen (hier: Rohstoffe) müssen soweit wie möglich erneuerbare Ressourcen verbraucht werden.
4. Der Verbrauch von nichterneuerbaren Ressourcen muß soweit wie möglich durch erneuerbare Ressourcen ersetzt und reduziert werden.

Doch was genau heißt das für ein Land wie Deutschland und seine Bewohner oder für eine Stadt wie Hamburg oder Kronach? Was sollte ein Unternehmen bedenken, wenn es über seine Zukunft unter den Bedingungen einer nachhaltigen Wirtschaftsweise denkt? Um den Begriff der nachhaltigen Entwicklung zu präzisieren, wurde in Holland 1994 das Szenario „Nachhaltige Niederlande" entwickelt. Diesem ersten Versuch folgten weitere: so das Projekt „Zukunftsfähiges Deutschland", das das Wuppertal Institut für Klima, Umwelt, Energie erarbeitet und 1996 vorgelegt hat im Auftrag des Bundes für Umwelt und Naturschutz Deutschland (BUND) und des katholischen Hilfswerks Misereor. Außerdem gibt es Szenarien für Österreich und zahlreiche west- und osteuropäische Länder.[13]

Für die westeuropäischen Volkswirtschaften, wie die der Niederlande oder der Bundesrepublik Deutschland, sind die Ergebnisse eindeutig. Und auch die inzwischen von Regierungen und Parlamenten in Arbeit gegebenen Untersuchungen und Umweltpläne – darunter die Berichte der Enquete-Kommissionen des Bundestags – bestätigen, daß die „Nachhaltigkeitslücke" in den westlichen Industrienationen erheblich ist. Der Energie- und Umweltverbrauch und der Lebensstil der meisten Europäer sind nicht zukunftsfähig. Wir beanspruchen weit mehr Umweltraum, als uns zusteht.[14] So verbraucht beispielsweise ein(e) Deutsche(r) etwa zehnmal soviel Umwelt wie ein Argentinier, Filipino oder Ägypter.[15]

Wenn der Aktionsplan „Nachhaltige Niederlande" umgesetzt würde, müßte zum Beispiel folgendes geschehen:

- Sollen die weltweiten CO_2-Emissionen wie geplant um jährlich ein bis zwei Prozent verringert werden, dann müßten die Holländer ihren Kohlendioxidausstoß zwischen 1992 und 2010 um sechzig Prozent reduzieren. Bis zum Jahr 2030 wäre eine weitere Verminderung um sechzig Prozent erforderlich.

13 Friends of the Earth Europe in Brüssel ließen für eine größere Zahl von west- und osteuropäischen Ländern inzwischen entsprechende Länder-Szenarien erstellen.

14 Institut für sozial-ökologische Forschung, Milieu defensie (Hg.), Sustainable Netherlands, Aktionsplan für eine nachhaltige Entwicklung der Niederlande, Frankfurt a. M. 1994; BUND und Misereor (Hg.), Zukunftsfähiges Deutschland, Basel, Boston, Berlin 1996, S. 15

15 BUND und Misereor (Hg.), Zukunftsfähiges Deutschland, Basel, 1996, S. 15

- Der Wasserverbrauch müßte um 32 Prozent gesenkt werden.
- Jedem Niederländer stünde rechnerisch nur ein Liter Treibstoff pro Tag zur Verfügung. Er müßte sich daher entscheiden, ob er täglich 25 Kilometer mit dem Auto, 50 Kilometer mit dem Bus, 65 Kilometer mit dem Zug fahren oder ob er 10 Kilometer fliegen will. Ein Flug Amsterdam–Rio de Janeiro wäre wohl nur noch alle zwanzig Jahre möglich.
- Metalle als nichterneuerbare Ressource müßten künftig vollständig recycelt werden, kurzfristig sollte eine Mindestrecyclingquote von 95 Prozent angestrebt werden. Der Verbrauch von Aluminium müßte von 3,3 auf 2 Kilogramm pro Kopf reduziert werden.
- Da weltweit jedem Menschen 0,25 Hektar Landwirtschaftsfläche zugestanden werden können, wäre der Flächenverbrauch der Niederländer von derzeit 0,45 Hektar pro Kopf deutlich zu reduzieren. Der Fleischkonsum müßte um sechzig bis achtzig Prozent sinken.
- Der Nutzholzverbrauch müßte um sechzig Prozent abnehmen.

Die Situation in Deutschland ist kaum anders. Die in der Studie „Zukunftsfähiges Deutschland" errechneten umweltpolitischen Ziele sind der nebenstehenden Tabelle zu entnehmen.

Eine nachhaltige Entwicklung, dies ergibt sich sowohl aus der Definition als auch aus den sich hieraus ableitenden Zielen, Strategien und Aktionsplänen, muß stets nahezu gleichrangig drei Aspekte und Aktionsebenen miteinander verknüpfen: die ökologische, die soziale und die ökonomische Dimension. Wird von diesem Grundsatz abgewichen und Nachhaltigkeit in der einen oder anderen Richtung instrumentalisiert, ist das Scheitern programmiert.

Dieser Hinweis ist wichtig, weil gegenwärtig bei einzelnen Unternehmen oder Teilen der Wirtschaft und der Politik festzustellen ist, daß der Fokus verkürzt auf der Nachhaltigkeit der ökonomischen Basis liegt und die ökologischen Aspekte zurückgestellt werden.

Umweltziele "Zukunftsfähiges Deutschland"*

Umweltindikator Ressourcenentnahme	Umweltziele *kurzfristig (2010)*	*langfristig (2050)*
Energie		
Primärenergieverbrauch	mindestens –30 %	mindestens –50 %
Fossile Brennstoffe	–25 %	–80 bis 90 %
Atomenergie	–100 %	–80 bis 90 %
Erneuerbare Energie	+3 bis 5 % pro Jahr	
Energieproduktivität	+3 bis 5 % pro Jahr	
Material		
Nichterneuerbare Rohstoffe	–25 %	–80 bis 90 %
Materialproduktivität	+4 bis 6 % pro Jahr	
Fläche		
Siedlungs- und Verkehrsfläche	absolute Stabilisierung jährliche Neubelegung: –100%	
Landwirtschaft	flächendeckende Umstellung auf ökologischen Landbau Regionalisierung der Nährstoffkreisläufe	
Waldwirtschaft	flächendeckende Umstellung auf naturnahen Waldbau verstärkte Nutzung heimischer Hölzer	
Stoffabgaben/Emissionen		
Kohlendioxid (CO_2)	–35 %	
Schwefeldioxid (SO_2)	–80 bis 90 %	
Stickoxide (NO_x)	–80 % bis 2005	
Ammoniak (NH_3)	–80 bis 90%	
Flüchtige organische Verbindungen	–80 % bis 2005	
Synthetischer Stickstoffdünger	–100 %	
Biozide in der Landwirtschaft	–100 %	

* Quelle: BUND und Misereor (Hrsg.), Zukunftsfähiges Deutschland, a. a. O., S. 80

Wir haben (k)eine Chance, also nutzen wir sie

Unser Umweltverbrauch ist, global betrachtet, um den Faktor vier bis zehn zu hoch. Die Szenarien des Niederländischen Umweltrats oder des Wuppertal Instituts für Klima, Umwelt, Energie kommen zu dem Ergebnis, daß wir Westeuropäer, je nach Rohstoff, mittel- und langfristig zwischen fünfzig und achtzig Prozent der heute in Anspruch genommenen Ressourcen einsparen müssen. Eine auf den ersten Blick erschreckende Zahl, die jedoch keineswegs Anlaß für übermäßigen Pessimismus sein muß. Es handelt sich um eine lösbare Aufgabe. Die Steigerung der Ressourceneffizienz um den Faktor vier bis zehn kann mittel- oder längerfristig erreicht werden. Aber es gilt heute schon: Jeder Schritt sollte ab sofort in die richtige Richtung gehen.

Diese Begrenzung des uns allen dauerhaft pro Kopf zur Verfügung stehenden Umweltraums (Energie, Rohstoffe u.a.) birgt auch Chancen: Sie ermöglicht es, unser Know-how, unser Kapital, unsere Technologien und unsere Infrastruktur auf das Ziel hin zu bündeln, die natürlichen Grenzen unserer Erde früher oder später zu respektieren. Viele Untersuchungen belegen, daß die Erde genügend Raum und genügend natürliche Ressourcen für alle Menschen bereithält – wenn die Grenzen des Wachstums respektiert werden. Ausreichend Umweltraum auch für zukunftsfähige Lebensqualität.

Um dieses Ziel zu erreichen, werden in Deutschland vor allem zwei Strategien diskutiert:

1. Effizienzstrategien – Steigerung der Ressourceneffizienz
Hiermit sind vor allem technische und organisatorische Maßnahmen gemeint, die die Energieproduktion und den Energieverbrauch effizienter machen, unter anderem durch Erhöhung der Nutzungsgrade bei der Energieerzeugung (Kraft-Wärme-Kopplung, Brennwerttechnik, Blockheizkraftwerke), Energieeinsparungen (zum Beispiel in Gebäuden), Einsatz und Weiterentwicklung regenerativer Energien (passive Sonnenenergie, Windenergie, Solarenergie, Erdwärme u. a. m.). Dazu zählt des weiteren die Erhöhung der Ressourceneffizienz von Produkten durch neue Maßstäbe für Entwicklung, Produktion und Nutzen. Das gilt vor

allem im Hinblick auf Materialintensität[16] und Lebensdauer (Langlebigkeit, Reparierbarkeit, Wieder- oder Weiterverwendbarkeit, Wieder- oder Weiterverwertbarkeit, Zerlegbarkeit). Angestrebt werden muß außerdem eine Dematerialisierung der Produkte, auch durch eine stärkere Gebrauchswert- oder Nutzenorientierung und durch ein breiteres Angebot an alternativen Nutzungsformen (Secondhand, Leasing, Pooling usw.).

2. Suffizienzstrategien – „besser statt mehr"

Doch auch wenn es gelingen sollte, eine höhere Ressourceneffizienz zu erreichen, wird es notwendig sein, daß unsere Lebensstile und Konsummuster sich ändern. Die Bewohner der hochindustrialisierten Länder werden ihre Bedürfnisse im 21. Jahrhundert mit weniger Energie (aus nichterneuerbaren Quellen) und weniger Rohstoffen befriedigen müssen. Suffizienz, das heißt auch, daß uns künftig das Weniger mehr sein muß. Soviel steht hier schon fest: Neben technischen Lösungen ist auch ein Wandel notwendig, der bis in die Tiefenstruktur unserer Kultur reicht.

16 Berechnungen des Wuppertal Instituts für Klima, Umwelt, Energie kommen beispielsweise zu dem Ergebnis, daß die ökologischen Rucksäcke der in Frage kommenden Werkstoffe erheblich voneinander differieren. So werden für die Produktion von nur einer Tonne Platin 400 000 Tonnen (biotische und abiotische) Umwelt "verbraucht", bei Kupfer sind es 500, bei Aluminium 85, bei Stahl (unlegiert) 7 und bei Fichtenholz 5,5 Tonnen.

Das Handwerk der Zukunft: Leitbilder für nachhaltiges Wirtschaften

Die Folgen unserer weder ökologisch noch sozial verträglichen Wirtschafts- und Lebensweise sind inzwischen überall sichtbar. Sowohl in Großstädten wie Hamburg, London oder Paris als auch in ländlichen Regionen und den vom Strukturwandel betroffenen altindustriellen Standorten (so in Nordrhein-Westfalen, Bremen oder den neuen Bundesländern) sind die Folgen der unbewältigten Wirtschaftskrise unübersehbar. Arbeitslosigkeit und leere öffentliche Kassen verursachen dort einen Niedergang, der viele Menschen lähmt. Wie ein grauer Schleier liegt die Depression über Dörfern und Städten. Sogar im reichen Hamburg gibt es inzwischen Stadtteile, in denen der Gang zum Sozialamt zum Alltag gehört und Jugendliche kaum eine Chance haben, eine Lehrstelle oder einen Arbeitsplatz zu finden.

Und doch sind es gerade die Regionen des Niedergangs, von denen wir auch lernen können. Wo die alte Ökonomie zugrunde gegangen ist, sind die Menschen gezwungen, neue Wege zu gehen. Und nirgendwo anders stellt sich die Frage nach der Zukunft der Arbeit und den Trägern einer dauerhaften und nachhaltigen Entwicklung so dringend. Die globale Ökonomie, die international operierenden Konzerne und das Finanzkapital spielen in diesen Regionen faktisch keine Rolle mehr. Wer also kann dort Träger der lokalen und regionalen Ökonomie sein? Welche Technologien, Produkte, Dienstleistungen und Produktionsstrukturen können eine sozial- und umweltverträgliche Zukunft sichern?

Soviel hat sich inzwischen herumgesprochen: Von der traditionellen Industrie ist hier nicht mehr viel zu erwarten. Alle Versuche, die Beschäftigungs- und Strukturprobleme durch hochmoderne Gewerbegebiete und Ansiedlungssubventionen zu lösen, sind gescheitert. Sie waren als flächendeckende Strategie nicht nur unbezahlbar, sie verfehlten, wie die Situation der neuen Bundesländer heute zeigt, im wesentlichen auch ihr Ziel.[1]

Kein Wunder, die aus den fünfziger und sechziger Jahren stammenden Instrumente der Wirtschaftsförderung beruhen auf dem Export-Basis-Theorem, und dieses besagt in einfachen Worten: Der Wohlstand einer Region beruht auf der Stärke der Exportwirtschaft. Gibt es viele erfolgreich exportorientierte Unternehmen, entwickelt sich die Region.

Der Versuch, über die Bereitstellung von Arbeitskräften, Gewerbeflächen oder Investitionszuschüssen das begehrte Kapital, die erhofften Investitionen exportstarker Unternehmen in die strukturschwachen Regionen Deutschlands zu locken, ist nur in den seltensten Fällen erfolgreich. Die Mobilität des Kapitals und der anderen Produktionsfaktoren (z. B. Arbeitskräfte, Knowhow), auf die vielerorts noch immer gehofft wird, wendet sich vielmehr gegen diese Regionen. Neuinvestitionen und Standortverlagerungen finden zwar hin und wieder statt. Immer öfter aber profitieren davon andere europäische Länder oder ferne Billiglohnländer. Und wenn von Mobilität der Arbeitskräfte die Rede ist, dann oft genug in die umgekehrte Richtung: Die jungen und gutausgebildeten Männer und Frauen verlassen die Problemregionen und suchen in prosperierenden Metropolen oder in Gewinnerregionen ihr Glück.

Es verwundert nicht, daß in den neuen Bundesländern heute vielerorts Konzepte der eigenständigen oder nachhaltigen Entwicklung in vielen Regionen inzwischen erprobt und als eine Chance angesehen werden, sich am eigenen Schopf aus dem ökonomischen Sumpf zu ziehen.

1 Im Rahmen einer umfangreichen Untersuchung für das Land Mecklenburg-Vorpommern hat die Autorin 1991/92 eine Strategiestudie erstellt, die der Wirtschaftspolitik des Landes empfiehlt, den Fokus der Wirtschaftsförderung zu wechseln und die einseitig auf die Ansiedlung von Investoren und den Erhalt von industriellen Kernen orientierte Politik durch eine Wirtschaftspolitik zu ersetzen, die gleichrangig eine nachhaltige Regionalentwicklung fördert und dabei auch am Handwerk als eigenständigem und endogenem Potential der Region anknüpft.

Was macht es in diesem Zusammenhang sinnvoll, sich mit dem Handwerk zu beschäftigen? Und welche Rolle kann das Handwerk künftig spielen? Dafür gibt es eine Reihe wichtiger Argumente.

Erstes Argument: Wirtschaftliche Entwicklung – dies gilt auch für nachhaltige Entwicklung – braucht Träger.
Dieses Argument scheint trivial zu sein. Aber wie die Beschäftigungskrise in Deutschland oder die Lage in den neuen Bundesländern zeigt, war und ist in vielen (zumal in den ländlichen) Regionen das Handwerk der wichtigste Träger der lokalen und regionalen Ökonomie. Dort ist es das Rückgrat der Wirtschaft und in mancher Hinsicht auch beschäftigungspolitisch Hoffnungsträger Nummer eins. Außerdem spielt es eine herausragende Rolle bei der Ausbildung von Facharbeitern, also bei der Schaffung von „Humankapital".

Der Wert des Handwerks, das uns in Deutschland so selbstverständlich zur Verfügung steht, zeigt sich vor allem dort, wo es nicht existiert oder sich nicht genügend entwickeln konnte. Dies gilt für sogenannte Entwicklungsländer wie für Länder mit einer industriellen Monostruktur (zum Beispiel die Sowjetunion oder in gewisser Hinsicht auch die USA). Vielerorts wächst keine tragfähige Ökonomie „von unten", weil es kein Handwerk gibt.

Zweites Argument: Das Handwerk ist als Träger der lokalen und regionalen Ökonomie faktisch überall präsent, und das Handwerk arbeitet branchenübergreifend.
Das Handwerk in Deutschland ist mit seinen 127 Berufen nahezu flächendeckend und branchenübergreifend in Produktion, Dienstleistungen und Handel tätig. Es verfügt (von der Primärproduktion abgesehen) über nahezu alle technischen und kulturellen Fähigkeiten und Fertigkeiten sowie einen Kapitalstock bzw. Maschinenpark. Darauf gestützt, kann eine Region die wichtigsten Bedürfnisse ihrer Bewohner fast autonom befriedigen. Seine Nähe zu Kunden und Lieferanten und seine enge wirtschaftliche Verflechtung mit der Region machen das Handwerk zum Nahversorger und Nahproduzenten für einen großen Teil des täglichen Bedarfs.

Das Handwerk arbeitet wegen seiner dezentralen Struktur und seiner Nähe zum Markt[2] bereits in vielerlei Hinsicht nachhaltig: kurze An- und Abfahrtswege, die Nutzung „lokalen Wissens“ bei der Produktion und die Individualität der Produkte, die häufig im Zusammenwirken mit dem Kunden entstehen, steigern den Gebrauchswert handwerklicher Leistungen und erhöhen die ökologische Effizienz. Der Wirtschaftswissenschaftler Stefan Rumpf schreibt dazu: „Da die Wertschöpfung im eigenen Betrieb hoch ist, nicht soviel Roh-, Hilfs- und Betriebsstoffe, Halb- und Fertigwaren weltweit eingekauft werden, ist der Anteil an externalisierten Kosten im Produkt tendenziell geringer als bei einem vergleichbaren industriell hergestellten Produkt (weniger Transportströme, weniger Sozialdumping).“[3]

Handwerksbetriebe beziehen einen großen Teil ihrer Rohstoffe aus der Region und verwenden meist nur eine begrenzte Zahl von Materialien. Sie orientieren sich daher traditionell viel stärker als die Industrie an den ökologischen Potentialen ihres Lebensraums. Sie sind „bodenständig“ und „standorttreu“, der Region und deren Kultur eng verbunden.

Das Handwerk produziert Unikate oder kleine bis mittlere Serien. Da diese selten für einen anonymen Markt hergestellt werden, entsteht in Handwerksbetrieben deutlich weniger Ausschuß bzw. Überschuß als in der Massenproduktion.

Das Handwerk (die Zulieferer der Industrie ausgenommen) ist kaum abhängig vom Weltmarkt. Das Kapital im Handwerksbetrieb dient nicht vorrangig dazu, Mehrwert zu erzielen, sondern der Lebenssicherung. Es ist an Sachwerte gebunden und folgt nicht dem Drang des Industriekapitals nach immer mehr Gewinn. Das Handwerk kennt keine Spekulation und keine ausschließlich am Aktionärsinteresse orientierte Unternehmenspolitik.

2 S. Rumpf, Die Vorzüge der Nähe, in: Politische Ökologie, Heft 9, München 1997

3 Ebenda, S. 14

Drittes Argument: Handwerk ist ständig in Bewegung.
Die große Zahl der Handwerksbetriebe sorgt dafür, daß ständig Unternehmen aus dem Markt ausscheiden und neue dazukommen. Die Fluktuationsrate von rund zehn Prozent ist ein Grund für die hohe Anpassungsfähigkeit des Handwerks an den Markt und an Veränderungen der Umwelt (Nachfrage, Technik u.a.). Kleine Betriebe sind zudem schneller: Prozeß- und Produktinnovationen können in marktnahen Kleinbetriebsstrukturen leichter umgesetzt werden als in schwerfälligen Großbetrieben.

Viertes Argument: Das Handwerk schafft und sichert Arbeitsplätze.
Während die Industrie weiter Arbeitsplätze abbaut, sind Beschäftigungszuwächse europaweit seit über zehn Jahren nur noch bei kleinen und mittleren Betrieben festzustellen. Auf dem Land oder in strukturschwachen Regionen ist das Handwerk heute – neben dem Dienstleistungssektor – wichtigster Hoffnungsträger. Könnte jeder Handwerksbetrieb auch nur einen zusätzlichen Arbeitsplatz bereitstellen, dann gäbe es fast 700 000 Arbeitslose weniger. Mißlingt auch nur die Hälfte der in absehbarer Zeit aus Altersgründen notwendigen 200 000 Inhaberwechsel im Handwerk, dann gäbe es womöglich eine halbe Million Arbeitslose mehr.

Fünftes Argument: Die Zukunft ist gleichermaßen postindustriell-neohandwerklich und posthandwerklich-neoindustriell.
Sehr viel deutet darauf hin, daß die Produktion von morgen in vielerlei Hinsicht postindustriell-neohandwerklich oder posthandwerklich-neoindustriell sein wird, je nachdem, aus welcher Perspektive wir es betrachten. Die logische Weiterentwicklung der Lean-management-Konzepte unter Einsatz neuer Technologien, die unter Stichworten wie „das virtuelle Unternehmen" oder „die fraktale Fabrik" diskutiert werden, weisen in der Tat viele Merkmale auf, die sich als postindustriell bzw. neohandwerklich charakterisieren lassen.

Der Kunde wird zum Koproduzenten, die Produkte werden individualisiert, es entstehen ganzheitliche Fertigungsstrukturen mit höheren Anforderungen an die Facharbeiter und autonome oder teilautonome Fertigungsgruppen sowie dezentrale Produktionsnetzwerke bis hin zu virtuellen Fabriken. Umgekehrt bieten neue Technologien dem Handwerk Chancen, die eigenen Stärken neu in Wert zu setzen und in einigen Bereichen erstmals auch wieder in einen Preiswettbewerb einzusteigen. Dabei wird es darauf ankommen, Werkzeuge und Kooperationsformen zu entwickeln, die an die handwerkseigenen Kompetenzen und Strukturen anknüpfen.

Sechstes Argument: Das Handwerk ist gut organisiert.
Das Handwerk ist in Deutschland und in einigen wenigen anderen europäischen Ländern gut organisiert und arbeitet kontinuierlich daran, sein Selbstverständnis weiterzuentwickeln. Die Organisation dient einer wirksamen Interessenvertretung und trägt gleichzeitig fachliche, kulturelle und politische Inhalte in das Handwerk hinein. Diese Strukturen (Innungen, Fachverbände, Kammern, Berufsbildungseinrichtungen, Handwerksakademien samt ihren Organen) bieten gute Ansatzpunkte, um den Lernprozeß im Sinn einer nachhaltigen Entwicklung voranzutreiben.

Siebtes Argument: Unternehmen und Beschäftigte, aber auch die Supermacht „Verbraucher" benötigen Leitbilder – konkrete, lebbare Visionen, die als Brücken in die Zukunft taugen.
Die Komplexität des Themas „nachhaltige Entwicklung" macht es den Wirtschaftsakteuren schwer, die Anforderungen in unmittelbares Handeln umzusetzen. Unternehmen wie Verbraucher benötigen einfache und einleuchtende Leitbilder. Ein gemeinsames Verständnis von Handwerksunternehmen und Verbrauchern darüber, was nachhaltiges Wirtschaften und Konsumieren bedeutet und welche Rolle das Handwerk in dieser Wirtschaftsweise übernehmen könnte, hilft, die abstrakten Erkenntnisse schneller zu verwirklichen. Für das Handwerk, das im wesentlichen aus Klein- und Kleinstbetrieben besteht, kann eine solche kollektive Selbstvergewisserung dazu beitragen, die technologischen und organisatorischen Voraussetzungen für die Wahrnehmung dieser neuen Geschäftsfelder zu verbessern und unter Umständen notwendige Kooperationen bzw. Qualifizierungs- und Entwicklungsaufgaben anzugehen.

Handwerksgerechte Leitbilder für eine nachhaltige Entwicklung

So gibt es viele gute Gründe, das Handwerk als Zukunftswerkstatt für Nachhaltigkeit ernst zu nehmen. Es ist daher sinnvoll, Strategien zu entwickeln, die am Handwerk anknüpfen, und sie auf ihren Realitätsgehalt bzw. ihre Umsetzungschancen zu untersuchen. Auch hier bietet es sich an, mit Leitbildern zu arbeiten. Sie können zumindest grob die Richtung für die notwendige Entwicklung angeben.

Erstes Leitbild: Wochenmarkt statt Weltmarkt.
Mit dieser saloppen Formulierung sind alle Strategien gemeint, die an regionale Potentiale anknüpfen, zum Beispiel Produzenten und Dienstleister sowie ökologische Ressourcen eines Gebiets, und den Binnenmarkt stärken wollen. Es geht darum, die Wertschöpfungskette in der Region zu verlängern – also mehr vor Ort herzustellen –, die Wirtschaftsakteure (Konsumenten inbegriffen) enger zu verflechten, Ver- und Entsorgungskreisläufe zu (re)konstruieren, und dies alles so dezentral wie möglich. Was heißt dezentral? Das kann in einer Großstadt wie Hamburg zum Beispiel ein Stadtteil sein, auf dem Land ein Dorf, eine Gesamtgemeinde oder eine Kleinstadt.

Strategien der eigenständigen und möglichst nachhaltigen Regionalentwicklung spielen in einigen Gebieten Europas und in den neuen Bundesländern heute bereits eine große Rolle. Sie werden gegenwärtig auch für Städte und Stadtteile diskutiert und ansatzweise erprobt.

Zweites Leitbild: Maßproduktion statt Massenproduktion.
Massenproduktion bedeutet geringe Ressourcenproduktivität, weil sie jedes Produkt in möglichst vielen Varianten und an möglichst vielen Orten anbieten will. Der Konsument muß sich unter einer oft fast unüberschaubar gewordenen Zahl von Produktvarianten diejenige heraussuchen, die seinen Anforderungen am nächsten kommt. Häufig erweist sich das Produkt der Wahl aber als ein schlechter Kompromiß.

Massenfertigung verursacht „Überproduktion". Ökologisch betrachtet, handelt es sich um Abfallerzeugung. Volkswirtschaftlich gesehen, werden Arbeit und Umwelt verschwendet. Dabei ist es in vielen Fällen technisch längst möglich, von der Massen- zur Maßproduktion überzugehen. Ganz gleich, ob wir den Dienstleistungsbereich betrachten oder die „harte" Produktion: Das Informationszeitalter und die Dezentralisierungspotentiale der neuen Technologien schaffen in Verbindung mit der Individualisierung der Käuferwünsche die Voraussetzungen zum Übergang von der Massenproduktion zur Maßproduktion. Es verwundert daher nicht, daß der Jeansproduzent Levi's inzwischen in den Staaten seinen Kunden die maßgeschneiderte Hose zu einem geringen Aufpreis anbietet oder daß CDs möglicherweise künftig im Fachgeschäft auf Wunsch erst hergestellt werden. Die Zahl der Beispiele für solche Produktionskonzepte wächst täglich. Für das Handwerk, das naturgemäß ein Spezialist in Sachen Maßproduktion war und ist, umfaßt dieser Trend eine Vielzahl neuer Chancen, die zum Teil bereits gesehen werden.

Es kommt darauf an, daß sich das Handwerk frühzeitig die modernen, hochflexiblen Werkzeuge zu eigen macht. Es stärkt die Wettbewerbsfähigkeit des Handwerks, wenn dabei die Vorzüge der handwerklichen Produktion (Konstruktion, Planung und Ausführung in einer Hand) und der handwerklichen Produkte (zum Beispiel Unikate, Materialästhetik) erhalten bleiben.

Drittes Leitbild: Reparieren statt wegschmeißen.
Da Recycling die Stoffströme nicht verringert, verlangt nachhaltiges Wirtschaften, die Nutzungsdauer von Produkten zu verlängern. Wie Walter R. Stahel, Direktor des Schweizer Instituts für Produktdauerforschung, mit seinen Arbeiten belegt, sinkt die Materialintensität drastisch, wenn es gelingt, die Lebensdauer von Produkten zu verlängern. Dies kann durch eine Vielzahl von Maßnahmen erreicht werden: Reparaturfreundlichkeit, technische Nachrüstbarkeit, Wiederverwendbarkeit usw. Nicht nur die Tatsache, daß Rohstoffe eingespart werden, spricht für diese Strategie der Langlebigkeit und Nutzenintensivierung. Eine Gesellschaft, die auf Langlebigkeit und Nutzenoptimierung der Produkte setzt („caring society"), ist in hohem Maß auf Tätigkeiten

wie Instandhaltung und Reparaturen angewiesen. Sie verlagert Arbeitsplätze aus der Produktion in den Dienstleistungsbereich und dezentralisiert so das Arbeitsplatzangebot. Da das Handwerk die benötigten Basisqualifikationen flächendeckend bereitstellt, ist es der geeignete Partner von Produzenten und Konsumenten.

Viertes Leitbild: Weniger ist mehr.
Massenproduktion ist nicht nur gleichbedeutend mit Umweltbelastung, sie verschlechtert auch die Produktqualität. Die Alternative sind langlebige Produkte. Welche Eigenschaften muß das „Weniger“ haben, damit es dennoch „mehr“ ist und die Bedürfnisse des Verbrauchers befriedigt? Gefragt sind hier auch wieder hochwertige handwerkliche Produkte, Unikate, Kunstwerke. Eine neue, sozial- und umweltverträgliche Produkt- und Arbeitskultur wäre eine lebenswerte Alternative zur Wegwerfkultur unserer Tage.

Qualitätssicherung muß daher im Hinblick auf viele handwerkliche Produkte anders definiert werden, als dies bei der Massenproduktion die Regel ist. Es ginge nicht darum, Urformen in großen Mengen und mit gleichbleibender Qualität perfekt zu reproduzieren. Die Qualität handwerklicher Arbeitsweise leitet sich vielmehr von der handwerklichen Kompetenz ab. Im Mittelpunkt steht nicht die abstrakte Form, sondern die konkrete Beschaffenheit des Materials und seine Bearbeitung, also die sinnliche Wahrnehmung des Besonderen.

Über Jahrhunderte waren die Handwerker Träger des kollektiven Wissens über Funktion, Konstruktion, Gestaltung und Fertigung von Produkten. Erst mit dem Sieg der Massenproduktion wurden sie von den Designern und Architekten abgelöst, wurden Entwurf und Produktgestaltung akademisiert und der Handwerker mit seiner gestalterischen Kompetenz zum Nischenproduzenten degradiert.

Doch die Massenproduktion trivialisiert, banalisiert und plagiiert. Sie entwürdigt und entwertet die Dinge und den Menschen. Der schöne Schein, die glänzende Oberfläche und eine formale Warenästhetik regieren die Welt.

Doch ist damit das Bedürfnis der Menschen nach dem Besonderen nicht verschwunden. Kaum sind die vermeintlichen Grundbedürfnisse befriedigt, meldet sich das Bedürfnis nach Schönheit und nach Würde, nach Dingen, die Bestand haben und mehr sind als ihr reiner Gebrauchswert. Sei es der sozialen Unterscheidung wegen, sei es aus dem Bedürfnis nach Wahrheit, Kunst oder Magie.

Die Fragen nach der Kultur der Arbeit, nach Lebensstilen, Ästhetik oder Konsum, kurzum zur kulturellen Tiefenstruktur unseres Wirtschaftens, müssen neu beantwortet werden. Gerade das Handwerk bietet hier viele Anknüpfungspunkte.

Handwerk heute: Zahlen, Fakten, Strukturen

Über das Handwerk kann jeder was erzählen. Nicht, daß Mann oder Frau sich der Mühe unterziehen würde, sich damit zu beschäftigen. Handwerker taugen eher als Gegenstand von Gesprächen auf Partys oder über den Gartenzaun hinweg. Über Handwerker amüsiert man sich gerne, wenn man nicht gerade über sie klagt: Wenn man sie braucht, kommen sie nicht. Und wenn sie kommen, machen sie nicht, was sie sollen. Und wenn sie nicht unfähig sind, dann sind sie zu teuer.

Wer ans Handwerk denkt, denkt gerne ans Mittelalter und, wenn's hoch kommt, auch noch an den „goldenen Boden": alles irgendwie von gestern. Handwerk ist nicht sonderlich erotisch, das zeigt das Berufswahlverhalten junger Menschen. Obwohl wir in einer körperbetonenden Kultur leben, setzt sich die Abiturientin lieber tagein, tagaus hinter den Bankschalter, um dann abends im Fitneßstudio die erschlafften Muskeln zu straffen. Baustelle ist out. Die Jungs vom Bau verdienen zwar besser als viele geschniegelte Dienstleister und bieten überhaupt einen starken Anblick – doch für wirklich schlau hält sie trotz aller Werbekampagnen niemand. Die Schlauen, das sind die Architekten mit Schlips und Kragen.

Kultur ist heute in erster Linie eine geistige Größe. Wo Hand angelegt wird, leidet das Sozialprestige. Arbeit und Kunst passen in den Augen der Kundschaft nicht zusammen, das hat nicht nur mit der Kundschaft etwas zu tun, sondern auch mit dem Niedergang der Arbeit.

Allerdings: Die Ausbildungsstatistik belegt, daß dort, wo das Handwerk ist, was es einmal war und in Zukunft auch wieder sein könnte, die jugendliche Elite Schlange steht. Ausbildungsplätze im gestalterischen Handwerk und in Betrieben, die ökologisch orientiert und als moderne Produzenten aktiv sind, sind begehrter denn je. Vom Maßschuhmacher über den Zimmermann bis zur Keramikerin und Möbeltischlerin: ganzheitliches Arbeiten, den

„inneren Plan realisieren", Berufung und Beruf in Gestalt der „denkenden Hand" miteinander verbinden und darüber hinaus auch noch sinnvolle Gebrauchswerte schaffen, das ist eine von der jugendlichen Elite geschätzte Alternative zum „Dienstleistungsknast". Man muß sich diese Alternative allerdings leisten können und wollen. Auch als Kunde.

Was also ist das Handwerk heute? Ist es rückschrittlich oder Trendsetter? Steht es vor einer neuen Blüte, oder geht es unter? Handwerk ist zuerst das, was Politik, Tarifparteien und Wirtschaftsverbände nach langen Verhandlungen dazu erklären. Das Gesetz über die Handwerksordnung (HO) regelt in zwei Anhängen, welche Gewerbe der Handwerkskammer oder anderen Institutionen der Wirtschaft zugeschlagen werden (zum Beispiel der Handels-, Landwirtschafts- oder Architektenkammer). Was heute unter Handwerk „läuft", hat nicht unbedingt viel mit dem traditionellen Handwerk zu tun, was sich am Fall der Gebäudereiniger gut illustrieren ließe. Handwerk umfaßt heute 127 Berufe (Vollhandwerke) sowie eine wachsende Zahl handwerksähnlicher Gewerbe". Handwerk ist Produktion, Service und Reparatur, Handel und Dienstleistungen aller Art und über alle Branchen hinweg, und dies mit allen möglichen Werkzeugen – von der Handsäge über die fünfachsige Fräsmaschine bis hin zur rechnergestützten Fertigungsstraße. In einem Wirtschaftslexikon wird Handwerk so definiert: „selbständige Erwerbstätigkeit auf dem Gebiet der Be- und Verarbeitung von Stoffen sowie im Reparatur- und Dienstleistungsbereich, gerichtet auf Befriedigung individualisierter Bedürfnisse durch Leistungen, die ein Ergebnis der Persönlichkeit des handwerklich schaffenden Menschen, seiner umfassenden beruflichen Ausbildung und des üblichen Einsatzes seiner Kräfte und Mittel sind."[1]

Wesentliches Merkmal für das Handwerk ist die individuelle Fertigung nach den Wünschen des Auftraggebers. Die Produktion im Handwerksbetrieb liegt meist von der Planung bis zur Ausführung in einer Hand. Umfragen belegen, daß die Beschäftigten des Handwerks ihre Arbeit für sinnvoller halten als Industriearbeiter.

1 Gabler Wirtschafts-Lexikon, 13. Auflage, Wiesbaden 1992

Metall- und Elektrogewerbe
z.B. Metallbauer, Maschinenbauer, Radio- und Fernsehtechniker, Gold- und Silberschmiede, Feinmechaniker, Glas-, Wasser- und Elektroinstallateure, Klempner, Uhrmacher, Zentralheizungs- und Lüftungsbauer, Karosseriebauer, Glockengießer, Graveure, Kfz-Mechaniker und -elektriker, Werkzeugmacher u.a.

Glas-, Papier-, keramische und sonstige Gewerbe
z.B. Glaser, Fotographen, Keramiker, Musikinstrumentenmacher, Buchbinder u.a.

Gesundheitshandwerke und Körperpflege sowie chem. Reinigung
Orthopädiemechaniker und -schuhmacher, Augenoptiker und Zahntechniker, Gebäudereiniger, Textilreiniger, Hörgeräteakustiker, Friseure u.a.

Bau- und Ausbauhandwerk
Maurer, Maler und Lackierer, Fliesen-, Platten- und Mosaikleger, Dachdecker, Steinmetze, Backofenbauer, Brunnenbauer, Zimmerer u.a.

Nahrungsmittelhandwerk
Konditoren, Fleischer, Bäcker, Brauer, Mälzer, Müller, Küfer u.a.

Holzgewerbe
z.B. Tischler, Wagner, Drechsler, Böttcher, Parkettleger, Boots- und Schiffbauer, Korbmacher

Bekleidungs-, Textil- und Ledergewerbe
z.B. Schneider, Schuhmacher, Sticker, Hut- und Mützenmacher, Täschner, Modisten, Kürschner u.a.

Quelle: Zukunftswerkstatt e.V.

Das Handwerk besteht aus insgesamt sieben Handwerksgruppen und ist quer zu allen Branchen als Produzent und Dienstleister bzw. Händler tätig.

Handwerksbetriebe haben in der Regel wenig Kapital, sie sind arbeitsintensiv und beschäftigen durchschnittlich elf Personen. Der Handwerksmeister ist in der Regel auch der Inhaber des Unternehmens, das er führt, um seinen Lebensunterhalt zu verdienen.

Laut Handwerksordnung handelt es sich um einen (Voll-) Handwerksbetrieb, wenn das Unternehmen von einem in der Handwerksrolle eingetragenen Handwerksmeister geleitet wird und ein Gewerbe betreibt, das in Anlage A der HO angeführt ist. Handwerkliche Nebenbetriebe sind handwerkliche Betriebe oder handwerklich tätige Betriebsteile von Unternehmen, so etwa die Werkstatt eines Autohändlers oder die organisatorisch, aber nicht rechtlich selbständige Fleischerabteilung in einem Supermarkt. Mischbetriebe sind Unternehmen, die in der Handwerksrolle eingetragen sind und sowohl der Industrie- und Handelskammer als auch der Handwerkskammer angehören. Handwerksähnliche Gewerbebetriebe schließlich sind Unternehmen, die nach Anlage B der HO zum Handwerk gehören. Diese haben sich auf einen Teil eines Vollhandwerks spezialisiert wie beispielsweise Gerüstbauer, Fuger (Teil der Maurerarbeit), Fahrzeugverwerter oder Flickschneider.

Um ein handwerksähnliches Gewerbe auszuüben, ist kein Meisterschein notwendig. Deshalb wählen manche Handwerksgesellen diesen Weg, um sich selbständig zu machen. In einigen Fällen steht hinter einem handwerksähnlichen Gewerbe aber auch der Versuch, der Arbeitslosigkeit zu entgehen, wenn es sich nicht schon um verdeckte Arbeitslosigkeit handelt.

Es gibt eine Vielzahl von Beschäftigten, die zwar in Industriebetrieben arbeiten, aber im Hinblick auf Ausbildung, Funktion, Arbeitsaufgabe und Arbeitsweise Handwerker sind. Der Bäcker, der in der Backstube einer großen Kantine tätig ist, der Kfz-Meister in der Industrie, die Schneiderin am Fließband in einem mittelständischen Textilunternehmen: sie und andere werden offiziell nicht zum Handwerk gezählt, obwohl sie handwerklich tätig sind. Handwerk ist also weit mehr oder weit weniger, als die gegenwärtigen Abgrenzungskriterien bestimmen. Es kommt darauf an, wie man es betrachtet.

Handwerk war und ist vor allem durch die Berufsbilder definiert, und es ist „Ausbilder der Nation“: Es stellt 36 Prozent aller Ausbildungsplätze, wobei nur 17 Prozent der Beschäftigten im Handwerk arbeiten. Das Handwerk hat also weit mehr Fachkräfte ausgebildet, als für den eigenen Bedarf erforderlich ist. Bis heute gilt als Faustregel: Rund die Hälfte der im Handwerk ausgebildeten Facharbeiter wechseln nach zehn Jahren in andere Wirtschaftsbereiche. Angesichts der großen Bedeutung, die dem Faktor „Humankapital“ zugestanden wird, ist dies einer der großen volkswirtschaftlichen Aktivposten des Standorts Deutschland.

Das Handwerk hält bis heute an einer Berufsausbildung fest, die einen ganzheitlichen Kern hat. Wer sein Handwerk gelernt hat, der ist – anders als in der hocharbeitsteiligen Industrie – in der Lage, als Schlosser, Elektriker oder Bäcker in seinem Gewerk alle Arbeiten von der Planung bis zur Ausführung zu leisten. Daraus ergeben sich ein starkes Selbstwertgefühl und Autonomie. Die Berufsausbildung findet in der Schule, in überbetrieblichen Ausbildungsstätten und im Betrieb statt, weshalb die Auszubildenden bereits früh Arbeitsabläufe und Tätigkeiten in kleinen Betrieben kennenlernen: vom Verkauf über die Buchhaltung bis zur Produktion. Daher ist das Handwerk der schnellste und sicherste Weg in die Selbständigkeit.

Handwerk heute: Zahlen und Fakten für Deutschland

1995 wurde erstmals nach fast zwanzig Jahren eine Handwerkszählung durchgeführt. Die Ergebnisse ließen selbst Experten staunen. Waren doch weit mehr Menschen im Handwerk beschäftigt, als dies Wirtschaft und Politik angenommen hatten.

Am 31. März 1995 gab es in Deutschland insgesamt 563 200 Vollhandwerksbetriebe. In ihnen waren – am Stichtag 30. September 1995 – nahezu 6,1 Millionen Personen tätig, darunter 1,8 Millionen Frauen. Diese Unternehmen erzielten im Jahr 1994 einen Nettoumsatz von 800,6 Milliarden Mark. Zum Vergleich: Die Zahl der Erwerbstätigen in Deutschland betrug 1994 knapp 35 Millionen; der gesamtwirtschaftliche Produktionswert lag bei 7913 Milliarden Mark.

Interessant sind diese Daten auch vor dem Hintergrund der gesamtwirtschaftlichen Entwicklung und besonders der Beschäftigungszahlen. In den alten Bundesländern – für Ostdeutschland gibt es keine Vergleichsdaten – hat die Zahl der Erwerbstätigen im Handwerk um fast 32 Prozent zugenommen. Die Industrie hat im selben Zeitraum Arbeitsplätze stark abgebaut. Heute beschäftigt das Handwerk so viele Arbeitskräfte wie die Industrie.[2]

Ein weiteres wichtiges Ergebnis der Handwerkszählung ist, daß es in den letzten beiden Jahrzehnten auch im Handwerk

2 Handwerk 96, Jahresbericht des Zentralverbandes des deutschen Handwerks, Bonn, April 1997

Konzentrationsprozesse gegeben hat. Die durchschnittliche Größe der Handwerksbetriebe stieg von acht auf elf Beschäftigte, in den neuen Bundesländern liegt sie gegenwärtig sogar bei zwölf Arbeitskräften. Die Durchschnittsgröße der Betriebe in der Bundesrepublik ist mit der deutschen Einheit 1990 sprunghaft gewachsen, als das Handwerk aus den neuen Bundesländern dazukam – ein Erbe der vielen handwerklichen Großbetriebe der DDR. Bemerkenswerterweise hat sich die Betriebsgröße im Nahrungsmittelhandwerk verdoppelt von sechs auf zwölf Beschäftigte. Der Grund für diesen Konzentrationsprozeß sind die dramatisch gestiegenen Standortkosten für Produktionsbetriebe und Verkaufsläden in Deutschlands Innenstädten.

Insgesamt belegt die Zählung, daß der „Konzern Handwerk" sich trotz mancher Schwierigkeiten dem wirtschaftlichen und gesellschaftlichen Strukturwandel erfolgreicher angepaßt hat als viele Großbetriebe der Industrie.

In den Jahren nach der Einheit haben sich die Handwerksstrukturen in den neuen Bundesländern erstaunlich schnell an die der alten Bundesländer angepaßt. Das Handwerk erweist sich besonders auf dem Land als Beschäftigungs- und Hoffnungsträger Nummer eins. Unterschiede gibt es vor allem beim Bau- und Ausbaugewerbe, das in den neuen Bundesländern stärker vertreten ist als in den alten – eine Folge des Nachholbedarfs dieser Regionen. Außerdem arbeiten viele Handwerksbetriebe in den neuen Bundesländern nach wie vor weniger effizient als westdeutsche Unternehmen.

Aussagen über die Entwicklung und die Bedeutung des handwerksähnlichen Gewerbes sind mangels exakter empirischer Daten gegenwärtig nur möglich auf der Grundlage der Handwerksrolleneintragungen und von Schätzungen.[3] Danach hat dieser Handwerksbereich weiter an Gewicht gewonnen. Sein Anteil beträgt in Westdeutschland 17,8 Prozent und in Ostdeutschland 13,9 Prozent. Ende 1994 hatte er bei 16,4 Prozent in den alten und 12,2 Prozent in den neuen Bundesländern gelegen. Berücksichtigt man

3 Die Ergebnisse der gesonderten Zählung des handwerksähnlichen Gewerbes von 1996 werden für dieses Jahr erwartet.

auch die handwerksähnlichen Betriebe, dann ergibt sich für 1996 folgender Betriebsbestand im Gesamthandwerk:

Betriebsbestand Handwerk 1980 bis 1996

	Vollhandwerk	handwerkliche Nebenbetriebe
früheres Bundesgebiet		
1980	541.056	51.141
1990	533.571	77.903
1991	533.460	82.023
1992	533.712	86.680
1993	534.872	92.043
1994	538.337	105.463
1995	541.972	117.413
1996	541.430	119.761
Gesamt 1996: 661.191		
Neue Bundesländer		
1990	keine Angaben	
1991	108.774	14.437
1992	116.940	14.497
1993	123.696	14.795
1994	128.456	17.789
1995	130.641	21.138
1996	131.163	22.935
Gesamt 1996: 154.098		
Bundesgebiet		
1990	keine Angaben	
1991	642.234	96.460
1992	650.652	101.177
1993	658.568	106.838
1994	666.793	123.252
1995	672.613	138.551
1996	672.593	142.696
Gesamt 1996: 815.289		

Quelle: ZDH/Zukunftswerkstatt e.V., Hamburg

Handwerk und Gesamtwirtschaft im Vergleich
Die meisten Handwerksbetriebe sind im Elektro- und Metallgewerbe tätig. Die zweitstärkste Gruppe ist das Bau- und Ausbauhandwerk. Es folgen die ebenfalls zahlreichen beschäftigungsintensiven Betriebe der Gesundheits- und Körperpflege (inkl. Reinigungsgewerbe), dann das Nahrungsmittelhandwerk, holzverarbeitende Unternehmen sowie Textil- und Bekleidungsbetriebe. Am Ende hinsichtlich der Zahl der Arbeitskräfte stehen die Glas-, Papier- und Keramikgewerke, die aber durch ihre Tradition und ihre Fertigkeiten als Kulturträger für Handwerk und Gesellschaft eine große Rolle spielen.

Vollhandwerk nach Umsatz, Beschäftigten und Betriebsstätten*

Gewerbe	Umsatz	Beschäftigte	Betriebsstätten
Elektro und Metall	48 %	34 %	39,0 %
Bau und Ausbau	29 %	27 %	23,1 %
Nahrungsmittel	9 %	10 %	8,7 %
Holz	6 %	6 %	7,8 %
Bekleidung, Textil, Leder Gesundheits- u. Körperpflege	1 %	2 %	4,5 %
Chemie und Reinigung	5 %	19 %	13,2 %
Glas, Papier und sonstige	2 %	2 %	3,2 %

* Umsatz und Beschäftigte nach Handwerkszählung 1995 / Betriebsstätten nach Handwerksrollen, Stand 31.12.1995

Im handwerksähnlichen Gewerbe spielt vor allem das Bau- und Ausbaugewerbe mit 40 Prozent aller Betriebe eine überragende Rolle.

Wie oben dargestellt, ist die Zahl der Erwerbstätigen im Handwerk in den letzten zwanzig Jahren deutlich stärker angestiegen (29 Prozent) als in der Gesamtwirtschaft (8 Prozent). Um die Vergangenheit und die Zukunft des Handwerks mit der Entwicklung der anderen Branchen zu vergleichen, muß das Handwerk

Betriebsbestand handwerksähnliches Gewerbe, Stand: 31. Dezember 1995

	Alte Bundesländer	Neue Bundesländer
Bau- und Ausbaugewerbe	47.303	7.952
Metallgewerbe	5.288	792
Holzgewerbe	13.834	3.097
Bekleidungs-, Textil- und Ledergewerbe	18.103	1.801
Nahrungsmittelgewerbe	4.355	446
Gesundheits- und Körperpflege, chemische und Reinigungsgewerbe	23.960	5.147
Sonstige	4.570	1.903

Quelle: ZDH/Zukunftswerkstatt e.V.

der konventionellen Systematik der Wirtschaftsstatistik zugeordnet werden.[4]

Der Vergleich zeigt, daß der überproportionale Beschäftigungszuwachs der letzten zwanzig Jahre vor allem auf die handwerklichen Berufe im verarbeitenden Gewerbe zurückzuführen ist. Während die Zahl der Erwerbstätigen insgesamt zwischen 1970 und 1994 um mehr als 2 Millionen (über 20 Prozent) abgenommen hat, hat das verarbeitende Handwerk nach einem leichten Rückgang zwischen 1963 und 1970 bis 1992 über 400 000 Arbeitskräfte zusätzlich eingestellt (30 Prozent) und beschäftigt nun fast 2 Millionen Menschen.

Überdurchschnittlich positiv im Vergleich zum Baugewerbe hat sich in den beiden vergangenen Jahrzehnten auch das Bauhaupt- und Ausbauhandwerk entwickelt. 1996 aber ist der Aufwärtstrend abgebrochen, weil sich seitdem negative Einflußfaktoren bemerkbar machen: Abschwächung der Baunachfrage und der Binnenkonjunktur allgemein, Ende der Sonderkonjunktur Ost, Europäisierung des Baumarkts. Die Dienstleistungsindustrie und das Dienstleistungshandwerk verzeichneten von allen Wirt-

4 In Übereinstimmung mit den RWI-Handwerksberichten

Gewerke, nach Zweigen gegliedert

1. Bau- und Ausbaugewerbe	
1.1 Bauhauptgewerbe	Maurer, Zimmerer, Stukkateure, Straßen-, (Stahl)betonbauer, Dachdecker
1.2 Ausbaugewerbe	Maler, Lackierer, Schmied, Schlosser, Elektro-, Gas- und Wasserinstallateur, Tischler, Glaser, Raumausstatter, Fliesen-, Platten- und Mosaikleger, Steinmetze und Steinbildhauer
2. Verarbeitendes Handwerk	
2.1 Gewerblicher Bedarf/ Zulieferer	Metall-, Maschinen-, Kälteanlagen-, Heizungsbauer, Mechaniker, Werkzeugmacher, Klempner, Gas- und Wasserinstallateur, Land- und Büromaschinen- und Feinmechaniker u. a.
2.2 Kfz-Handwerk	Karosseriebauer, Kfz-Mechaniker, -Elektriker
2.3 Nahrungsmittelhandwerk	Bäcker, Konditoren, Fleischer
2.4 Gehobener Bedarf	Uhrmacher, Goldschmiede, Silberschmuck, Kürschner
2.5 Bekleidungshandwerk	Herren- und Damenschneider, Schuhmacher
3. Dienstleistungshandwerk	
3.1 Gesundheit und Körperpflege	Augenoptiker, Zahntechniker, Friseure
3.2 Reinigungsgewerbe	Textilreiniger, Gebäudereiniger
3.3 Sonstige Dienstleistungen	Radio- und Fernsehtechniker, Fotograf, Buchdrucker und -binder, Schriftsetzer, Schilder- und Lichtreklamehersteller

Quelle: RWI/Zukunftswerkstatt e.V.

schaftsbereichen das größte Beschäftigungswachstum (Dienstleistungsindustrie: plus 200 Prozent von 1970 bis 1995; Dienstleistungshandwerk: plus knapp 250 Prozent von 1963 bis 1995).

Handwerk: eine deutsche Institution

Der hohe Grad und die große Kontinuität handwerklicher Selbstorganisation sind eine deutsche Besonderheit. Sie findet ihren juristischen Niederschlag in einer gesetzlich vorgeschriebenen Zwangsmitgliedschaft bei den Handwerkskammern. Die Zugehörigkeit zu den Innungen (zum Beispiel Bau-, KeramikerInnen-Innung usw.) ist heutzutage freiwillig. Die Handwerksorganisation ist eine im Kern demokratisch verfaßte, korporatistische Struktur, deren historische Wurzeln bis in die Antike zurückverfolgt werden können.

Schon 1200 vor Christus gab es in Griechenland erste Ansätze eines zunftmäßigen Zusammenlebens von Handwerkern. Solon, der vom Volk in Athen aufgefordert worden war, eine demokratische Verfassung zu erlassen, teilte die Menschen in vier Klassen ein und bestimmte, daß kein Bürger einer Stadt zweierlei Handwerke ausüben dürfe und daß alles, was die Handwerksvereinigung beschließe, für die Mitglieder verbindlich sei, solange es keinem öffentlichen Gesetz widerspreche.[5]

Eine den meisten Menschen aus dem Geschichtsunterricht vertrautere Periode der Handwerksgeschichte ist das vermeintlich dunkle Mittelalter mit seinen strengen Zünften, die Männer und Frauen an der freien Berufswahl hinderten. Es war die Blütezeit der Handwerkszünfte. Ihr Aufstieg war eng verbunden mit den aufstrebenden mittelalterlichen Städten, die Handwerker spielten in den Stadtgesellschaften eine große wirtschaftliche und gesellschaftliche Rolle. Wobei die maßgeblich vom Handwerk getragenen mittelalterlichen Stadtgesellschaften einen egalitären und demokratischen Kern hatten.

Die Arbeitsteilung zwischen dem Handwerk und der bäuerlichen Lebens- und Arbeitsweise war damals oft genug fließend. Die Bürger in den Städten, die in der Regel Handwerker waren, bewirtschafteten auch noch ein kleines Stückchen Land und trugen daher lange Zeit den schönen Namen „Ackerbürger“. Der Bauer auf dem Land praktizierte auf seinem Hof in der Regel die

5 H. Sinz, Das Handwerk, Düsseldorf, Wien 1977

unmittelbar angrenzenden Landhandwerke: Handwerk war Teil der bäuerlichen Wirtschaftsweise, und die ausgesprochenen Landhandwerke (Schmied oder Schlachter) gaben auch in den Dörfern Menschen Lohn und Brot.

Selbst in Zeiten ohne Krieg oder Naturkatastrophen konnte nur eine begrenzte Zahl von Handwerkern ausschließlich vom eigenen Gewerbe leben. Die Zünfte regelten deshalb penibel den Zugang zum Handwerk, Art und Umfang der Ausbildung der Lehrlinge, Bezahlung, Arbeitszeiten, Produktion und Vermarktung; auch Funktion, Gestalt und Preis unterlagen dem zünftigen „Qualitätsmanagement". Die Vielzahl von Reglementierungen ließ den Individuen mit Sicherheit weit weniger Entscheidungsspielraum, als dies heute der Fall ist. Diese Auflagen sorgten aber auch für berechenbare wirtschaftliche und soziale Rahmenbedingungen und für einen hohen Mindeststandard an gestalterischer und handwerklicher Qualität. Innerhalb der Regeln war echte Meisterschaft erwünscht und möglich – wie viele erhalten gebliebene Alltagsobjekte und Kulturschätze belegen.

Die Zünfte waren neben Familie und Kirche die wichtigste Sozialversicherungsinstanz. Sie gewährten Hilfe und ein Minimum an Sicherheit gegen die Wechselfälle des Lebens: Armut, Krankheit und Alter. Nicht zuletzt dienten sie der Interessenvertretung der Handwerker. So waren es die Handwerker des mittelalterlichen Hamburg, die den Bürgermeister (den ersten Meister der Stadt) bestellten und ihm feierlich das Wort der Stadt übergaben, das dieser dann als „worthaltender Bürgermeister" hütete.

Mit dem 19. Jahrhundert ging die Zeit der überwiegend handwerklich strukturierten Produktionsweise zu Ende. Im wirtschaftlichen Wandel verloren die „zünftigen" Handwerksstrukturen ihre Legitimation. Die Stein-Hardenbergschen Reformen hoben 1810/11 für Preußen als ersten deutschen Staat die Zunftordnung auf und verfügten die „Gewerbefreiheit". Das gesamte 19. Jahrhundert war geprägt von der industriellen Revolution und zahlreichen Gewerbereformen in einem in viele Staaten geteilten Deutschland. Als Reaktion auf die Veränderungen durch die industrielle Revolution fand vom 15. Juli bis zum 18. August 1848 in Frankfurt am Main ein Handwerkerkongreß statt, auf dem der

Entwurf einer Handwerks- und Gewerbeordnung verabschiedet wurde. Die Hauptforderungen der Handwerker waren:

- Errichtung von Zwangsinnungen und Gewerbekammern
- Einführung eines handwerklichen Befähigungsnachweises
- Beschränkung der Konkurrenz durch Fabriken

Der Liberalisierungsprozeß mündete in der Reichsgewerbeordnung von 1871, die im Zug der Bismarckschen Reichsgründung verabschiedet wurde. Sie bedeutete vollständige Gewerbefreiheit, selbst die Prüfungspflicht wurde aufgehoben. Angesichts der negativen Folgen, die das Industriezeitalter und die Auflösung der Handwerksstrukturen hervorriefen, wurden aber noch vor der Jahrhundertwende erste Reformen durchgeführt, die auf einen behutsamen Wiederaufbau der Handwerksorganisationen zielten. Dabei waren es vor allem Konservative wie Reichskanzler Otto von Bismarck, die sich aus Angst vor einem weiteren Anwachsen des Proletariats für den handwerklichen Mittelstand einsetzten. Die Gewerkschaften allerdings, die die Industriearbeiterschaft vertraten, standen dem Handwerker als Arbeitgeber und „Kapitalisten" eher skeptisch gegenüber.

Mit den Novellierungen der Gewerbeordnung von 1879, 1881, 1884, 1886 und 1887 wurde versucht, die Innungen wieder zu Organen der Selbstverwaltung des Handwerks zu machen. Innungen durften sich in Verbänden zusammenschließen und wurden als Rechtspersonen zugelassen; Nichtmitgliedern wurde die Befugnis zur Lehrlingsausbildung entzogen. Das Handwerksgesetz von 1897 regelte die Errichtung von Handwerkskammern als regionale Interessenvertretungen und Verwaltungsorgane mit Zwangsmitgliedschaft für alle Handwerker. Sie hatten den Charakter von Selbstverwaltungsorganen und sollten die Position des Handwerks stärken. Die freiwilligen Innungen erhielten das Recht, sich in „Zwangsinnungen" umzuwandeln; die meisten Innungen nahmen diese Möglichkeit im Lauf der folgenden Jahrzehnte wahr.

Nach Ende des Ersten Weltkriegs und dem Zusammenbruch des Kaiserreichs wurde im Oktober 1920 der Reichsverband des Deutschen Handwerks gegründet. Er kämpfte für eine Reichshandwerksordnung, die Handwerk und Gewerbe als selbständige Wirtschafts- und Sozialkörper zusammenfassen sollte. Alle Handwerker sollten laut Gesetz dem Berufsstand angehören. Den Handwerksgesellen war ein gleichberechtigter Platz in der Interessenvertretung zugedacht. Dieses Modell stieß aber auf den geschlossenen Widerstand von Arbeitgebern, Gewerkschaften und Parteien.

Mit der Novelle zur Gewerbeordnung vom 16. Dezember 1922 wurde der Deutsche Handwerks- und Gewerbekammertag als Körperschaft öffentlichen Rechts gegründet. Seine Aufgaben wurden wie folgt festgelegt:

> *Der Deutsche Handwerks- und Gewerbekammertag hat die Aufgabe, die gemeinsamen Angelegenheiten der ihm angehörenden Körperschaften zu vertreten; er hat insbesondere eine möglichst einheitliche Durchführung der das Handwerk betreffenden Bestimmungen der Gewerbeordnung und anderer Gesetze anzubahnen und die Bedürfnisse und Würde der ihm angeschlossenen Körperschaften durch gemeinsame Beratungen und Beschlüsse zum Ausdruck sowie in geeigneter Weise zur Kenntnis des Reiches und der Länder zu bringen.*

1929 wurden die Handwerkskammern beauftragt, die Handwerksrolle zu führen, in die sich bis heute jeder selbständige Handwerker eintragen muß, ganz gleich, ob er Innungsmitglied ist oder nicht. Das Wahlrecht des Handwerks wurde demokratisiert, und die Rechte der Gesellen wurden gestärkt.

Die Weltwirtschaftskrise ab 1929 traf auch das Handwerk schwer. Nach ihrer Machtübernahme schalteten die Nazis die Handwerksorganisation gleich und verwandelten sie in ein hierarchisch strukturiertes Instrument der Staatsführung. Das überhöhte und romantisierte Bild des deutschen Handwerks in den Publikationen dieser Zeit paßt hervorragend zur Blut-und-Boden-Ideologie des Faschismus. Viele kritisieren es bis heute als einen Geburtsfehler, daß der vom Handwerk lange geforderte Große Befähigungsnachweis – die Meisterprüfung als Voraussetzung zur Führung eines Handwerksbetriebs bzw. zur Ausbildung von Lehrlingen – ausgerechnet in dieser Zeit durchgesetzt wurde.

Im Jahr 1943 wurden die Handwerkskammern in Gauwirtschaftskammern überführt und unterlagen damit der vollständigen Kontrolle des Staats. Der Deutsche Handwerks- und Gewerbekammertag wurde in die Reichswirtschaftskammer eingegliedert und verlor seine rechtliche Eigenständigkeit. Nach dem Zweiten Weltkrieg lösten die Besatzungsmächte die Reste der Handwerksorganisation auf.

Doch schon am 30. November 1949 gründeten regionale und überregionale handwerkliche Zusammenschlüsse den Zentralverband des Deutschen Handwerks (ZDH) mit Sitz in Bonn. Dem ZDH traten die Handwerkskammern in der Bundesrepublik und Westberlin, die Bundesfachverbände des Handwerks sowie einige dem Handwerk nahestehende Einrichtungen wie Genossenschaften, berufsständische Versicherungsanstalten und andere bei. Der ZDH setzte sich für eine einheitliche Handwerksordnung und den Großen Befähigungsnachweis ein. Mit dem Gesetz zur Ordnung des Handwerks (Handwerksordnung) vom 17. September 1953 wurde den Forderungen des Handwerks entsprochen.

Die Handwerksordnung regelt die Anforderungen, die erfüllt werden müssen, um den Meistertitel zu erlangen, und sie beschreibt die Aufgaben der Glieder der Handwerksorganisation, die über eine flächendeckende fachliche und überfachliche Struktur der Interessenvertretung verfügt.

Als unterste fachliche Einheit sind die Innungen tätig (zum Beispiel die Bauinnung). Die Innung ist zugleich der Arbeitgeberverband für ihre Mitglieder. Den Innungen fachlich-berufsbezogen übergeordnet ist der Innungsverband auf Landesebene (zum Beispiel die Landesinnung Bau) und der Fachverband auf Bundesebene (zum Beispiel der Zentralverband des Deutschen Baugewerbes).

Die Handwerksinnungen in Land- und Stadtkreisen schließen sich in der Kreishandwerkerschaft zusammen. Diese ist wie die 56 deutschen Handwerkskammern eine Körperschaft öffentlichen Rechts. Den Kammern gehören zwangsweise alle selbständigen Handwerker und Inhaber handwerksähnlicher Betriebe sowie deren Gesellen und Lehrlinge an.

Auf Bundesebene sind die Handwerkskammern im Deutschen Handwerkskammertag (DHKT) vereint, der die gemeinsamen

Angelegenheiten aller Kammern vertritt. Die meisten Bundesinnungen und Fachverbände des Handwerks sind in der Bundesvereinigung der Fachverbände des Handwerks zusammengeschlossen, die sich für die fachlichen Belange des Handwerks einsetzt. Im ZDH schließlich bündeln sich die fachliche und die überfachliche Interessenvertretung der Handwerker. Der Generalsekretär des ZDH ist zugleich Hauptgeschäftsführer der Bundesvereinigung der Fachverbände und des Handwerkskammertags.

Handwerk in Europa

Handwerk, so, wie wir es in Deutschland kennen, ist ein Begriff, der sich nur schwer oder gar nicht ins Europäische übersetzen läßt. Denn auch wenn es in allen europäischen Ländern eine vergleichbar große Zahl an Kleinbetrieben gibt, die vergleichbare Produkte und Dienstleistungen anbieten, ist das deutsche Handwerk schon wegen der erstaunlichen Kontinuität seiner Geschichte und seiner Selbstorganisationsstrukturen eine Besonderheit. Diese Unterschiede in der europäischen Handwerkerschaft erschweren es, eine schlagkräftige Interessenvertretung des Handwerks in der EU aufzubauen. Eine Erfahrung, die die UEAPME (Europäische Union des Handwerks und der kleinen und mittleren Unternehmen) seit ihrer Gründung vor einigen Jahren macht.

So vielfältig Europa ist, so vielfältig wird Handwerk beschrieben. In Deutschland, Luxemburg und Österreich, aber auch in Mittel- und Osteuropa wird Handwerk in Abgrenzung zur Massenproduktion definiert. Das Unterscheidungsmerkmal ist also die typisch handwerkliche Produktionsweise: Fertigung von Unikaten oder kleinen und mittleren Serien. In Frankreich oder Italien zum Beispiel aber zählen Unternehmen einer bestimmten Größenklasse (maximal zehn bzw. fünfzehn Beschäftigte) zum Handwerk, demnach in der Regel alle Kleinst- und Einmannbetriebe. Die angelsächsische Definition von Handwerk, die in England, Irland, Spanien oder Portugal gilt, beschränkt sich auf das, was in Deutschland „Kunsthandwerk“ genannt wird. Alle anderen Betriebe fallen unter die Kategorie „kleine und mittlere Unternehmen“. In Ländern wie Belgien oder den Niederlanden wird gar nicht unterschieden zwischen Handwerk und anderen kleinen und mittleren Unternehmen, der Begriff „Handwerk" („Artisanat") hat dort sogar einen üblen Beigeschmack. In nordischen Ländern findet man Kombinationen aus den diversen Begriffsbestimmungen.

Trotz aller Unterschiede kann es keinen Zweifel daran geben, daß es ein europäisches Handwerk gibt. Obwohl es von überragender wirtschaftlicher Bedeutung für die Nationen Europas ist, nehmen die europäische Politik und die Öffentlichkeit das Handwerk kaum wahr. Seit Jahren kämpfen Handwerksvertreter darum, stärker in die Diskussion um die Politik der EU einbezogen zu werden und zur Abwechslung auch einmal das große Los beim Brüsseler Milliardenlotto zu ziehen. Auf diese Ignoranz gegenüber dem Handwerk und die große Entfernung des Brüsseler Wasserkopfs von der wirtschaftlichen Wirklichkeit in den Regionen sind einige politische Pannen zurückzuführen wie etwa die Europäische Schlachthofverordnung, die beinahe Tausenden von kleinen Schlachthöfen und Fleischerbetrieben die Existenz gekostet hätte und nur mit Müh und Not nachgebessert werden konnte.

Der wohlorganisierte Industrielobbyismus und seine im Vergleich zum Handwerk überproportionale Stärke tun ihr übriges. Auch wenn sich die Bäcker und die Fleischer seit kurzem einen eigenen Mann in Brüssel leisten und diesen ins Lobbyistenrennen schicken: Es ist nicht einfach, sich dort gegenüber den tief verwurzelten Lobbyistenstrukturen der Konzerne zu behaupten. Der Vorsprung der Industrie ist erheblich: Die zum Teil bereits seit zehn bis zwanzig Jahren mit eigenen Büros in Brüssel vertretenen Firmen, Konsortien und Verbände können sich auf funktionierende Netzwerke in der EU-Bürokratie stützen, ganz im Gegensatz zu den Newcomern vom Handwerk.

Trotz aller wohlfeilen Sonntagsreden über die Bedeutung des Mittelstands und der immer wieder erklärten Bereitschaft, auch kleinen und mittleren Unternehmen zum Beispiel Forschungsfördermittel zu gewähren, fruchteten solche Bemühen lange Zeit nicht bis wenig. Erst die hohe Arbeitslosigkeit, gepaart mit dem seit vielen Jahren beschäftigungsunwirksamen Wachstum der Industrie und dem dramatischen Arbeitsplatzabbau bei vielen Großbetrieben, hat in den letzten vier Jahren die Kriterien verändert. Mittlerweile sind einige Instrumente der EU-Politik an die Bedürfnisse von kleinen und mittleren Betrieben angepaßt worden.

Der deutsche Meister: Stärken und Schwächen eines nationalen Markenzeichens

Im mühsamen Prozeß der europäischen Einigung ist in den letzten Jahren auch der deutsche Meister unter Beschuß geraten. Es ist von Wirtschaftsliberalen bis zum Bündnis 90/Die Grünen üblich, nach „Gewerbefreiheit" zu rufen – vor allem auch unter Berufung auf Europa und den einheitlichen Binnenmarkt.

Das in diesem Zusammenhang am meisten bemühte Argument lautet, daß es in den anderen europäischen Ländern auch ohne Meisterbrief möglich sei, Handwerksbetriebe zu gründen. Schlimmer noch: Handwerker, die aus Nachbarländern nach Deutschland kommen und bereits mehrere Jahre ein Handwerksunternehmen geführt haben, dürfen sich in Deutschland auch ohne Meisterbrief niederlassen. „Ein klarer Fall für den Europäischen Gerichtshof", sagen die Meistergegner. Und: „Ungleichbehandlungen dieser Art sind im geeinten Europa nicht mehr zulässig."

Diese Kritik leuchtet zunächst ein. Betrachtet man sie aber näher, zeigt sich, daß sie oberflächlich ist. Denn so richtig es ist, die Frage nach der Gleichbehandlung zu stellen, so wichtig kann es sein, die Vorzüge der europäischen Vielfalt hervorzuheben sowie die Stärken und Schwächen der verschiedenen Modelle zu beleuchten. Was zum Beispiel spricht für die deutsche Meisterausbildung? Es sind wenigstens folgende drei Tatsachen:

1. Das Handwerk verteidigt den Großen Befähigungsnachweis seit dem Mittelalter als ein Merkmal, das geradezu seine „Corporate Identity" ausmacht. Vieles spricht dafür, daß der nachhaltige Erfolg und die erstaunliche Kontinuität des deutschen Handwerks darin begründet sind, daß an diesem traditionellen Modell festgehalten wurde.

2. Das deutsche Handwerk hat trotz oder wegen des Meisterbriefs wesentlich zum Erfolg des Produktionsstandorts Deutschland beigetragen. Viele umsatzkräftige Branchen und Unternehmen sind handwerklichen Ursprungs, und bis heute bildet die große Zahl der vom Handwerk ausgebildeten Fachkräfte das Rückgrat der deutschen Qualitätsproduktion.
3. Meister sind erfolgreichere Unternehmensgründer. Das zeigt ein Vergleich mit Firmengründungen durch Personen ohne Meisterbrief in anderen Wirtschaftsbereichen. Untersuchungen zum Beispiel in Oberfranken belegen: Existenzgründungen im Handwerk sind überdurchschnittlich erfolgreich. Die Betriebe haben in der Regel nach fünf Jahren zahlreiche Arbeitsplätze geschaffen.

Viel spannender als die Frage, ob der Meister abgeschafft werden sollte oder nicht, ist die Überlegung, ob der Meister in Deutschland seinen Namen verdient. Wird die heutige Meisterausbildung den Anforderungen an die Unternehmer von morgen gerecht, und welche Inhalte benötigt die Meisterausbildung der Zukunft?

Nicht zuletzt und neben allen wirtschaftspolitischen Aspekten geht es auch darum, wie Regionen und Nationen mit ihrem Handwerk, seiner Geschichte, seinem Selbstverständnis und seinen regionalen und nationalen Besonderheiten umgehen. Handwerk, Handwerkskultur und handwerkliche Kernkompetenzen können als überholtes Erbe betrachtet werden, sie können aber auch als ein Stück Identität gelebt und in die Moderne überführt werden.

Über diese Fragen wird auch im Handwerk auf hohem Niveau und mit großer Leidenschaft diskutiert. Zum Teil stehen sich die „alten" und die „neuen" Meister, die traditionellen und die innovativen Betriebe kritisch gegenüber. Aber Tradition ist im Handwerk nicht gleichbedeutend mit „alt" und technischer Fortschritt nicht mit „jung". Es kann sich herausstellen, daß es im Hinblick auf künftige Anforderungen des Markts fortschrittlicher ist, Tradition und Identität des Handwerks zu bewahren, als einem traditionsverneinenden Fortschrittsglauben anzuhängen, der sich auch im Handwerk gerne auf wirtschaftliche und technische Sachzwänge beruft.

Das liegt auch daran, daß die technische Entwicklung Moderne und Tradition teilweise miteinander verschmilzt. Industrielle und handwerkliche Fertigungsweisen nähern sich einander an, unter anderem, weil rechnergestützte Verfahren Produktions- und Arbeitsprozesse dezentralisieren. Hinzu kommt der Verlust an originär handwerklicher Kompetenz als Ergebnis einer jahrzehntelangen Konkurrenz mit der Industrie, in dem sich das Handwerk oft genug bis zur Unkenntlichkeit an die Ästhetik und die Standards der Industrie anpassen mußte.

Viele junge Handwerker kritisieren nicht grundlos, daß die heutige Meisterausbildung nicht modern genug sei. Außerdem werfen sie der Generation der Nachkriegsmeister vor, das Handwerk „verraten" zu haben. Sie hätten sich zu Industriehandwerkern degradieren lassen und handwerkliche Identität und Kompetenz preisgegeben. Die Einbußen an handwerklicher Identität und Kompetenz haben allerdings verschiedene Ursachen:

- Im Ersten und im Zweiten Weltkrieg blieben viele Handwerker im Feld; Meister und mit ihnen über Generationen erworbenes handwerkliches Wissen und Können gingen verloren.
- Der Erste und der Zweite Weltkrieg verursachten auch einen Kulturverlust ersten Ranges – angefangen bei den zerstörten Kulturgütern (Bauten) bis hin zum Siegeszug des American way of life. Ästhetische Wahrnehmung, Formensprache und Produktkultur wandelten sich grundlegend.
- Der extreme Nachholbedarf und die rasch steigenden Einkommen nach den Kriegen forcierten die Massenproduktion. Es ging darum, möglichst viele Menschen möglichst schnell mit lebensnotwendigen Produkten zu versorgen. Das Handwerk und seine Ökonomie der Qualität hatten in diesen Zeiten keine Chance.
- Das Handwerk wurde in vielen Bereichen zu einem verlängerten Arm der Industrie. Dies verursachte Qualifizierungseinbußen, und der Zwang, mit der Industrie zu konkurrieren, förderte Einheitlichkeit zu Lasten der Vielfalt.
- Der Niedergang des Handwerks war seit dem Zweiten Weltkrieg auch ein Niedergang seiner Reputation, seines Images. Obwohl das Handwerk volkswirtschaftlich an Bedeutung ge-

wann, sank die Qualität des „Humankapitals". Die Attraktivität handwerklicher Berufe litt in dem Maß, wie die Öffentlichkeit wahrnahm, daß die Güte handwerklicher Arbeit sank. Wer es sich leisten konnte, schickte seine Kinder aufs Gymnasium oder in einen Beruf, wo man sich die Hände nicht schmutzig machen mußte. Das Handwerk wurde zum Auffangbecken vieler lernschwacher Schüler, was wiederum das Image des Handwerks schwächte.

Doch so unbestreitbar diese Fakten bleiben, sie sind nicht die ganze Wahrheit. Denn Teile des produzierenden Handwerks wurden, von der Öffentlichkeit nahezu unbemerkt, zu erfolgreichen High-Tech-Produzenten. Es entstanden viele hochspezialisierte Unternehmen, die sich von Industriebetrieben nur in der Größe unterscheiden und an deren Leiter und Beschäftigte höchste fachliche und persönliche Anforderungen gestellt werden.

Angesichts der großen Chancen, die sich das Handwerk der Zukunft auf neuen Märkten erschließen kann, stellt sich in der Tat die Frage, was der Meister von morgen können muß und welche Rolle handwerkliche Tradition noch spielt. Auf der Suche nach Antworten ist es interessant, einen Blick in andere Länder zu werfen, um zu sehen, wie diese mit dem Kulturschatz Handwerk umgehen.

Wahre Meisterschaft in Frankreich: die „Compagnons du Devoir"

Einen interessanten Weg zur Meisterschaft beschreiten die französischen „Compagnons du Devoir", eine jahrhundertealte, wohlorganisierte Handwerkerbrüderschaft, die in ihrer „hohen Schule" bis heute erfolgreich eine handwerkliche Elite ausbildet und so sicherstellt, daß handwerkliches Wissen und Können auf höchstem Niveau weitergegeben werden – dies schließt den Einsatz neuester Technologien ein. Wer sich nach seiner zweijährigen Lehrzeit oder der Schule den Compagnons anschließt, auf den kommen mindestens sieben, wenn nicht gar zwölf Lern- und Wanderjahre zu, bis er als echter Meister die Compagnons wieder

Die „Compagnons du Devoir" werden weltweit wegen ihres meisterlichen handwerklichen Könnens geschätzt. Sie wurden auch zu den Restaurationsarbeiten an der Freiheitsstatue in New York hinzugezogen.

verläßt, sofern sein Meisterstück den hohen Anforderungen der Brüderschaft genügt.

Der Erfolg der Compagnons beruht wesentlich auf dem Prinzip der Solidarität. In 35 Häusern in Frankreich leben und lernen die Compagnons während ihrer Lern- und Wanderjahre unter der Aufsicht eines „Prévôt", einer Art Herbergsvater. Sind sie auf Wanderschaft, geben ihnen ehemalige Compagnons Arbeit. Haben sie die Lehre abgeschlossen, finden sie mühelos einen Arbeitsplatz und Kunden: Der Ruf überragender Fertigkeiten eilt den Compagnons voraus.

Die Lehrzeit ist hart. Fast alle Abende und manchmal auch die Wochenenden sind der Fortbildung gewidmet. Fremdsprachen und Kunstgeschichte gehören ebenso zur Meisterausbildung wie das Erlernen seltener handwerklicher Fertigkeiten. Auch modernes Management oder rechnergestütztes Konstruieren werden gelehrt. Eine „Tour de France", die in Deutschland nur noch von wenigen Handwerkerbünden gepflegten Wanderjahre, ist für den künftigen Meister der Compagnons Pflicht.

Die „haute école" des Handwerks hat über die handwerklich-technische Kompetenz hinaus den ganzen Menschen im Auge: Eine breit angelegte humanistische Bildung sowie gestalterische Fertigkeiten sind das Ziel einer Ausbildung, die darauf abzielt, die Persönlichkeiten der Lernenden umfassend zu entwickeln.

Ningen Kokuho: lebende Kulturschätze in Japan

Japan ist für Europäer zunächst einmal der Inbegriff von High-Tech und Weltmarkterfolg. Der Angstgegner, der minutiös studiert wird, um von ihm zu lernen. Vom japanischen Handwerk ist, wenn überhaupt, nur als Hinterhofzulieferer für berühmte Konzerne kurz die Rede. Von den „Ningen Kokuho", den Handwerkern, die als „lebende Kulturschätze" geehrt werden, weiß in unseren Breitengraden kaum jemand etwas. Sehr zu Unrecht, denn auch auf diesem Feld können wir von Japan lernen.

Das japanische Handwerk[6] ist berühmt für die Qualität und Vielfalt seiner Produkte. Es beruft sich auf Traditionen, die bis in das sechste Jahrhundert zurückreichen. In eine Zeit, in der nicht nur der Buddhismus, sondern auch das Handwerk seine erste Blüte erlebte. Sein goldenes Zeitalter hatte es in der fast 250jährigen Edo-Periode ab dem 16. Jahrhundert. Da die Handwerker keine Schwierigkeiten hatten, ihre Produkte abzusetzen, und unter dem Schutz des Staats arbeiteten, konnten sie ihre Kunst vervollkommnen. Sie stellten Gegenstände von unübertrefflicher Güte her: Schubkastentruhen, Schiebetüren, Teeschalen, Schwerter oder auch Werkzeuge, die „ihre Schönheit und Funktionalität erst durch die Art und Weise, wie sie hergestellt werden, sowie durch den Meister, dessen Persönlichkeit sie ihr Dasein verdanken, erlangen. Um bei den handwerklichen Erzeugnissen diesen

6 Beschrieben wird das Beispiel der Ningen Kokuho von F. Sulzer in seinem Artikel "Die lebenden Kulturschätze", in: Politische Ökologie, Heft 9, S. 58f.

Grad an Perfektion, der sich in Schönheit, Harmonie und Reinheit der Gegenstände manifestiert, zu erreichen, ist ein großes handwerkliches Können, Wissen um das Material sowie Disziplin erforderlich. All dies lernt der japanische Lehrling während seiner bis zu zwölf Jahre dauernden Lehrzeit. Einer Zeit, in der er sich nicht nur handwerkliches Geschick aneignet, sondern auch eine bestimmte Geisteshaltung und ein Verantwortungsgefühl gegenüber der Gesellschaft. Denn all dies macht einen Shokunin aus."[7] So der Designer, Schreiner und ehemalige Compagnon Friedrich Sulzer.

Da auch in Japan die Industrie viele Handwerksberufe bedrohte, wurde der Erhalt dieser „Kulturgüter" zum Staatsziel erklärt. Japan will so den Bestand und die Vielfalt seiner Kultur sichern. Sulzer dazu: „1950 wurde daher bei der Überarbeitung des Gesetzes zur Bewahrung des nationalen Kulturerbes der Begriff der lebenden Kulturschätze eingeführt. Hierdurch werden sogenannte unsichtbare Kulturschätze, d.h. Techniken in den Bereichen Theater, Musik und Handwerk, für die nachfolgenden Generationen bewahrt. Wird zum Beispiel eine besondere Schmiedetechnik zum nationalen Kulturgut erklärt, so wird nicht die Technik in den Stand des Kulturschatzes erhoben, sondern dem Schmied, der diese Technik am besten beherrscht, wird der Status des lebenden Kulturschatzes der Nation verliehen. Dieser Ehrentitel ist mit einer staatlichen Förderung verbunden, die es dem Handwerker ermöglichen soll, seine Technik ohne ökonomische Zwänge weiterzuentwickeln und zu verfeinern sowie seine Nachfolger in dieser Technik auszubilden."[8]

Außerdem fördert die japanische Kulturbehörde die Ausbildung von besonders begabten jungen Handwerkern als potentielle Nachfolger der alten Meister. Mit Ausstellungen von Spitzenleistungen wird das Verständnis der Öffentlichkeit für Handwerksprodukte vertieft. Die „lebenden Kulturschätze" sind für die jungen Handwerker ein wichtiges Vorbild und Maßstab für die Beurteilung der eigenen Entwicklung. Zu den „lebenden Kulturschät-

7 Ebenda, S. 59
8 Ebenda, S. 59

zen" zählen unter anderem Schwertschmiede, Lackkünstler, Kalligraphen, Papiermacher oder Seidenweber. Sie und ihre Schüler sind Garanten dafür, daß viele Handwerkstechniken in Japan weiterleben werden. Denn handwerkliche Meisterschaft ist personengebunden, das zeigt das japanische Beispiel. Sie kann nicht theoretisch, durch Bücher oder Filme, erhalten werden. Meisterschaft im Handwerk muß gelebt und von Generation zu Generation weitergegeben werden.

Zukunft meistern: Standort sichern

Der Blick ins Ausland zeigt, wie wichtig die Frage nach der kulturellen Identität des Handwerks ist und daß sie von jedem Land auf seine Weise beantwortet werden muß. Dabei erweist sich für Deutschland vor allem der Meistertitel als identitätstiftendes Element. Ob es jedoch mit der Meisterlichkeit aller jungen MeisterInnen immer aufs Beste bestellt ist, daran dürfen Zweifel geäußert werden, und sie sind auch immer wieder notwendig. Denn nichts hat dem Ansehen des Meistertitels so sehr geschadet wie sein inflationärer Gebrauch und die Schmalspur(aus)bildung, die manchmal ausreichte, um diesen Titel zu erwerben.

Die Lernfähigkeit der Handwerksorganisation ist gefragt: Die Meisterausbildung muß immer wieder und schneller an die veränderten Anforderungen der Technik und des Markts angepaßt werden. Neue Managementmethoden, Fremdsprachen, Persönlichkeitsbildung, gestalterische Kompetenz sollten eine größere Rolle spielen. Doch bei aller Kritik sollte das Kind nicht mit dem Bad ausgeschüttet werden. Die Meisterausbildung prägt seit Jahrhunderten das Selbstverständnis des Handwerks in Deutschland. Sie ist Kristallisationspunkt der handwerklichen Selbstorganisation und eines Qualitätsmanagements, das sich, bei aller berechtigten Kritik im Detail, bewährt hat. Möglicherweise wäre dem Standort Deutschland mehr damit geholfen, an dieser Tradition anzuknüpfen und sie zeitgemäß weiterzuentwickeln, als im Zug der Europäisierung und Deregulierung dieses Kulturgut preiszugeben.

Wochenmarkt statt Weltmarkt

Spätestens seit Mitte der sechziger Jahre sind die Bedingungen der Wirtschaftsentwicklung in peripheren bzw. strukturschwachen Räumen ein zentrales Thema der Wirtschaftspolitik. Aufstieg und Niedergang ganzer Regionen begleiten nicht nur die jüngere Geschichte der Bundesrepublik, sondern auch die ihrer Nachbarländer. Der Wandel erfaßte das Land nicht weniger als die Stadt und alte wie relativ junge Industrieregionen.

Der Übergang von der Agrar- zur Industriegesellschaft, der Abstieg der „Altindustrien" (zum Beispiel Kohle, Eisen, Stahl) wie auch die Verschlankung moderner, konkurrenzfähiger Branchen während der letzten Jahre hat immer mehr „Verliererregionen" entstehen lassen, deren weiterer Niedergang nur schwer aufzuhalten ist. Eine Hypothek besonderer Art, deren Konsequenzen gegenwärtig noch nicht endgültig abzuschätzen sind, bedeutet der Beitritt der DDR zur Bundesrepublik Deutschland.

Die wichtigste Antwort der Politik auf strukturelle regionale Ungleichheiten war in der Vergangenheit das Wirtschaftsförderungsinstrument der „Gemeinschaftsaufgabe Verbesserung der regionalen Wirtschaftsstruktur" (im folgenden GA genannt). Dazu zählte auch die „Zonenrandforderung" in besonders strukturschwachen Gebieten. Die GA-Philosophie beruht nach wie vor auf dem Export-Basis-Theorem. Das Handwerk und andere lokale Produzenten werden als Nichtexporteure bislang meist nicht gefördert. Großzügige Investitionszuschüsse, billige und gutausgestattete Gewerbegebiete oder Straßen sollen Regionen für Investoren interessant machen. Eine Strategie, die auf Faktormobilität setzt und damit vor allem die Mobilität des Faktors Kapital meint.

War diese Strategie in den sechziger und den frühen siebziger Jahren zum Teil erfolgreich, so erweist sie sich in den achtziger und neunziger Jahren als Fehlschlag. Lange Zeit verstärkte sich der Sog der wirtschaftlichen Zentren trotz finanzieller Kraftakte der Problemregionen. Die Faktormobilität war wirksam, aber in der falschen Richtung: Die jungen und gutausgebildeten Menschen wanderten aus strukturschwachen Gebieten ab und suchten ihr Glück in den prosperierenden Zentren. Das Kapital floß an den Krisenzonen in Deutschland und Europa vorbei und zog Standorte in Niedriglohngebieten oder nahe den Absatzmärkten vor. Und die Gewerbeansiedlungen, die aufgrund von Fördergeldern zustande kamen, gehörten unterm Strich zu einem Nullsummenspiel: Sie dienten dem Beschäftigungsabbau an anderen Orten und der Effizienzsteigerung des eingesetzten Kapitals, oft genug handelte es sich nur um ausgelagerte Logistikzentren oder flächenintensive Betriebsteile. Die Unternehmenszentralen oder die Forschungs-und-Entwicklungs-Abteilungen blieben in den Zentren. In Krisen werden aber zuerst die Außenstellen ausgedünnt und abgebaut. Die neuen Arbeitsplätze, die da auf Kosten alter geschaffen worden waren, erwiesen sich oft genug nicht als konjunkturfest.

Da die traditionellen Instrumente nicht ausreichen, besannen sich einige Verliererregionen auf die eigenen Kräfte, vollzogen vorsichtig erste Perspektivwechsel und entdeckten die in ihnen ruhenden Möglichkeiten, die „endogenen Potentiale“. Die ersten „autozentrierten“ Ansätze, die die Ressourcen der eigenen Region zum Ausgangspunkt von wirtschaftlicher Entwicklung machten, wurden Anfang der achtziger Jahre auf dem Land, speziell in Österreich und Hessen, ausprobiert. „Eigenständige Regionalentwicklung“ ist das Stichwort, unter dem diese Strategie seit mehreren Jahren diskutiert und in Beratungs- und Entwicklungskonzepte umgesetzt wird. Eine Strategie, die in vielerlei Hinsicht Vorläufer und integraler Bestandteil von Konzepten einer nachhaltigen Regionalentwicklung ist. Eigenständige Regionalentwicklung geht davon aus, daß es in der Region nicht genutzte oder nicht hinreichend genutzte Potentiale gibt, die einen wesentlichen Beitrag zur Entwicklung leisten können.

Regionale Potentiale sind zum Beispiel:

Menschen mit ihren Qualifikationen und Kenntnissen

Gemeint sind hier alle „brachliegenden“ menschlichen Fähigkeiten und Fertigkeiten, die zum Beispiel durch Arbeitslosigkeit oder Unterbeschäftigung nicht realisiert werden können. Dazu gehört auch eine „qualitative Unterbeschäftigung" in dem Sinn, daß vorhandene Fähigkeiten und Fertigkeiten nicht genutzt werden. Darin steckt eine wichtige strategische Option, die gegenwärtig vor allem in den neuen Bundesländern und in einigen städtischen Armutsgebieten (zum Beispiel Berlin) in die Praxis umgesetzt wird: Geldlose Tauschringe bzw. regionale Geldsysteme erscheinen dort vielen als der letzte Ausweg, um in einer faktisch zusammengebrochenen Ökonomie Austauschbeziehungen (Produkte/Dienstleistungen) zwischen den Menschen zu ermöglichen. Auch Konzepte zur Förderung der Eigenarbeit beruhen auf solchen Überlegungen: so etwa das Münchener „Haus der Arbeit", eine Initiative der gemeinnützigen Forschungsgesellschaft „anstiftung" oder das Konzept des „High-Tech-Self-Providing", der Selbstversorgung auf hohem technischem Niveau, des Amerikaners Friedjof Bergmann.

Natürliche Ressourcen: Boden, Wasser, Luft und andere Rohstoffe
Gemeint sind alle natürlichen Reichtümer einer Region, angefangen bei der Primärproduktion der Landwirtschaft über die regionalen Rohstoffe (Holz, Fischwirtschaft, Lehm, Reet u.a.) bis hin zu Erd- oder Windenergie bzw. nachwachsenden Rohstoffen.

Regionale Kreisläufe: Ver- und Entsorgung, Netzwerke
Anders als die Exportorientierung der GA-Förderung will die Politik der eigenständigen Regionalentwicklung vor allem die Akteure in der Region verflechten und die Wertschöpfung vor Ort erhöhen. Dazu sollen die Ver- und Entsorgungsstrukturen dezentralisiert, Stoffkreisläufe geschaffen (Wiederverwertung, Recycling), Wirtschaftsakteure vernetzt (Vermarktung regionaler Produkte in der Region) und Produkte gefördert werden, die sonst importiert werden müßten.

Regionale Infrastruktur
Damit sind Unternehmen, Verwaltungen, Kirchen, Kammern und andere Einrichtungen gemeint, aber auch Straßen, Energieversorger oder Kläranlagen.

Regionale Entscheidungspotentiale
Einer der wichtigsten Aktivposten, der aber meist zuwenig genutzt wird, sind die regionalen Entscheidungspotentiale. Problemerkenntnis und Problemlösungskompetenz der Menschen einer Region stellen ein bedeutendes endogenes Potential dar. Wird es aktiviert, kann es bei der Regionalentwicklung eine Schlüsselrolle spielen. Angesichts der wachsenden Komplexität von Gesellschaft, Wirtschaft und Politik können die Regionen nur gewinnen, wenn Entscheidungsstrukturen dezentralisiert und die Menschen vor Ort einbezogen werden. Das erfordert aber umfassende formelle und informelle Kommunikationsstrukturen.

Landschaft, Natur, Artenvielfalt
Zu einer eigenständigen Entwicklung gehört der Erhalt der regionalen Besonderheiten – von typischen Landschaftsformen (die oft genug nur durch spezielle Bewirtschaftungsmethoden konserviert werden können) bis zur Bewahrung intakter Naturräume einschließlich Biotop- und Artenschutz.

Regionale Identität, Kultur, Vielfalt
Dazu zählen die Sicherung und Pflege der Identität (Geschichte, Sprache, Literatur, Bauweise, Denkmäler u.a.) und der kulturellen Vielfalt der Region.

Konzepte der eigenständigen Regionalentwicklung wurden in den letzten Jahren vor allem auf dem Land entwickelt und erprobt. Da der Anteil der kleinen und mittleren Betriebe und vor allem des Handwerks an der Wirtschaft dieser Gebiete besonders hoch ist, liegt es nahe, in diesem Zusammenhang auch das Handwerk als endogenen Faktor zu untersuchen und seine Rolle in einer eigenständigen Regionalentwicklung näher zu bestimmen.

Handwerk im ländlichen Raum: das Beispiel Mecklenburg-Vorpommern

Die Zukunftswerkstatt der Handwerkskammer Hamburg hat im Rahmen einer breitangelegten Studie den Beitrag des Handwerks zur wirtschaftlichen Entwicklung in Mecklenburg-Vorpommern untersucht, also in einem überwiegend ländlich strukturierten neuen Bundesland.

Die wirtschaftliche Lage des Landes ist schwierig: Die große Zahl abgewickelter Betriebe und der Beschäftigungsabbau in den verbliebenen Unternehmen haben die Arbeitslosigkeit dramatisch wachsen lassen. Hohe Transferzahlungen aus den alten Bundesländern konnten den Niedergang zwar bremsen, aber eine Wende wurde nicht erreicht. Auch die zahllosen Gewerbegebiete, die überall wie Pilze aus der Erde schossen, die Supermärkte, Baumärkte und Logistikzentren des Handels schufen keine selbsttragende regionalwirtschaftliche Basis. Allein das Handwerk erwies sich als ein „Selbstläufer": Binnen weniger Jahre hat sich die Zahl der Betriebe und der Beschäftigten in Mecklenburg-Vorpommern dem Stand in Schleswig-Holstein nahezu angeglichen.

Quelle: ZDH/Zukunftswerkstatt e.V., Hamburg

Das Handwerk in der eigenständigen Regionalentwicklung.

Angesichts der Nähe zu den osteuropäischen Niedriglohnländern bestand wenig Hoffnung, daß Investoren in Mecklenburg-Vorpommern Schlange stehen würden. Daher lag es für die Zukunftswerkstatt auf der Hand, Strategien einer eigenständigen Regionalentwicklung für das Land in Betracht zu ziehen.

Als die wichtigsten Ansatzpunkte einer Regionalentwicklung in Mecklenburg-Vorpommern, die das Handwerk mit einbezieht, wurden daher folgende Aktionsfelder bestimmt:

- Handwerk an der Schnittstelle zu Landwirtschaft/nachwachsenden Rohstoffen
- Gestaltendes Handwerk
- Handwerk im Umweltmarkt
- Handwerk als Zulieferer und Dienstleister für Industrie und Gewerbe
- Innovatives Handwerk (Entwicklung von Low-scale-Technologien: Produkte und Dienstleistungen)
- Handwerk an der Schnittstelle zum Tourismus

Das Nahrungsmittelhandwerk: ein gutes Stück Nachhaltigkeit

Kaum eine Geschichte zum Thema nachhaltige Entwicklung hat sich in Deutschland so schnell herumgesprochen wie die lange Reise des Joghurtbechers auf unseren Frühstückstisch. Tausende von Kilometern über Europas Straßen hat der Becher oder seine verschiedenen Bestandteile hinter sich, ehe er zum Verbraucher gelangt. Stefanie Böge, heute Mitarbeiterin des Wuppertal Instituts für Klima, Umwelt, Energie, hat für ihre Diplomarbeit diese Story minutiös recherchiert und die Öffentlichkeit zum Staunen gebracht. Der Joghurtbecher symbolisiert seitdem den Widersinn des Nahrungsmitteltourismus. Dennoch ist der Joghurt keineswegs teuer. Obwohl diese Produktionsweise viel zuviel Umwelt verbraucht und obwohl meist genügend Milch im Umland angeboten und verarbeitet wird, rechnet sich der Nahrungsmitteltourismus für Produzenten und Verbraucher. Die tatsächlichen volkswirtschaftlichen Kosten der Transporte und die Knappheit der Güter Energie und Umwelt spiegeln sich nämlich nicht in den Produktpreisen wider.

Genausowenig die Kosten eines möglichst flächendeckenden umweltschonenden Landbaus. Die industrialisierte Landwirtschaft, wie sie heute noch überwiegend betrieben wird, verursacht Bodenerosion, Grundwasserverschmutzung und den Eintrag von Pestiziden in die Umwelt. Sie gefährdet unsere Gesundheit und erzeugt hochsubventionierte Überschüsse, die als billige Exportgüter die Entwicklung der Landwirtschaft in anderen Regionen, vor allem der Dritten Welt, verhindern. Vom Rinderwahn, der sich bei genauem Hinsehen zunehmend auch als Menschenwahn entpuppt, ganz zu schweigen. Der kapitalintensive und menschenarme industrialisierte Landbau ist außerdem die wichtigste Ursache für den Niedergang der ländlichen Räume und der dörflichen Kultur. Das belegt die Entwicklung in den neuen Bundesländern einmal mehr.

Doch hat der Wahnsinn seinen Sinn: Billige Lebensmittel senken die Lebenshaltungskosten. Davon profitieren andere Wirtschaftsbranchen kräftig. Während die Einkommen der Bauern magerer werden und weniger Menschen auf dem Land Arbeit finden, können Handel und Nahrungsmittelindustrie ihre Gewinne erhöhen. Steigende Mieten und wachsende Ausgaben für Freizeit, Tourismus, Kosmetika oder Bekleidung sind undenkbar ohne billige Nahrungsmittel.

Daß diese Verhältnisse am Ende absurd teuer sind, zeigt eine Studie, die im Auftrag von Greenpeace erarbeitet worden ist: Würden die Subventionen für die Landwirtschaft in der EU dazu genutzt, den ökologischen Landbau zu finanzieren, dann wären die Lebensmittel aus biologischem Anbau kaum teurer als die sozial und ökologisch kaum nachhaltigen Produkte der Agrarindustrie.

Gegen diese Modellrechnung ist eingewandt worden, die Umstellungskosten würden nicht berücksichtigt. Aber dieses Argument geht fehl, denn die Modellrechnung von Greenpeace beachtet ja auch jene Kosten nicht, die eingespart würden, wenn die Arbeitslosigkeit durch eine extensive, also beschäftigungsintensive Landwirtschaft verringert würde.

In den letzten vierzig Jahren ist nicht nur die bäuerliche Landwirtschaft auf der Strecke geblieben. Auch das Handwerk verlor durch Stadtflucht einen Teil seiner ökonomischen Basis auf dem Land. Vorbei sind die Zeiten, in denen das Nahrungsmittelhandwerk für die Verarbeitung der landwirtschaftlichen Produkte zuständig war – sei es als Landhandwerk auf dem Bauernhof, sei es in Fleischereiwerkstätten bei der Veredlung.

Nicht so in den Regionen, die auf eine nachhaltige Regionalentwicklung setzen. Das Nahrungsmittelhandwerk als Faktor einer eigenständigen und nachhaltigen Regionalentwicklung ist dort vor allem unter folgenden Gesichtspunkten von großer Bedeutung:

- Die Nahrungsmittelverarbeitung auf dem Hof oder in seiner Nähe (Käserei, Fleischerei, Bäckerei, Brauerei usw.) als Haupt- oder Nebenerwerbstätigkeit schafft Einkommen für die Landwirte sowie zusätzliche Arbeitsplätze und bietet auch den weiblichen Beschäftigten Entwicklungsmöglichkeiten.
- Die Erfahrung zeigt, daß Landwirte, auf sich allein gestellt, in der Regel nicht in der Lage sind, ihre Produkte erfolgreich zu vermarkten. Das Nahrungsmittelhandwerk kann ein „Tor in die Region" und möglicherweise auch über sie hinaus sein: über Ladengeschäfte ebenso wie als Lieferant für Hotels, Gasthäuser, Großküchen oder Handelsketten.
- Das Nahrungsmittelhandwerk ist ein wichtiger Träger der regionalen Produktions- und Eßkultur. Sie muß gelebt und weitergegeben werden, sonst geht sie verloren.

Schinken, die aus Belgien nach Oberitalien transportiert werden, um als Parmaschinken in deutschen Supermärkten zu landen, italienischer Mozzarella aus dänischer Milch auf dem Büfett eines Rügener Hotels: da gäbe es sozialere und ökologischere Alternativen, die nicht zuletzt besser schmeckten. Wie Berechnungen der Fachhochschule Fulda zeigen, kostet ein regionales Rumpsteak mit Beilage rund achtzig Prozent weniger Energie als ein argentinisches.

Dabei scheint das Interesse der Fleischer oder der Bäcker groß, regionale Produkte zu verarbeiten. Das zeigen jedenfalls Gesprächsrunden zwischen Landwirtschaft und Handwerk, die die Hamburger Zukunftswerkstatt organisiert hatte. Die Verbraucher vermissen den Wohlgeschmack des Fleisches von Mecklenburger Schweinen, die schon drei Jahre nach der Wende fast ausgestorben waren.

Aus der Sicht des Handwerks in Mecklenburg-Vorpommern fehlen die Lieferanten regionaler Produkte, es mangelt an Kommunikation und logistischer Infrastruktur. Als eine hohe Hürde erweist sich außerdem der Groß- und Einzelhandel mit seinen Einkaufslisten, den es nicht interessiert, woher Produkte stammen.

Ein paar hundert Kilometer weiter südlich in Oberfranken das gleiche traurige Bild: Immer mehr Bierbrauer geben auf oder stehen kurz davor. Dem Siegeszug der Bierdose und der überregionalen Einkaufspolitik des Handels haben sie nicht genügend Marktmacht entgegenzusetzen. Mit dem Brauereiensterben gehen nicht nur wichtige Unternehmen und Arbeitsplätze verloren, sondern unwiederbringlich auch ein Stück lebendige Kultur und regionale Identität.

Daß es auch anders funktioniert, belegt die langsam, aber stetig wachsende Vielfalt von Produkten aus dem ökologischen Landbau, die heute in den Naturkostläden in Stadt und Land und manchmal auch schon in Supermärkten erworben werden können.

Der Bedarf an Naturkostwaren wird weit größer eingeschätzt als das Angebot. Der Naturkosthandel verzeichnet seit 1990 Absatzsteigerungen in der Größenordnung von 25 Prozent. Spitzenreiter sind die Frischprodukte, danach folgen Backwaren und Fleisch. 4 Milliarden Mark wurden 1996 in diesem Markt erwirtschaftet, rund 1,5 Prozent des Gesamtumsatzes an Nahrungsmitteln (250 Milliarden Mark). Tendenz: schnell wachsend. Ein Gang über die „Biofach", die weltweit größte Fachmesse für Naturkost und Naturwaren in Frankfurt am Main, belegt: Die Branche boomt und ist auf dem besten Weg zum Komplettangebot von Naturkostnahrungsmitteln – von der Praline über das Gummibärchen bis hin zu Demeter-Tiefkühlgemüse und italienischen Frischnudeln.

Erfolgreiche Ökobäcker und Ökofleischer sind heute keine Seltenheit mehr. Dabei handelt es sich sowohl um traditionelle Handwerksbetriebe als auch um neue Unternehmen. Handwerk und Landwirtschaft – diese alte, neue Verbindung rechnet sich für alle Beteiligten. Der Landwirt erzielt einen höheren Preis für seine

Erzeugnisse oder verdient am Verkauf der hofeigenen Veredlungsprodukte, sofern er selbst in die Weiterverarbeitung einsteigt. Das Handwerk an der Schnittstelle zur Landwirtschaft kann durch die Veredlung und Vermarktung in der Region und über sie hinaus seine ökonomische Basis ausbauen. Die Wertschöpfung bleibt in der Region, es werden dort Arbeitsplätze geschaffen und gesichert, genauso, wie Kompetenz und Knowhow vor Ort weiterentwickelt werden. Importe veredelter Produkte in die Region entfallen.

Ein inzwischen vielbeachtetes Beispiel sind die Herrmannsdorfer Landwerkstätten, die sich als Modellbetrieb verstehen. Nicht zuletzt mit Hilfe der von der Münchener Schweisfurth-Stiftung initiierten Beratungseinrichtung „Dialogpartner Agrar-Kultur" wurde eine größere Zahl von Landwerkstattprojekten in den neuen Bundesländern angestoßen.

Zum Beispiel: die Herrmannsdorfer Landwerkstätten

Ein in jeder Hinsicht ungewöhnliches Projekt in Sachen Handwerk sind die Herrmannsdorfer Landwerkstätten. Das Modell ist zwar nicht ohne weiteres übertragbar, aber dennoch richtungweisend. Die als Demonstrationsprojekt aufgebauten Landwerkstätten sind eine hinreißende Verbindung von Natur, Kultur und Handwerk, ein Gesamtkunstwerk ohne Vorbild, angefangen bei den kunstvoll in der Landschaft plazierten Objekten, die mit der Schönheit der oberbayerischen Hügel-, Wald- und Wiesenlandschaft wetteifern, bis hin zu den Lebensbedingungen der Tiere. Qualität wird in Herrmannsdorf auf den Punkt gebracht.

Aber nicht nur artgerechte Tierhaltung und ökologischer Landbau sind dem ehemaligen Fleischfabrikanten und Ex-Präsidenten des Bundesverbandes der Deutschen Fleischwarenindustrie e. V. Karl-Ludwig Schweisfurth heute ein besonderes Anliegen. Ihm geht es auch um die Kultur des miteinander Arbeitens und die Kunst handwerklicher Weiterverarbeitung seiner landwirtschaftlichen Produkte. Käse, Schinken, Wurst und Bier werden im hofeigenen Laden, in München und zum Teil auch bundesweit vermarktet. Die Waren aus Herrmannsdorf sind deutlich teurer als die Auslagen im Supermarkt, sie kosten aber keineswegs mehr als Nahrungsmittel in den zahllosen Spezialitätenläden deutscher Innenstädte. Sie sind allerdings gesünder sowie umwelt- und artenschonender hergestellt. Die Herrmannsdorfer Landwerkstätten verknüpfen konsequent ökologischen Landbau, handwerkliche Spitzenleistung und umwelttechnische Innovation.

Artgerechte Tierhaltung plus meisterliche handwerkliche Verarbeitung: in den Herrmannsdorfer Landwerkstätten, die Karl-Ludwig Schweisfurth (Foto) aufgebaut hat. Hier arbeiten Landwirtschaft und Handwerk Hand in Hand.

Der handgemachte Käse aus den Herrmannsdorfer Landwerkstätten wird nicht nur im hofeigenen Laden verkauft, sondern auch bundesweit von den Kunden der Naturkostläden geschätzt.

In Herrmannsdorf gibt es vier Werkstätten: eine Vollwertbäckerei, ein Brauhaus, eine Metzgerei und eine Käserei. In allen Werkstätten werden die Ausgangsstoffe schonend handwerklich verarbeitet, Käse und Schinken haben Zeit zu reifen. Bei den Herstellungsverfahren werden zwar moderne Werkzeuge verwendet, doch kommen auch bewährte, traditionelle handwerkliche Methoden zum Zug. So wird das noch schlachtwarme Fleisch zügig weiterverarbeitet, so daß auf viele der sonst üblichen „Zusatzstoffe" oder „Geschmacksverstärker" verzichtet werden kann. Phosphate, Citrate, Ascorbate und Emulgatoren sind überflüssig, und Kosten für Kühltransporte u. ä. entfallen.
In der Natursauerteigbäckerei wird das gerade selbstgemahlene Mehl handwerklich verarbeitet. Viele handwerkliche Bäckereierzeugnisse werden hier hergestellt. Auch die Käserei und die Brauerei arbeiten mit frischen Basisprodukten, zum Beispiel Milch und Hopfen aus der Umgebung, und legen Wert auf die handwerkliche Qualität.

Auf der Suche nach Absatzchancen und neuen Tätigkeitsfeldern spielt das Landhandwerk gerade auch in den neuen Bundesländern eine wachsende Rolle. Angesichts kleinerer Höfe und sinkender Erträge für Milch oder andere Produkte ist die Weiterverarbeitung für viele landwirtschaftliche Betriebe eine wichtige Überlebensstrategie. Meist arbeiten solche Betriebe schon nach den Richtlinien des ökologischen Landbaus. Diese Entwicklung spielt bei Projekten zur Förderung einer eigenständigen und nachhaltigen Regionalentwicklung eine wachsende Rolle.

Der Aufbau handwerklicher Landwerkstätten und besserer Vermarktungsstrukturen für ökologische Erzeugnisse gehört in den alten und den neuen Bundesländern zu den Schwerpunkten der alternativen Agrarverbände und ihrer Berater. „Dialogpartner Agrar-Kultur", eine Initiative der Schweisfurth-Stiftung hat sich nach einer Anschubfinanzierung auf die Beratung von Landwerkstätten spezialisiert. Adresse: D-25853 Bohmstedt, An de Lehmkuhl 13.

Käsereien mit Perspektive

Die Herstellung von Käse ist ein Landhandwerk, das anders als die meisten anderen Nahrungsmittelhandwerke nicht der HO unterliegt. Die Käserei erlebt in Deutschland eine kleine Renaissance, nicht zuletzt wegen der wachsenden Zahl ökologisch wirtschaftender Höfe. Bundesweit gibt es bereits 400 ökologische Hofkäsereien. Davon verarbeitet etwa ein Drittel Schaf- oder/und Ziegenmilch. 70 Hofkäsereien bzw. -molkereien waren 1996 in den neuen Bundesländern in Planung oder bereits in Betrieb: 15 in Mecklenburg-Vorpommern, 25 in Brandenburg, 10 in Sachsen und ebenso viele jeweils in Thüringen und in Sachsen-Anhalt.[1]

Die Hofkäsereien haben günstige Perspektiven. Nach wie vor stammt der im Naturkosthandel angebotene Käse nämlich überwiegend aus dem europäischen Ausland, obwohl viele Kunden von Naturkostwaren, wie Umfragen zeigen, sich stark für regionale Produkte interessieren.

Im Hinblick auf die betriebliche Rentabilität solcher Käsereien muß hier allerdings noch ein starkes Ost-West-Gefälle abgebaut werden. Das belegt eine Untersuchung, die der Beratungsring Ökologischer Landbau mit finanzieller Unterstützung der Bundesstiftung Umwelt durchgeführt hat. Es handelt sich um östliche Defizite bei Planung, Beratung und Kooperation. Wie Positivbeispiele belegen, können sie jedoch überwunden werden. Wenn die Betriebskennziffern stimmen, die Qualität der Produkte den Ansprüchen der Kunden genügt und Absatzmärkte erschlossen sind, erweist sich die Weiterverarbeitung von Milch in Käse als ein ertragreiches Unternehmen für den Handwerksbetrieb und als ein wichtiges zweites Standbein für die Bauern.

Zum Beispiel: die Brandenburgische Ökologische Hofkäserei

Im Mai 1996 bildete sich aus einer Gruppe ökologisch wirtschaftender Betriebe die Brandenburgische Ökologische Hofkäserei GbR. Der Beratungsring Ökologischer Landbau hat dieses Kooperationsprojekt mitentwickelt. Das Modell beruht auf einer Marktanalyse und hat das Ziel, das nahegelegene Berlin für die eigenen Produkte zu erschließen. Fünf Käsereien, eine Bäckerei und eine Schafswurst herstellende Schäferei haben sich in einer Vermarktungsgemeinschaft zusammengeschlossen. Am Anfang stand ein eigener Verkaufsstand auf Berliner Märkten. Einfa-

1 Beratungsring Ökologischer Landbau e. V., Charlotte Di Leo, Leitfaden Hofkäsereien, Oktober 1996

che Werbemaßnahmen dienten der Absatzförderung, ein Markenzeichen („Brandenburgische Ökologische Hofkäserei“) und ein Logo wurden entwickelt und geschützt.
Trotz großen Interesses der Kunden verlief der Verkauf in der ersten Zeit nur schleppend, was dem schlechten Standort und der mangelnden Attraktivität des Verkaufsstandes zugeschrieben wurde. Schließlich wurde der Verkauf einem Spezialisten übertragen: einem Käsefachgeschäft mit gutgehenden Verkaufsständen auf mehreren Wochenmärkten. Diese Entscheidung hat sich als richtig erwiesen. Der Absatz entwickelt sich seitdem so dynamisch, daß zwischenzeitlich sogar Lieferengpässe auftraten.
Zusammenarbeit hat Vor- und Nachteile, das zeigt sich auch an diesem Beispiel. Aber die Vorzüge der Kooperation durch gemeinsame Vermarktung und die Spezialisierung auf bestimmte Produkte überwiegen den Verdruß über mühsamere Entscheidungsprozesse, Verlust an individueller Entscheidungskompetenz, Kosten der Kooperation.

Neben den Käsereien spielen, zumal in Verbindung mit ökologischem Landbau, vor allem Hofbäckereien als landwirtschaftliche Nebenerwerbstätigkeit oder als Vollhandwerksbetriebe eine wachsende Rolle. Die Entwicklung möglichst hofnaher Strukturen der Weiterverarbeitung und Vermarktung landwirtschaftlicher Produkte bzw. die Kooperation mit dem ländlichen oder auch dem städtischen Handwerk stärken die Wirtschaft auf dem Land. Es hat sich im Interesse von Nachhaltigkeit und regionalwirtschaftlicher Entwicklung vor allem bewährt, die Abnehmer-Lieferanten-Beziehungen vor Ort zu verbessern und auch neue intraregionale Netzwerke aufzubauen: die Keramikerin, die für das Hotel eine eigene Produktlinie entwickelt; die Untergliederung des Viehzüchterverbands, die gemeinsam mit dem Schlachthof und dem Fleischereifachbetrieb die Gastronomie oder Großküchen bedient; Bäcker und Konditoren, die die Hotels und Gaststätten vor Ort beliefern; Einzel- und Großhandel, die ihre Produktpalette regionalisieren.

Zum Beispiel: Handwerk im Biosphärenreservat Rhön

Die Region, die seit Jahren am umfassendsten und konsequentesten eine Strategie der nachhaltigen Entwicklung betreibt und in vielerlei Hinsicht ein Vorbild für ländliche Räume sein könnte, ist die Rhön. 1991 zeichnete die UNESCO die Rhön mit dem Prädikat „Biosphärenreservat“ aus, nicht zuletzt, um den langfristigen Erfolg des Projekts zu sichern. Den Beteiligten war klar, daß das Biosphärenkonzept auf Dauer nur dann durchgesetzt werden konnte, wenn der Schutz der Natur nicht mit wirtschaftlichem Niedergang erkauft würde. Die Landwirtschaft wurde erhalten und entwickelt, und dies nicht nur aus sozialen, sondern auch aus ökologischen Gründen: die typische Rhönlandschaft ist undenkbar ohne die Landwirte mit ihren traditionellen, umweltverträglichen Bewirtschaftungsformen. Die von der EU aus dem LEADER-Programm (Förderung der ländlichen Entwicklung) zur Verfügung gestellten Mittel wurden daher vorrangig genutzt, um eine nachhaltige Entwicklung der Region voranzutreiben.

Mit großem Erfolg. Landwirtschaft, Tourismusgewerbe und Handwerk, die wirtschaftlichen Säulen der Rhön, konnten in die Entwicklung des Biosphärenreservats eingebunden werden und sind heute mit dessen Träger. Das Nahrungsmittelhandwerk und andere handwerklich arbeitende Unternehmen nutzten in den letzten Jahren ihre Chance und trugen zum Gelingen des Modells bei: Müller, Fleischer, Schreiner, Käsereien, Keltereien sowie Bau- und Ausbauunternehmen machen mit. Gewerbetreibende haben einen Verein gegründet, dessen Name „Aus der Rhön für die Rhön“ Programm ist: regionale Produkte und Rohstoffe für die Region nutzen, veredeln und in der Region und über die Region hinaus vermarkten.

Der Verein „Rhöner Durchblick e. V.“ macht den nächsten Schritt. Er hat sich das Ziel gesteckt, die Regionalisierung der Wirtschaft durch Vernetzung weiter voranzutreiben. Der Verein betreibt unter anderem folgende Projekte: Verarbeitung von Obst- und Wildfrüchten, Bauernkäserei, Bauernhofbäckerei, Bauernladen, Produkte aus Ton, Schaffell und Wolle, Heuwerkstatt, Geschenke aus Naturmaterialien, Kinder-Erlebniswerkstatt, Schäferei, Produkte von Frauen aus der Region, Gastronomie, Urlaub auf dem Bauernhof „Schlafen im Heu“, Rhöner Kinderbauernhöfe.

Ein interessantes Beispiel aus handwerklicher Sicht ist die Arbeit der „Sonnenmetzgerei“ von Metzgermeister Ludwig Leist, die in Verbindung mit einer Gaststätte bewirtschaftet wird. Ludwig Leist ist einer der wichtigen regionalen Vermarkter und hat sich auf den Rhöner Weideochsen spezialisiert, den er von den Bauern der Umgebung bezieht, schlachtet und im eigenen Laden, über den Einzelhandel und die Gastronomie erfolgreich vermarktet. Der Unternehmer weiß, daß das Fleischerhandwerk Gefahr läuft, zwischen alle Stühle zu geraten: Auf der einen Seite steht die zunehmende Direktvermarktung (Bauern direkt an Verbraucher oder an Bioläden), auf der anderen Seite stehen die kapitalkräftige Fleischwarenindustrie und die Handelsketten. Ludwig Leist, der auch im Vorstand der Innung aktiv ist: „Eine bessere Zusammenarbeit zwischen Bauer und Metzger ist aus meiner Sicht unsere wichtigste Zukunftschance. Vieles läuft heute bereits direkt zwischen Bauer und Verbraucher. Ich

möchte, daß das wieder ein bißchen mehr seinen normalen Gang geht."
Die Gefahr ist real: Angesichts der Dauerkrise der Fleisch- und Wurstwarenindustrie infolge der nicht mehr enden wollenden Nahrungsmittelskandale haben auch die Großverbraucher die Tiere aus kontrollierter Aufzucht entdeckt. Der Ankauf von Rhönochsen wäre gut für das Image einer angeschlagenen Branche. Ein Szenario, das zunächst auch für die Bauern attraktiv erscheint. Sie könnten ihre gesamte Produktion auf lange Sicht vermarkten. Sie begäben sich damit aber in die Hand einer fernen Einkaufszentrale und von deren Preispolitik. Es wird wesentlich von der Lernfähigkeit und der Innovationsbereitschaft des Handwerks abhängen, ob die regionalwirtschaftliche Alternative zur Großvermarktung für beide Seiten tragfähig ist. Das Handwerk muß den Landwirten attraktive Angebote unterbreiten. Metzgermeister Ludwig Leist hat die Zeichen der Zeit erkannt und ist schon unterwegs zu neuen Ufern.
Neben der Nahrungsmittelverarbeitung spielt der Baumarkt eine wichtige Rolle aus ökologischer und beschäftigungspolitischer Sicht sowie im Hinblick auf die regionale Identität. Das gilt besonders für das Bau- und Ausbaugewerbe, sein Einkaufs- und Beratungsverhalten, seine Bauweisen

Das Fleisch des Rhöner Weideochsen wird von Metzgermeister Ludwig Leist nicht nur in seiner „Sonnenmetzgerei" angeboten. Auch die Gaststätten und Hotels der Rhön kaufen und verarbeiten das regionale Produkt.

und -technologien sowie die Attraktivität seiner Angebote (Preis und Qualität). „Aus der Region und für die Region" – diesen Anspruch hat der dynamische Handwerkerzusammenschluß (aus weiterhin selbständigen Unternehmen) „Frontalbau" in Produkte umgesetzt. Sein Angebot ist umfassend: möglichst regionale und gesunde Baustoffe, Haustechnik, Beratung und als Clou das ebenso preiswerte wie ästhetisch und handwerklich gelungene energiesparende „Hessenhaus".

Ein zukunftsfähiges Konzept: Holz aus nachhaltiger Waldbewirtschaftung

Holz ist ein in vielen Regionen verfügbarer, vielseitiger und nachwachsender Rohstoff: zum Bauen, für Möbel- und Bautischler oder als Energielieferant, was vor allem Holzabfälle betrifft. Deutschland ist Holznettoproduzent. Von den sechzig Millionen Kubikmetern Holz, die jährlich nachwachsen, werden nur dreißig bis vierzig Millionen genutzt. Importholz ist billiger. Deutschland ist der größte Markt für diesen Rohstoff in der Europäischen Union. Rund achtzig Millionen Kubikmeter Holz werden jährlich importiert, weiterverarbeitet und exportiert.

Ganz gleich, ob heimisches Holz oder Importe: Um die Nachhaltigkeit der Holzproduktion ist es meist schlecht bestellt. Die Wälder Europas sind in ihrer ökologischen Stabilität noch immer bedroht. Luftverschmutzung, eine am schnellen Ertrag orientierte Bewirtschaftung und Monokulturen nicht standortgerechter Bäume haben die Substanz der Wälder geschädigt und beeinträchtigen ihre ökologischen Funktionen.

Der Kahlschlag in einigen Gebieten der GUS, Kanadas, Nordamerikas und der Dritten Welt bedroht das Weltklima. Nach wie vor werden jährlich etwa 0,6 bis 1,6 Prozent der tropischen Primärwälder unwiederbringlich vernichtet.

Während lange Zeit der Boykott von Tropenhölzern gefordert wurde, favorisieren die Umweltschützer mittlerweile eine nachhaltige Waldwirtschaft, die den Bewohnern der waldreichen Regionen dieser Erde dauerhafte Einkommen sichern könnte. Für dieses Ziel setzt sich der Forest Stewardship Council (FSC) ein, der 1996 in London gegründet worden ist. Er zeichnet Holz, das den Anforderungen an nachhaltiges Wirtschaften entspricht, mit einem Zertifikat aus. Zum FSC gehören nationale und internationale Firmen und Organisationen, die ein gemeinsames Bewertungsverfahren für eine naturgemäße, nachhaltige und sozioökonomisch verträgliche Waldwirtschaft entwickelt haben. Auch deutsche Waldbesitzer und Holzimporteure haben dieses Konzept inzwischen aufgegriffen und beantragt, ihre Produkte auszuzeichnen.

Die Prinzipien und Kriterien des Forest Stewardship Council (FSC)

1. Übereinstimmung mit Gesetzen und FSC-Prinzipien
Die Bewirtschaftung der Wälder in einem Land soll alle gültigen Gesetze des Landes sowie alle internationalen Verträge und Vereinbarungen, zu denen sich das jeweilige Land verpflichtet hat, respektieren und alle FSC-Prinzipien und -Kriterien einhalten.

2. Pacht, Nutzungsrechte und Verbindlichkeiten
Langfristige Pacht von und Nutzungsrechte an Land- und Waldressourcen sollen klar festgelegt, dokumentiert und rechtzeitig verankert sein.

3. Rechte indigener Bevölkerung (Ureinwohner)
Die gesetzlichen Rechte und Gewohnheitsrechte der indigenen Bevölkerung, ihre Ländereien, Territorien und Ressourcen zu besitzen, zu nutzen und zu bewirtschaften, sollen anerkannt und respektiert sein.

4. Kommunale Beziehungen und Arbeitsrecht
Die Bewirtschaftung des Waldes soll die langfristigen ökonomischen und sozialen Verhältnisse der Waldarbeiter und Gemeinden erhalten oder verbessern.

5. Nutzen aus dem Wald
Die Waldbewirtschaftung soll die effiziente Nutzung der verschiedenen Produkte des Waldes fördern, um die Wirtschaftlichkeit sowie die große Zahl ökologischer und sozialer Vorteile zu sichern.

6. Einfluß auf die Umwelt
Die Bewirtschaftung des Waldes soll die biologische Vielfalt und die damit verbundenen Werte, die Wasserressourcen, die Böden sowie einzigartige und bedrohte Ökosysteme und Landschaften bewahren und dadurch die ökologische Funktionalität und Einheit des Wassers erhalten.

7. Bewirtschaftungsplan
Ein nach Größe und Intensität der Bewirtschaftung angemessener Betriebsplan soll aufgestellt, umgesetzt und auf dem aktuellen Stand gehalten werden. Die langfristigen Ziele der Waldbewirtschaftung sowie die Mittel zu ihrer Erreichung sollen klar festgelegt sein.

8. Überwachung und Beurteilung
Eine hinsichtlich Größe und Intensität der Bewirtschaftung angemessene Überwachung soll durchgeführt werden, um den Zustand der Wälder, die Erträge der Waldprodukte, die Handelskette, die Bewirtschaftungsmaßnahmen sowie deren soziale und ökologische Auswirkungen zu beurteilen.

9. Erhaltung der natürlichen Wälder
Primärwälder (Urwälder), weit entwickelte Sekundärwälder sowie Orte von besonderer sozialer/kultureller Bedeutung sollen erhalten werden. Solche Orte sollen nicht durch Plantagen oder andere Bewirtschaftungsformen ersetzt werden.

10. Plantagen
Plantagen sollen in Übereinstimmung mit den Prinzipien und Kriterien 1 bis 9 und dem Prinzip 10 sowie seinen Kriterien geplant und bewirtschaftet werden. Während Plantagen ein Angebot an sozialen und ökonomischen Vorteilen bereitstellen und zur Deckung des weltweiten Bedarfs an Forstprodukten beitragen können, sollen sie die Bewirtschaftung naturnaher Wälder unterstützen, den Druck auf naturnahe Wälder verringern sowie die Wiederherstellung und den Schutz naturnaher Wälder fördern.

In Deutschland gibt es bereits viele Tischlereien mit ökologischem Anspruch. Neben der Qualität des Holzes sind dessen Herkunft und die sozialen und ökologischen Rahmenbedingungen seiner Produktion wichtige Elemente der „Corporate Identity". Ein gut zu vermittelnder Unterschied zu anonymen Massenprodukten.

Zu den Unternehmen, die sich bis Frühjahr 1997 verpflichtet haben, Holz nur noch nach den FSC-Kriterien zu verarbeiten, gehören naturgemäß Handwerksbetriebe. Darunter auch die Freiburger CIRCLE DANCE, ein Zusammenschluß ökologischer Tischlereien in Sachen Einkauf und Vermarktung. Andreas Artem ist der Initiator der Kooperation, die seit ihrer Gründung im Herbst 1996 bereits auf über 25 Mitglieder angewachsen ist.

Zum Beispiel: CIRCLE DANCE

Der Verbund CIRCLE DANCE mit Sitz in Freiburg (Breisgau) wurde im Herbst 1996 gegründet, und die Zahl der Mitglieder – ausnahmslos ökologische Handwerksbetriebe – wächst seitdem langsam, aber stetig. Die Idee des Zusammenschlusses ist naheliegend: Einkauf und Marketing sind optimale Kooperationsfelder für kleinere Unternehmen, die ihre Marktposition gegenüber finanzkräftigen Großbetrieben verbessern wollen.

Der gemeinsame Einkauf sichert günstige Preise und Konditionen, denn CIRCLE DANCE kauft Hölzer oder Halbfabrikate direkt bei den Produzenten.

Public Relations, Werbung und Vertrieb sind das zweite Standbein. CIRCLE DANCE informiert die Öffentlichkeit über die Vorzüge der Hölzer aus nachhaltiger Waldbewirtschaftung und organisiert den Vertrieb der Produkte (zum Beispiel Möbel und Küchen); er erfolgt gemeinsam oder über Mitgliedsfirmen. CIRCLE DANCE wird ab 1998 Produkte der Mitgliedsunternehmen über einen großen Naturwarenversandhändler auch per Katalog anbieten. Genossenschaftsbetriebe vor Ort sollen die per Versand verkauften Handwerkerküchen montieren.

Aus ökologischer Perspektive spricht für CIRCLE DANCE auch, daß drei Prozent des gehandelten Warenwerts als Wiederaufforstungsabgabe dorthin zurückfließen, wo das Holz eingekauft wird. Es werden nur zertifizierte Hölzer mit Produktpaß verarbeitet, möglichst aus der eigenen Region.

Bei CIRCLE DANCE werden alle wichtigen Beschlüsse gemeinsam gefaßt. Der Zusammenschluß der holzverarbeitenden Handwerksbetriebe beruht auf demokratischen Strukturen. Die Vorstandsmitglieder: Bernd Neugebauer, Andreas Artem, Dieter Waldbach-Bernhardt (von links nach rechts).

Handwerk als Ver- und Entsorger: Dezentrale Lösungen fördern die Region

In den neuen Bundesländern liegt es vor allem an den Kommunen, inwieweit die regionalen Betriebe zum Zug kommen oder nicht. Ob es sich um die Energieversorgungsstrukturen oder um die Wasserver- und -entsorgung handelt: Die Entscheidung für oder gegen dezentrale Strukturen hat weitgehende Konsequenzen für die Zukunft einer Region.

Das läßt sich beispielhaft an der Abwasserklärung zeigen. In weniger dicht besiedelten Räumen können die Kommunen in der Regel kleinere und dezentrale Lösungen verwirklichen und so durch ihre Ausgaben Arbeitsplätze schaffen. Außerdem ist es ihnen möglich, in der Entwässerungs- sowie der Gebühren- und Beitragssatzung auf einen Anschlußzwang zu verzichten. Dann können ökologisch und wirtschaftlich sinnvolle Techniken wie etwa Pflanzenkläranlagen eingesetzt werden. Vergleichende Untersuchungen im Flächenland Niedersachsen zeigen, daß solche Lösungen sinnvoll sind: Sie sind kostengünstig, ökologisch verträglich und sorgen für Beschäftigung.[2] Erwiesen ist außerdem, daß bewachsene Bodenfilter Abwässer nicht nur weitgehend von organischer Fracht befreien, sondern bei entsprechender Auslegung auch von Stickstoff, Phosphor, Keimen und Schwermetallen.

Handwerker können solche Anlagen verkaufen, bauen und warten. Kläranlagen auf dem Land, für Streusiedlungen, Einzelanwesen, Campingplätze usw. eröffnen Handwerkern weite Beschäftigungsmöglichkeiten. Das würde nicht zuletzt die Unternehmen technologisch weiterbringen. Wie das Beispiel des Hamburger Zentrums für Energie, Wasser und Umwelt (ZEWU), eine auf Handwerk und kleine und mittlere Unternehmen spezialisierte Abteilung der Handwerkskammer Hamburg, zeigt, kann in der gesamten Wasserver- und -entsorgung wie auch in der Energie-

2 D. Kollatsch, Die dezentrale private Abwasserbehandlung im ländlichen Raum, in: Korrespondenz Abwasser, Nr. 6/1992, S. 832 ff.; Bewachsene Bodenfilter zur Reinigung von Gewässern – Ergebnisse und Empfehlungen aus einem 5jährigen BMBF-Forschungsvorhaben, in: Korrespondenz Abwasser, Nr. 6/1992, S. 886ff.

wirtschaft die Produkt- und Prozeßinnovation gemeinsam mit Handwerksbetrieben erfolgreich vorangetrieben werden. So hat die Umwelttechnik-Entwicklungswerkstatt in Hamburg-Harburg gemeinsam mit dem Handwerk Low-scale-Technologien für die Warmwasser- und Energieversorgung, für die Wasserentsorgung und die Luftreinigung entwickelt und außerdem Immissions- und Emissionsschutzprobleme von Handwerksbetrieben gelöst.

Eine neue Stadt-Land-Beziehung

Aus ökologischer Sicht sind Städte gigantische Parasiten. Sie leben auf Kosten der natürlichen Ressourcen ihres Umlands. Sie importieren und verbrauchen Rohstoffe und Energieträger in riesigen Mengen und „exportieren" schmutzige Luft, belastetes Wasser, belastete Böden und mehr oder minder gefährliche Abfälle. Auch wenn die Stoffe entsorgt oder wiederverwendet werden, wächst die Entropie: Abfall wird als minderwertiger „Rohstoff" recycelt, landet auf Deponien oder wird verbrannt und in Wärme umgewandelt.

Die Lebens- und Konsumgewohnheiten der Städter sind ein wichtiger Motor der beschleunigten globalen Arbeitsteilung. Städte sind landschaftszerstörende Monster, deren Ausdehnungsdrang unbegrenzbar erscheint. Ökologisch gesehen ist nur eines schlimmer als Stadt: überall Stadt. Ein ubiquitärer Siedlungsbrei, der Stadtbewohner mit ähnlichen Lebensgewohnheiten und bei einer geringen Siedlungsdichte gleichmäßig über das ganze Land verteilt.

Dabei beruht der Wohlstand der Stadtbewohner in erheblichem Umfang auf der Ausbeutung des Landes. 87 Kilogramm Fleisch verzehren wir pro Kopf und Jahr und geben doch inzwischen nur noch 13 Prozent unseres Einkommens für Nahrungsmittel aus – für die Freizeit sind es 20 Prozent, Tendenz steigend. Zum Vergleich: 1950 mußte ein Vier-Personen-Arbeitnehmerhaushalt noch 46,6 Prozent seines Einkommens für Nahrungsmittel einsetzen. Die Industrialisierung der Landwirtschaft ist ein folgenreicher Sieg der Stadt über das Land. Das Land und seine Bewohner bezahlen einen hohen Preis für die Nachhaltigkeitslücke der Städte und ihrer Lebensweise.

Die Agenda 21 verpflichtet in Artikel 28 die Kommunen und ihre Bürger zur nachhaltigen Entwicklung. Bei allen Schwierigkeiten, dieses Ziel zu verwirklichen, können doch schon einige wichtige Leitbilder und Strategien für eine nachhaltige Stadtentwicklung genannt werden. Dazu gehört eine neue Solidarität zwischen Stadt und Land. Die Stadtbewohner müssen sich bewußt werden, in welchem Umfang sie die natürlichen Ressourcen des Umlands beanspruchen. Und sie müssen sich fragen, welchen Beitrag sie leisten können, um die Regenerationsfähigkeit des Landes zu stärken.

Dies kann etwa geschehen, indem die städtische Lebensmittelversorgung regionalisiert wird. Warum sollen die Stadtbewohner nicht umweltschonend erzeugte landwirtschaftliche Produkte aus dem Umland beziehen? Die Vorteile einer solchen Vernetzung liegen auf der Hand:

- kurze Transportwege
- neue Arbeitsplätze in der landwirtschaftlichen Produktion und in der Weiterverarbeitung
- Sicherung bzw. Schaffung von Biotopen und Gewässer- bzw. Grundwasserschutz im Umland
- Sicherung der Naherholungsfunktion landwirtschaftlicher Flächen

Die Großstadt Hamburg versucht bereits, diese Vision wenigstens teilweise wahrzumachen. Angefangen hat es in den sechziger und siebziger Jahren, als eine weit vorausschauende Stadtpolitik und eine gutgefüllte Stadtkasse es der Hansestadt erlaubten, im Umland mehrere Staatsgüter zu unterhalten. Als Grund dafür wurde angeführt, daß Grünflächen für die Naherholung gesichert werden sollten. Vielleicht spielte auch die Überlegung eine Rolle, sich Verfügungs- und Mitspracherechte über angrenzende Flächen zu sichern.

Hamburgs Staatsgüter produzierten jedoch über viele Jahre Verluste trotz konventioneller Anbaumethoden, reichlichen Einsatzes von Pestiziden und Kunstdünger sowie guter Anbindung an die Stadt. Ende der achtziger Jahre war die Senatskasse leer, die Staatsgüter waren praktisch bankrott und die Bausubstanz zum Teil in trostlosem Zustand. Die Stadtregierung beschloß nun, die umweltvernichtende Landwirtschaft nicht weiter mit Steuergeldern zu finanzieren. Die beiden ersten Staatsgüter, Wulksfelde und Wulfsdorf, wurden zur Pacht ausgeschrieben. Dies allerdings mit der Auflage, daß die Pächter nicht nur ökologischen Landbau betreiben, sondern auch wirtschaftlich arbeiten sollten.

Das Experiment gelang, und zwar so gut, daß inzwischen drei von fünf Staatsgütern ökologisch wirtschaftenden Pächtern übergeben wurden. Wulksfelde, Wulfsdorf und Wohldorf versorgen das Umland mit Eiern, Milch, Fleisch, Gemüse und Getreide.

Besonders interessant ist die Entwicklung des Gutes Wulksfelde. Dessen Betreiberin, die EcoRegion GmbH, befaßt sich nicht allein mit der landwirtschaftlichen Produktion, sondern auch mit Forschung, Planung und Beratung für den ökologischen Landbau. Sie will vor allem die Verarbeitungs- und Vermarktungsstrukturen für ökologische Produkte weiterentwickeln. Im hofeigenen Laden mit Vollsortiment kaufen, wie auf vielen anderen Höfen auch, Bewohner des Umlands ein. Aber auch Kantinen der Stadt Hamburg und Supermärkte beziehen mittlerweile Produkte des Hofs.

Die Bereitschaft von Großküchen, ökologisch angebaute Nahrungsmittel zu verarbeiten, ist groß. Dies belegen jedenfalls Erhebungen, die die EcoRegion im Auftrag der Hamburger Wirtschaftsbehörde zusammen mit Ökomarkt e. V. durchgeführt hat. Kantinen, die regelmäßig biologische Kost anbieten, haben großen Erfolg. Befragungen von Tischgästen haben drei Dinge deutlich gezeigt:

1. Die Mehrheit der Tischgäste wünscht ökologische Produkte.
2. Die wichtigsten Motive dafür sind: Gesundheit, Umweltschutz und Unterstützung des ökologischen Landbaus.
3. Die Schmerzgrenze beim Mehrpeis liegt bei etwa einer Mark je Mahlzeit. Viele würden es aber akzeptieren, wenn die Portionen zugunsten eines niedrigen Preises kleiner würden.

Dieses Modell der Nahversorgung und regionalen Küche stößt aber an Grenzen. Nach wie vor gibt es Mängel in Weiterverarbeitung und Logistik, außerdem Informations- und Qualifizierungsdefizite bei Kunden und Verbrauchern, also Schwächen in der Vermarktung. Gefördert von der EU, bemüht sich die EcoRegion, in einem Modellvorhaben das Projekt weiterzuentwickeln.

Spannend ist auch eine Studie, die die EcoRegion für die Hansestadt erstellt hat. Darin wird untersucht, ob und unter welchen Voraussetzungen es möglich wäre, sämtliche landwirtschaftliche Flächen in Hamburg auf ökologischen Landbau umzustellen, und welchen Beitrag diese Flächen dann für die Versorgung der Stadt leisten könnten.

Hamburg mit einer Gesamtfläche von 75 531 Hektar verfügte 1991 noch über 18 000 Hektar landwirtschaftliche Nutzfläche, die von 1703 Betrieben bewirtschaftet wurden.[3] Allerdings mit stetig sinkender Tendenz: Allein im Jahr 1993 wurden zehn Prozent der Betriebe aufgegeben. Der Bauernverband sagt voraus, daß bis zum Jahr 2000 die Hälfte der Höfe dichtgemacht haben wird.

Wie sähen dagegen die Produktions- und Vermarktungsstrukturen in Hamburg aus bei einer regionalisierten und umweltschonenden Produktion? Bezögen beispielsweise alle Krankenhäuser der Stadt Hamburg Milch von den landwirtschaftlichen Betrieben der Stadt, dann bliebe die gesamte Produktion der Milchbauern in der Region. Die Hamburger Gemüseanbauflächen wären gerade eben dazu in der Lage, die Stadt mit einer breiten Palette von Gemüsesorten zu beliefern. Alles in allem ließen sich die 1,8 Millionen Hamburger gut aus der Region versorgen. Dazu müßten rund vierzig bis sechzig Kilometer des Umlands in die Produktion mit einbezogen werden. Der Übergang zu einem großflächigen ökologischen Landbau wäre zwar mit Kosten verbunden, er brächte jedoch auch erhebliche Beschäftigungseffekte mit sich, die je nach Grad der Vernetzung mit weiteren Wertschöpfungsketten (Produktion, Weiterverarbeitung, Veredlung, Handel) etwa wie folgt aussähen:

3 Diese und die folgenden Angaben aus: Umweltbehörde Hamburg (Hg.), A. Brandt, Handlungskonzept Ökologische Landwirtschaft Hamburg, Studie erstellt von der EcoRegion GmbH im Auftrag der Hamburger Umweltbehörde, Tangstedt 1994

- Ökologischer Landbau mit Tieren und Gemüse ohne Vermarktung: doppelt so viele Beschäftigte wie in der konventionellen Landwirtschaft
- Ökologischer Landbau mit Tieren und Gemüse und Vermarktung (Hofladen, Großküchen), zum Beispiel Modellgut Wulksfelde: fünfmal so viele Beschäftigte wie in der konventionellen Landwirtschaft
- Ökologischer Landbau mit Tieren und Gemüse und handwerklicher Weiterverarbeitung/Veredlung der Produkte sowie Selbst- und Fremdvermarktung, zum Beispiel Modell Herrmannsdorf: zwanzigmal so viele Beschäftigte wie in der konventionellen Landwirtschaft

Bei diesen Angaben handelt es sich allerdings um Schätzungen, die bei einer volkswirtschaftlichen Gesamtrechnung durch weitere Faktoren ergänzt werden müßten, und zwar durch

- die entfallenden Kosten für Arbeitslosigkeit und Sozialhilfe und die Multiplikatoreffekte für die Region durch zusätzliche Einkommen und Nachfrage,
- sinkende Kosten für die Regeneration von Umweltgütern; das gilt für Grundwasseraufbereitung, Gewässersanierung, Boden- und Artenschutz,
- Investitionen für die Umstellung auf ökologischen Landbau und eventuell zeitlich befristete Umstellungsbeihilfen,
- Verluste an Umsatz und Arbeitsplätzen in der kapitalintensiven Nahrungsmittelindustrie und der Pestizide und Kunstdünger herstellenden chemischen und Grundstoffindustrie.

Auch wenn ein Szenario die Entwicklung nicht theoretisch exakt voraussagen kann, unterm Strich wäre eine Wende zu Regionalwirtschaft und ökologischem Landbau volkswirtschaftlich und beschäftigungspolitisch ein Gewinn. Ökologisch allemal.

Maßproduktion statt Massenproduktion

Die „unsichtbare Hand des Markts“ verteilt Ressourcen optimal, jedenfalls in der Theorie. In der Wirklichkeit der Massenproduktion aber ist diese Theorie grau. Der Markt ist eine Ursache dafür, daß menschliche Arbeit und natürliche Ressourcen verschwendet werden. Die Überproduktion landet auf Mülldeponien oder wird als „Schnäppchen“ und ähnliches entsorgt. Diese Ineffizienz hat nicht nur ökologisch und sozial ihren Preis, sie wird auch vom Verbraucher mitfinanziert.

Das läßt sich am Beispiel der Schuhproduktion in ökologischer, sozialer und kultureller Hinsicht gut demonstrieren. Bei der Planung einer neuen Kollektion weiß der Produzent nicht, wie viele KundInnen sich für welche seiner Schuhmodelle entscheiden werden und welche Schuhgrößen diese KundInnen haben. Auch die Erfahrungswerte der Vergangenheit und die besten Analysen der Normalverteilung von Fußformen und -größen können die Unberechenbarkeit des Markts nicht simulieren. Produzenten und Handel wollen stets eine möglichst attraktive Auswahl an möglichst vielen Orten anbieten, sie müssen daher möglichst viele verschiedene Schuhmodelle in möglichst vielen Größen und in großer Menge lagern. Diese Vertriebsstrategie verwandelt einen erheblichen Teil der Schuhe in Sonderangebote oder Abfall. Generell gilt: Je turbulenter, modeabhängiger der Markt ist, desto geringer ist die ökologische und soziale Effizienz der Produktion.

Doch nicht die Vergeudung von Energie, Rohstoffen und Arbeit oder die mit der Entsorgung der Überproduktion verbundenen Kosten erweisen sich seit Mitte der achtziger Jahre als Motor des Übergangs zu Strategien der Maßproduktion: Es ist die Logik des Markts selbst in Verbindung mit alten und neuen Techniken, die in den hochentwickelten Industrienationen neue Produktionsmuster entstehen lassen. Die Maßproduktion ist eine große Chance für das Handwerk und für andere kleinere und mittlere Unternehmen, und sie könnte auch aus ökologischer Perspektive ein Schritt in die richtige Richtung sein.

Das alte Leitbild: Massenproduktion

Bis weit in die Mitte des 19. Jahrhunderts hinein war Handwerk die vorherrschende Produktionsweise. Die Produktionsmittel der Gesellen und Meister waren einfache Universalwerkzeuge und das eigene Können: die in der Lehre und mit den Berufsjahren erworbenen Kenntnisse und handwerklichen Fertigkeiten.

Als sich Mitte des 19. Jahrhunderts die Kraftmaschinen verbreiteten, trat das „Fabrikationswesen" seinen Siegeszug an. Ende des 19. Jahrhunderts wurden etwa in den USA schon über 50 Prozent aller erzeugten Güter industriell hergestellt. Der Anteil der Landwirtschaft sank zwischen 1839 und 1899 von 72 Prozent auf ein Drittel.

Das „American System of Manufactures", das lange Zeit auch in Europa als Vorbild diente, beruhte auf folgenden Merkmalen:

- austauschbare Teile
- spezielle Maschinen
- Vertrauen auf Zulieferer
- Fokus auf das Fertigungsverfahren
- Arbeitsteilung
- Fähigkeiten der amerikanischen Arbeiter
- Flexibilität
- ständige technologische Verbesserungen

Obwohl bereits in hohem Maß neue und spezialisierte Maschinen benutzt wurden, beruhte die Produktion hauptsächlich auf den handwerklichen Fähigkeiten der amerikanischen Arbeiter.

Anfang des 20. Jahrhunderts trat die Massenproduktion weltweit ihren Siegeszug an. Güter und Dienstleistungen wurden nun zu niedrigen Preisen gefertigt und vermarktet. Möglichst jeder sollte sich die Waren der Industrie leisten können. Ein großer Teil der Produktivitätsgewinne wurde an die Beschäftigten weitergegeben. Dies stärkte die Massenkaufkraft, ohne die der Aufstieg der

Massenproduktion nicht denkbar gewesen wäre. Die Charakteristika der Massenproduktion sind:

- austauschbare Teile
- zunehmende Spezialisierung der Maschinen
- Fokus auf das arbeitsteilige und serielle Fertigungsverfahren sowie auf den arbeitsteiligen und seriellen Fertigungsfluß
- Fokus auf niedrige Kosten und niedrige Preise
- economy of scale
- Produktstandardisierung
- hohe Umrüstzeiten für die Werkzeuge
- Fokus auf Wirtschaftlichkeit
- hierarchische Organisation mit professionellen Managern
- vertikale Integration
- wachsende Arbeitsteilung: die ArbeiterInnen werden zu MaschinenbedienerInnen
- sinkende Ressourcenproduktivität: Arbeitskosten steigen langsam, Rohstoffangebot wächst bei niedrigen Preisen
- Legitimation: steigende Massenkaufkraft
- Sterben alter Berufe und traditionellen Wissens um handwerkliche Qualität; Verlust von Ästhetik, Produktvielfalt und Materialkenntnissen
- externe Kosten der Produktion steigen: Umweltkosten, Kosten der Arbeitsteilung, gesellschaftliche Kosten der Arbeitsorganisation und -produktivität (Gesundheit, Zerfall von sozialen Strukturen)

Das Fließband zog in die Fabrikhallen ein, degradierte die Arbeiter zu Maschinen und triumphierte am Markt: Vom Ford-Modell „T“ verließen 1908 etwas mehr als 10 000 Stück die Werkhallen; 1916 waren es bereits über 500 000 und bis 1923 fast 2 Millionen. Der Preis für dieses Automodell fiel im selben Zeitraum von 850 auf 360 US-Dollar.[1]

1 B. J. Pine II, Maßgeschneiderte Massenfertigung, Wien 1994, S. 44

Voraussetzung für diesen Siegeszug der Massenproduktion waren jedoch nicht nur neue Produktionsverfahren und Vertriebswege. Auch der Verbraucher mußte standardisierte Massenprodukte akzeptieren. Die USA erwiesen sich als idealer Raum für das neue Zeitalter: Ein riesiger Markt, die kulturelle und soziale Homogenität und eine ungesättigte Nachfrage nach Primärgütern aller Art bahnten der Massenproduktion den Weg. Je mehr Produkte die Industrie verkaufen konnte, desto billiger konnte sie die Waren herstellen. Und je billiger die Waren, desto höher der Absatz. Bis weit in die siebziger Jahre hinein erwies sich die „economy of scale" in Verbindung mit der (zum Teil von den Gewerkschaften erkämpften) wachsenden Massenkaufkraft als das erfolgreichste unternehmerische Leitbild. Großunternehmen wie Ford, Siemens, IBM, Mercedes-Benz oder BASF verdanken ihm ihren Aufstieg zu weltumspannenden Konzernen.

Der Siegeszug der Massenproduktion aber gefährdete zu keinem Zeitpunkt das Handwerk oder andere kleine und mittlere Unternehmen. Sie blieben Träger der lokalen und regionalen Ökonomie als Produkt- und Fertigungsspezialisten, die flexibel und erfolgreich ihre Märkte bedienten. Von der Öffentlichkeit und der Wirtschaftstheorie lange Zeit wenig beachtet, erlebten in Europa gerade auch solche Regionen einen stabilen wirtschaftlichen Aufstieg, die nahezu ausschließlich kleinbetrieblich strukturiert waren.[2]

Mitte der siebziger Jahre stießen die Massenproduzenten in den USA, aber auch in Japan zunehmend an ihre Wachstumsgrenzen. Die Möglichkeiten, durch Massenproduktion weitere Produktivitätsfortschritte zu erzielen und durch sinkende Preise die Märkte zu vergrößern, waren weitgehend erschöpft. Der Wettbewerb wurde global, in den alten Industrienationen sanken die Nettolohnquoten, in den USA schrumpfte die Massenkaufkraft, und die Konsumgütermärkte waren bei wachsender Produktvielfalt gesättigt. Individualisierung und Singularisierung der Gesellschaft, die wachsende Zahl von Ein-Personen-Haushalten, Werte-

2 Vgl. M. J. Piore, C. F. Sabel, Das Ende der Massenproduktion, Frankfurt a. M. 1989, S. 217 ff.

wandel und die Auflösung der traditionellen Lebenszusammenhänge trugen dazu bei, daß die Produktlebenszyklen immer kürzer wurden und die Produktvielfalt zunahm. Produzenten und Konsumenten trieben gleichermaßen den Übergang vom Verkäufermarkt zum Käufermarkt voran.

Neben den seit Mitte der siebziger Jahre immer deutlicher zutage tretenden wirtschaftlichen Schwächen der klassischen Massenproduktion erwiesen sich, vor allem in den USA, die geringen Investitionen in die Qualifikation der Arbeitskräfte als nachteilig. Der Faktor Arbeitskraft hatte in erster Linie als Fehlerquelle gegolten und sollte deshalb möglichst qua Automation aus der Produktion verbannt werden. Das hatte schwerwiegende Folgen: Die Beschäftigten wehrten sich dagegen, überflüssig gemacht zu werden, und beteiligten sich – außer in Japan – nicht an der Optimierung von Prozessen und Produkten. Außerdem sägten die Massenproduzenten mit der Automatisierung an dem Ast, auf dem sie saßen: Männer und Frauen ohne Einkommen sind schlechte Konsumenten. Wer kein Geld hat, kann nichts kaufen. Das wußte schon Henry Ford.

Die von der „Japan AG" geförderten Methoden des Lean management und der wachsenden Produktvarianz als Antworten auf gesättigte Märkte haben einen bemerkenswerten Effekt. Die Kostenstruktur einer variantenreichen Massenproduktion schafft betriebswirtschaftlich einen Sog in Richtung einer „economy of scope". Die schlankste aller Produktionsvarianten ist nicht selten die Herstellung eines kundenspezifischen Unikats durch einen hochqualifizierten und selbstverantwortlichen Produzenten an einem Universalwerkzeug, wie es für das Handwerk so typisch ist: Es gibt keine Umrüstzeiten, wenig Lagerhaltung, einen geringen Gemeinkostenanteil, niedrige Bearbeitungs- und keine Vertriebskosten, und Mittel für Forschung und Entwicklung fallen auch nicht an. Und am Ende steht genau das, was der Kunde will.[3] Eine wachsende Zahl von Unternehmen bemüht sich mittlerweile, die Vorzüge der handwerklichen Unikatherstellung mit den Kosten-

3 Vgl. P. Schnepf, Zukünftige Chancen und Herausforderungen für manuelle Arbeitsplätze, in: REFA-Nachrichten, Nr. 4/1995

vorteilen einer hochtechnisierten Massenfertigung zu verbinden. Japan und die USA haben hier die Pionierrolle übernommen.

Das neue Leitbild: massenhafte Maßproduktion

„Wenn ein Paradigma versagt, ist es an der Zeit, zu einem anderen überzugehen", erklärt B. Joseph Pine, einer der Protagonisten des neuen Leitbilds der Maßproduktion, lakonisch.[4] Ist das alte Leitbild der Massenproduktion in erster Linie mit der „economy of scale" verknüpft, so steht im Mittelpunkt des neuen Leitbilds der massenhaften Maßproduktion der Versuch, das individuelle Produkt, auch „Losgröße 1" genannt, zu möglichst niedrigen „Kostenstrafen" anzubieten. Die maßgeschneiderte Massenfertigung, an deren Ende die Losgröße 1 und der Konsument als „Prosument"[5] – als konsumierender Koproduzent – stehen, unterscheidet sich nach Pine durch folgende Merkmale von der Massenproduktion:

Unterschiede zwischen Maß- und Massenfertigung*

	Massenfertigung	maßgeschneiderte Massenfertigung
Fokus	Effizienz durch Stabilität und Steuerung	Vielfalt und Kundenbezogenheit durch Flexibilität und rasche Reaktionsbereitschaft
Ziel	Entwicklung, Herstellung und Lieferung von Gütern und Dienstleistungen zu Preisen, die niedrig genug sind, daß fast jeder sie sich leisten kann	Entwicklung, Herstellung, Vermarktung und Lieferung von erschwinglichen Gütern mit genügend Vielfalt und Kundenbezogenheit, daß fast jeder genau das findet, was er möchte

4 B. J. Pine II, Maßgeschneiderte Massenfertigung, a. a. O., S. 63
5 Der "Prosument" wurde von dem Trendforscher Alvin Toffler in seinem Buch "The Third Wave" erstmals beschrieben. Das Buch wurde neu aufgelegt als Sonderdruck bei Bantam-Books, 3/1997.

	Massenfertigung	maßgeschneiderte Massenfertigung
Schlüsselmerkmale	stabile Nachfrage, große, homogene Märkte, standardisierte Güter und Dienstleistungen zu niedrigen Kosten und in gleichbleibender Qualität, lange Produktentwicklungszyklen, lange Produktlebenszyklen	aufgesplitterte Nachfrage, heterogene Nischen, kundenbezogene Güter und Dienstleistungen zu niedrigen Kosten und in hoher Qualität, kurze Produktentwicklungszyklen, kurze Produktlebenszyklen

* Quelle: B.J. Pine II, Maßgeschneiderte Massenanfertigung

Das Tao der Massenproduktion – ein kurzer Exkurs

In der ihm eigenen besonders zeitgeistgemäßen Art gefiel es dem Worpsweder Unternehmensberater Gerd Gerken kürzlich, seine Kenntnisse über das Thema „Masse und/oder Klasse?“ unter das Volk zu bringen. So nebenbei gestattete er uns dankenswerterweise auch einen kleinen Einblick in ergreifende Dilemmata, vor denen die Herren der Massenproduktion in Zeiten turbulenter Märkte stehen. In einer jedem ICE-Fahrer kostenlos zugänglichen Zeitschrift[6] offenbart der sonst als Honorarkrösus geltende Coach der Industrie wahrhaft tiefgehende Wahrheiten, deren Abstammung aus dem Reich des Zen-Buddhismus unübersehbar ist. Die geistvollen Auslassungen des Altmeisters Gerken taugen übrigens auch hervorragend als Zen-Übung: ein Weg der Erlösung, der sich schon allein dadurch empfiehlt, daß der gelungene Versuch, das „torlose Tor“ zu durchschreiten, zum Geschäftsführer prädestiniert. Die Story geht so:

Eines Tags entdeckte der Chefvermarkter eines ehemals erfolgreichen Massenfertigers, daß das Leitbild der Massenproduktion nicht mehr zeitgemäß war. Er sagte: „Unser Produkt muß ab sofort anders vermarktet werden. Wir haben bisher nur ein einziges Produkt gehabt – ein Produkt für die große Masse der Menschen –, ein echtes Massenprodukt. Und das war falsch, weil Masse bedeutet, völlig unprofiliert zu sein. Also plump und ohne

6 Mensch und Büro, Nr. 5/1996

Nähe zu den inneren Welten der Käufer. Unser Produkt muß wieder attraktiver werden. Es muß close-to-customer leben. Also beschließe ich hiermit feierlich, daß wir unser Produkt ganz exakt auf eine Zielgruppe positionieren. Es soll ein Profil bekommen, das strategisch voll und ganz die Bedürfnisse einer echten Gruppe mit echtem Bedarf widerspiegelt. So will ich es!"

Die Mitarbeiter des Chefvermarkters machten sich an die Arbeit und entdeckten auf Anhieb fünf Zielgruppen für mindestens fünf verschiedene Produkte. Die Produktion und die Vermarktung wurde umgestellt auf fünf neue Produkte für fünf echte Zielgruppen mit einem echten Bedarf.

Gerken berichtet weiter: „Aber schon nach einiger Zeit zogen wiederum dunkle Wolken in das Königreich des Marketing-Chefs. Der Umsatz fiel wieder, und neue Nischenkonkurrenten kassierten offensichtlich beträchtliche Teile des Marktes." Doch damit nicht genug, der Markt wurde immer schneller fragmentiert. „Aber, aber", sorgte sich der Chefvermarkter, „dann muß ich ja auch die Profilierungskosten vervielfachen – wie soll sich das je rechnen?! Vervielfachung der Angebote heißt auch Vervielfachung der Kosten." Die Antwort der Marketingabteilung war: „Extension." Unter einer Dachmarke wurde eine große Vielfalt von Untermarken aus der Taufe gehoben. Die Teilmärkte entwikkelten sich prima, ohne extreme Profilierungskosten.

Doch die Welt, so stellte sich bald heraus, war schlecht. „Der Markt begann irgendwie unfair zu werden. Die Konsumenten wurden unberechenbar und zugleich untreu. Sie blieben nicht in ihren, zugegeben sehr vielen und sehr kleinen Nischen, sondern sie pendelten hin und her und bekamen plötzlich Lust, sich unlogisch zu verhalten." In großer Not wurde ein Guru – der zufällig in Worpswede wohnte – zu Rate gezogen. Doch seine Empfehlung, „den lustigen Tanz der sich fraktalisierenden Märkte doch einfach mitzutanzen", wurde nicht verstanden. Das Unvermeidliche geschah: Der (Viel-)Markenproduzent verlor Marktanteile, weshalb der Marketing-Chef und seine Mitarbeiter in tiefe Nachdenklichkeit versanken, bis sie sich an den Guru erinnerten. Das nach vielen Jahren endlich wieder befragte Guru-Orakel sagte: „Nun ja, diese prinzipielle Offenheit, die in der Tat das Ergebnis der ganzen Fraktalisierung ist, bedeutet aber auch die

Rückkehr der großen Umsätze. Denn nun gibt es keine festgefügten Besitztümer mehr. Alles atomisiert sich, und das ist die Renaissance der große Masse."

Aber der Marketing-Chef widersprach: „Junger Mann, nun mal langsam! Ich erkenne zwar den Vorteil des ganzen Theaters, also die Rückkehr der Masse und so, aber Masse verlangt eben auch Profillosigkeit, sozusagen den durchschnittlichsten Durchschnitt. Uns Sie selbst sagten ja, daß die fraktalen oder wild gewordenen Konsumenten heutzutage Moden haben wollen. Und Masse ist eben keine Mode. Also klappt das alles nicht – graue Theorie, mein Guter!"

Doch das Denken des Undenkbaren unter Worpswedes Sternenhimmel trug nach langen Debatten endlich Früchte. Dem Marketing-Chef ging ein Licht auf: „Wenn Sie, Verehrtester, das Streben nach dem Unikat zu hundert Prozent durch einen Massen-Mythos erfüllen könnten, was hätten Sie dann? (...) Und genau das ist die neue Masse, von der unser Guru-Typ da immer redet. Denn eines muß uns doch klar sein: Unsere Produkte können nicht zu hundert Prozent auf Unikat getrimmt werden, aber die Marke, die kann das, wenn sie ein Fraktal ist, das zugleich ein Mythos ist. Hab' ich das so richtig formuliert, Meister? Ein Produkt für alle, daß heißt heute, ein Fetisch für alle, also Mythen, die im Zeitgeist leben: Deshalb ist es die Aufgabe der Marke, das Produkt zum Massenfetisch zu verwandeln."

Alles klar?

Strategien der Maßproduktion

Die Annäherung an die Losgröße 1, die nicht immer identisch mit dem von Kennern[7] so geschätzten Original sein muß, bedeutet je nach Branche oder Produkt etwas anderes. Ein Unikat kann ein Picasso sein, ein nur einmal handwerklich hergestellter Wandteppich, eine Keramik, ein mundgeblasenes Glas oder ein Gebäude.

7 Das weiß auch die Werbung für Massenprodukte: "Kenner nehmen das Original" (Werbeplakat der Zigarette Benson & Hedges).

Unikate können aber auch die maßgeschneiderte Ausführung eines vorhandenen Entwurfs oder Produktmodells sein: von der Energieanlage bis zum Anzug. Zu Unikaten zählen außerdem Produkte aus dem Baukasten, die ihre Einmaligkeit/Individualität vor Ort erhalten. Und die Steigerung der Produktvielfalt, wie etwa bei der Swatch-Uhr, kann dem Kunden zumindest die Befriedigung vermitteln, daß er dem gleichen Produkt höchstwahrscheinlich so schnell nicht noch einmal begegnet.

Gegenwärtig lassen sich verschiedene Strategien der massenhaften Maßproduktion voneinander unterscheiden[8], wobei alle Varianten miteinander kombiniert werden können:

1. Eigen-Maßfertigung

Die Eigen-Maßfertigung überläßt es im Sinn einer echten Koproduktion dem Kunden, das Standardprodukt an eigene Bedürfnisse anzupassen. Damit jeder Kunde die von ihm erwünschte Produkteigenschaft erhalten kann, muß sich das Produkt durch eine hohe „eingebaute Flexibilität" auszeichnen.

2. Service-Individualisierung

Die Service-Individualisierung gibt es bereits: Standardprodukte werden durch kundenspezifische Beratung und technische Betreuung gemeinsam mit dem Kunden optimiert. Der Produzent ist gleichzeitig Dienstleister oder Problemlöser. Die so entstehende Kundennähe ist eine gute Ausgangsposition für eine Weiterentwicklung in Richtung Maßfertigung.

3. Produktvielfalt bei Gemeinsamkeit von Bestandteilen

Es werden ein oder mehrere standardisierte Bestandteile bei einer großen Zahl verschiedener Produkte verwendet. So kann man die kostengünstige Massenproduktion mit einer Erhöhung der Produktvielfalt kombinieren.

8 Vgl. B. J. Pine II, Maßgeschneiderte Massenfertigung, a. a. O.; P. Schnepf, Zukünftige Chancen und Herausforderungen für manuelle Arbeitsplätze, a. a. O.

4. Produktvielfalt durch Produktmodularisierung
Hier handelt es sich um eine ähnliche Variante wie jene, die unter Punkt 3 vorgestellt worden ist. Der Anbieter entwickelt seine Produkte im Sinn eines Baukastensystems. Fertigung und Endmontage der Module müssen so flexibel sein, daß es möglich ist, kundenindividuelle Lösungen zu gewährleisten. Im Straßenfahrzeugbau wird die Produktmodularisierung inzwischen erfolgreich angewendet.

5. Fertigung echter Maßprodukte
Hier wird das Produkt so entworfen oder seine Grundidee so variiert, daß es auf den Kundenbedarf hin zugeschnitten ist. Ein solches Vorgehen zahlt sich zum Beispiel aus bei Maßschuhen, Maßanzügen, Dachrinnen[9], Metalldächern, Sägen[10], Möbeln, Fahrrädern oder Lebensversicherungen und Informationsdiensten.

Will ein Massenproduzent sich nicht mit einem schrumpfenden Markt für sein Standardprodukt begnügen, dann muß er sich von der Illusion verabschieden, der Stagnation gesättigter Märkte mit noch aggressiveren Verkaufsstrategien begegnen zu können. Mit ihrer hundertprozentigen Kundenorientierung wollen die Maßfertigungsstrategien Marktnischen erobern. Sie verlangen von Produzenten und Anbietern die Fähigkeit, sich auf ständig verändernde Kundenwünsche einzustellen. Der auf Technik und Fertigung eingeengte Fokus muß auf einem Käufermarkt ersetzt

9 Englert, Inc. aus Wallingford, Connecticut, vertreibt eine Maschine, die Dachrinnen nach Maß fertigt: Im Laderaum eines Lieferwagens läßt man eine Rolle Flachaluminium durch die Maschine laufen, die eine nahtlose Endlosdachrinne formt, die dann genau nach Spezifikationen zugeschnitten wird. Diese Dachrinnen sind billiger und von höherer Qualität, da sie keine Nahtstellen haben, die undicht werden könnten. Englert verkauft eine ähnliche Maschine für die Herstellung von maßgefertigten kommerziellen Metalldächern. Nach: B. J. Pine II, Maßgeschneiderte Massenfertigung, a. a. O., S. 253f.

10 Die Peerless Saw Company entwirft gemeinsam mit dem Kunden vor Ort auf einem tragbaren Terminal das Sägeblatt, daß dann nach Maß in der zentralen Fertigungsstätte produziert wird. Nach: B. J. Pine II, Maßgeschneiderte Massenfertigung, a. a. O., S. 260

werden durch soziale Kompetenz und flexible Strategien. Im Vordergrund steht der Nutzen von Gütern und Dienstleistungen für den Kunden. Die Kundenorientierung läßt sich am besten dort verwirklichen, wo der direkte Kontakt mit dem Kunden möglich ist. Pine schreibt: „Es gibt nur einen einzigen Weg, um genau herauszufinden, was Kunden wünschen: am Ort des Verkaufs zu sein, wo sie es einem entweder selber sagen oder man es aus ihnen herausbekommt. Und es gibt nur einen Weg, um sofort genau das zu liefern, was sie wünschen: es genau dort herzustellen, wo es verkauft und geliefert wird."[11]

Anders als bei der Massenfertigung steht bei der Maßproduktion der Kunde am Anfang der Produktionskette. Die Wertschöpfungskette wird gewissermaßen zur Dienstleistung, die nur dazu da ist, genau das herzustellen, was der Kunde braucht, und zwar möglichst zum gewünschten Zeitpunkt und am gewünschten Ort. Aus dem Konsumenten wird der Prosument.

Beispiele industrieller Maßproduktion

Es gibt inzwischen viele Beispiele für die Umsetzung des neuen Paradigmas durch die Industrie.[12] Sie zeigen, wie das Leitbild der Maßproduktion die Welt der Wirtschaft und der Verbraucher verändern könnte. Wie Strategien der Maßproduktion umgesetzt werden können, zeigen die folgenden Beispiele:

Vom Erbstück zum Design-Wegwerfprodukt: Swatch
Bis vor einigen Jahrzehnten war die Uhr ein Prestigeobjekt, das der Vater dem Sohn vererbte. Die Massenfertigung von Uhren und vor allem die Digitalisierung seit den siebziger Jahren haben mittlerweile aber die Preise ins Bodenlose stürzen lassen. Die Schweizer Firma Société Micromécanique et Horlogère (SMH) hat als Antwort darauf eine kleine, digitalisierte und in einem

11 Ebenda, S. 215
12 Nach: B.J. Pine II, Maßgeschneiderte Massenfertigung, a. a. O.; R. Westbrook, P. Williamson, Mass Customization: Japan´s New Frontier, European Management Journal, Nr. 1/1993, S. 38-45

Plastikgehäuse verschweißte (nichtreparierbare) Uhr entwickelt, die zu Niedrigstpreisen in hohen Stückzahlen als Modeartikel angeboten wird. Swatch präsentiert alle sechs Wochen achtzig bis hundert neue Modelle. So wird das Bedürfnis nach Individualität auf neue Weise mit dem Prinzip der Massenfertigung verknüpft.

Personics Corporation und andere

Anfang der neunziger Jahre scheiterte das von den Kunden hochgeschätzte Angebot der Personics Corporation, individuelle Tonträger (Bänder und CDs) zu verkaufen, am Widerstand der Musikverlage. Personics hatte ihren Kunden angeboten, Songs und Musikstücke auf CDs oder Tonbändern nach Wunsch zusammenzustellen. Erfolgreicher ist das amerikanische Unternehmen Create-A-Book@, das eigens zu diesem Zweck konzipierte Kinderbücher individualisiert, indem der Name eines Kindes und/oder seine konkreten Lebensumstände in das Buch mit einbezogen werden. Ähnlich arbeitet das amerikanische Rechtsanwaltsbüro Hyatt Legal Services, das zum Beispiel standardisierte Rechtsunterlagen (etwa Spezialverträge) mit „austauschbaren Bestandteilen“ anbietet.

Autos, Büromöbel, Brillen, Fahrräder

Vieles spricht dafür, daß künftig selbst so komplexe Dinge wie Autos als individuelle Produkte offeriert werden. Toyota bietet in Japan schon seit längerem mit einer Lieferfrist von fünf Tagen Modelle an, die in hohem Maß nach den Wünschen der Käufer produziert werden. Das nächste Ziel der japanischen Automobilentwicklung ist, kurzfristig vollständig modular konzipierte Fahrzeuge zu verkaufen, die vom Koproduzenten Käufer mitentworfen werden.

Verschiedene Hersteller von Büromöbeln bieten Produkte an, die sich durch das Variieren von Möbelteilen an viele unterschiedliche Anforderungen anpassen lassen. Amerikanische Firmen produzieren Wunschbrillen binnen Stundenfrist. Eine wachsende Zahl von Fahrradmanufakturen und -geschäften verkauft maßgeschneiderte Zweiräder und eigene Marken. Aber auch die US-Firma National Bicycle Industrial Co. (NBI), eine Tochter des japanischen Matsushita-Konzerns, arbeitet seit 1987 an einem Maßproduktionskonzept für Fahrräder. NBI kann inzwischen 11 231 862 Varianten von 18 Rennrad-, Straßenrad- und Mountain-Bike-Modellen in 199 Farben herstellen, insgesamt so viele unterschiedliche Fahrräder, wie es Menschen gibt. Der Kunde wählt im Fahrradgeschäft das gewünschte Modell, die Farbe und das Design und bestimmt auch alle sonstigen technischen Details. Die für den Rahmenzuschnitt benötigten Maße werden am Kunden genommen. Alle Daten gehen schließlich per Fax an die Fabrik. Dort fertigt ein Computer Vorlagen für Handwerker und Automaten an, die jedes Teil des Rahmens maßgerecht zuschneiden. Am Ende wird der Name des Kunden im Seidensiebdruck auf dem Rahmen eingetragen. 1992 konnte das japanische Unternehmen bereits 15 000 Maßfahrräder verkaufen.

Ob die Strategien der massenhaften Maßfertigung schließlich zur Reduzierung des Rohstoffverbrauchs beitragen, hängt allerdings wesentlich davon ab, ob die steigende Produktvarianz den Kundenbedürfnissen auch tatsächlich entspricht. Dies ist bei einer anonymen Massenproduktion naturgemäß mit hohen ökologischen und ökonomischen Risiken verbunden. Wird nur die Produktvielfalt erhöht, so kann dies, wie das Beispiel Kfz oder Computer zeigt, im Extremfall sogar den gegenteiligen Effekt haben.

Das in der Literatur so häufig zitierte Beispiel Toyota zeigt, daß Vielfalt allein geradezu geschäftsschädigend sein kann. Toyota machte achtzig Prozent des Umsatzes mit zwanzig Prozent der Modelle und sah sich durch dieses Käuferverhalten schließlich genötigt, die Zahl seiner Produktvarianten deutlich zu reduzieren.[13] Je komplexer die Produkte, je größer die Auswahl und je geringer das Informationsniveau des Verbrauchers, desto höher die Gefahr, daß der Kunde überfordert wird und sich standardisierten Lösungen zuwendet.

Bei maßgeschneiderten Einzel- oder Serienfertigungen kann dies nicht geschehen. Die Nähe zum Kunden, die Ausrichtung am tatsächlichen Bedarf, die enge Koproduktion mit dem Käufer, ein

13 B. J. Pine II, B. Victor, A. C. Boynton, Making Mass Customization Work, in: Harvard Business Review, Nr. 9-10/1993, S. 108-119

hoher Dienstleistungsanteil und das Vertrauen in den vor Ort „greifbaren" Anbieter und seine Produkte sind Faktoren, die sich mittel- und langfristig als die Trümpfe der lokalen und regionalen Anbieter herausstellen werden.

Virtuelle Fabriken: Handwerk im 21. Jahrhundert

Der Trend zum Maßprodukt und zur individuellen Lösung ist für das Handwerk eine der wichtigsten Chancen, Marktanteile in großem Umfang zurückzugewinnen. Kunden, die langlebige, ästhetisch hochwertige Konsumgüter schätzen, sowie neue Werkzeuge und die neuen Medien bieten dem Handwerk in Verbindung mit klugen Produktentwicklungsstrategien viele Betätigungsmöglichkeiten. Dabei muß das Handwerk auch darauf bedacht sein, seine traditionellen Stärken sowie seine strukturellen Vorteile ins Feld zu führen und mit gesteigerter Produktivität und geringeren Kosten in Massenmärkte einzudringen.

Die charakteristischen Merkmale der rechnergestützten Universalwerkzeuge, die gleichermaßen „postindustriell" wie „neohandwerklich" sind, sprechen für die Annahme, daß die Handwerksunternehmen zu den Gewinnern der Marktentwicklung gehören werden. Davon zeugen auch die Ergebnisse der jüngsten Handwerkszählung. Das moderne Handwerk kann produktionstechnisch erstmals seit Mitte des 18. Jahrhunderts wieder erfolgversprechend mit der Industrie konkurrieren. Besonders auf Nischenmärkten gilt: Nicht die Großen fressen die Kleinen, sondern die Schnellen die Langsamen.[14]

Das Konzept der massenhaften Maßfertigung, das ganz maßgeblich auf dem Einsatz rechnergestützter Technologien basiert, wird gegenwärtig auch unter den Stichworten „virtuelle Fabrik" oder „fraktales Unternehmen" diskutiert. Die Rolle, die das Handwerk künftig spielen wird, hängt wesentlich davon ab, ob es ihm gelingt, sich die neuen Technologien und die neuen Medien so

14 Vgl. J. Groß, CD-ROM als Musterbuch, in: Werkstatt für Nachhaltigkeit, Politische Ökologie, Sonderheft Nr. 9, München 1997

anzueignen, daß Technik und handwerkliche Stärken eine neue Ehe eingehen. Die Handwerksunternehmen müssen lernen, ihre natürlichen Vorteile in Wert zu setzen: Die „virtuelle Fabrik“ ist für das Handwerksunternehmen vor allem dann eine Chance, wenn deutlich wird, daß die Handwerksunternehmen und ihre Produkte trotz neuer Technologien und neuer Medien eben eines nicht sind: virtuell. Sinnlichkeit, Materialästhetik, das Unikat, der direkte Kontakt mit dem Produzenten und das hieraus erwachsende Vertrauen, die konkret erfahrbaren Produktionszusammenhänge und die Menschen, die hierfür Verantwortung übernehmen und auch in Zukunft ansprechbar sind – dies alles ist überaus wirklich, ganz gleich, ob das Unternehmen vor Ort ist oder via Internet mit dem Kunden kommuniziert.

Wie schnell und wie erfolgreich das Handwerk diese technologischen Chancen für sich nutzen kann, hängt davon ab, wie sich folgende Einflußgrößen entwickeln:

- die Geschwindigkeit und die Art und Weise der Aneignung neuer Technologien und neuer Medien
- das Verhältnis von zentralen zu dezentralen Fertigungskosten im Bereich der Maßfertigung
- die künftige Arbeitsteilung zwischen Handwerksbetrieben bzw. zwischen Industrie und Handwerk
- die Lerngeschwindigkeit der Unternehmer und der Beschäftigten im Handwerk
- die Entwicklung der Arbeitskosten
- die Entwicklung von Einkommensverteilung und Kaufkraft
- der Wertewandel als maßgebliche Einflußgröße für ästhetische Beurteilungskriterien

Eine der wichtigen Fragen wird sein, ob die privaten und gewerblichen Nachfrager planende, konstruktive und gestalterische Kompetenzen künftig verstärkt wieder beim Handwerk suchen und finden werden. Eine weitere denkbare Entwicklung ist das Entstehen neuer Kooperationen zwischen Handwerksbetrieben und anderen Wirtschaftsakteuren (Designern, Planern, Produzenten), also die Bildung völlig neuer Produktionsnetzwerke, die die Arbeitsteilung auf neue Füße stellen.

Schuster, bleib bei deinen Leisten

„Sabinchen war ein Frauenzimmer
gar hold und tugendhaft.
Da kam aus Treuenbritzen
ein Schuhmacher daher,
der wollte Sabinchen gerne besitzen
Sabinchen und noch viel mehr ...“

Kaum ein Liederbuch, das auf diese so schön-schaurig endende Moritat verzichtet. Nein, es ist kein Zufall, daß besagter Handwerker mit schlechtem Ruf aus Treuenbritzen ein Schuhmacher war. Die Mütter hatten ihre Töchter gerne in Sichtweite, wenn ein reisender Schuhmachergeselle nahte.

Dies ändert aber nichts daran, daß Mann wie Frau die Produkte dieses Handwerks schon immer zu schätzen wußten. Denn Schuhe schützen gegen Kälte, Nässe und Verletzungen, und darüber hinaus sind sie von ästhetischem, sozialem und kulturellem Wert. Schuhe sind geradezu ein Paradebeispiel dafür, daß sich der Nutzen von Produkten keineswegs in erster Linie von der Notwendigkeit ableitet und daß, wie Ortega y Gasset so schön sagt, der Mensch immer unterwegs zur Freiheit ist: zur Freiheit des Luxus der Individualität, der Selbstdarstellung und der Interaktion. Der Mensch ist zuerst ein soziales Wesen.

Doch zurück zum Thema: Gestaltungslust und Eitelkeit in Sachen Fußbekleidung waren schon in der Antike gang und gäbe. Wer immer es sich leisten konnte, folgte dem neuesten Trend. Wobei die Moden in den letzten Jahrtausenden oft genug weit exzentrischer und bunter waren als heute.

An den Schuhen – auch das gilt bis heute – kann man sehen, wen man vor sich hat. Schuhe waren vor dem Zeitalter der Autos und der Uhren ein wichtiges Mittel gesellschaftlicher Distinktion. Oft sollte die Schuhmode das andere Geschlecht beeindrucken.

Aber vor allem zeigte sich an ihr der herrschende Geschmack, also der Geschmack der Herrschenden. Revolutionen in der Schuhmode waren oft ein Spiegel ihrer Zeit.

Während der Dandy des 19. Jahrhunderts seinem Namen nur dann alle Ehre machte, wenn er mindestens wöchentlich neue Schuhe trug, mußte sich die Mehrheit der Bevölkerung mit weit weniger bescheiden. Feine Lederschuhe waren lange Zeit purer Luxus. Das hat sich in jüngster Zeit geändert. Vier bis fünf Paar Schuhe kauft derzeit jede/r Deutsche pro Jahr. Rund 400 Millionen Paar Schuhe werden hierzulande jährlich verkauft und landen schließlich mit Verzögerung überwiegend im Hausmüll. 100 Millionen Paar der entsorgten Schuhe sind fast ungetragen.

Schuhe sind nicht gleich Schuhe: ein kleiner Ausflug in die Kulturgeschichte

Der Begriff „Schuster", niederdeutsch „Schomaker", sonst „Schuhmann" oder auch „Schuochsutaere", ist aus dem deutschen Wort „Schuh" und dem lateinischen Wort „sutor" (Schuhmacher) entstanden. Ursprünglich war der Schuhmacher – oder, soweit es sich um den häuslichen Bedarf handelte, die Schuhmacherin – gleichzeitig Gerber und Lederarbeiter. Neben dem Schuhmacher gab es seit dem 13. Jahrhundert den sogenannten Korduaner (weshalb „Schuhmacher" in Frankreich „cordonnier" heißt), der sich darauf spezialisiert hatte, das ursprünglich aus Córdoba (Spanien) stammende feine Ziegenleder zu verarbeiten. Der Lersener wiederum fertigte die hohen Stiefel an, die man bei schlechtem Wetter anzog. Für die Verlängerung dieser Stiefel in Gestalt der schon damals beliebten Lederhose kannte das Mittelalter einen anderen Spezialisten: den Lederhosenmacher.[1]

Schon der Schuster der Antike arbeitete nicht nur auf Maß, er produzierte und verkaufte auch auf Vorrat hergestellte Schuhe und handelte mit exotischen Modellen. Seine Produkte erfreuten

1 O. D. Potthoff, Kulturgeschichte des deutschen Handwerks, Hamburg o.J. (ca. 1938)

sich – ähnlich wie heute – jedoch meist weit höherer Wertschätzung als ihre Produzenten. Denn Arbeit, dieses wenig geachtete Reich der Notwendigkeit, überließ der Mann gerne den Sklaven, oder sie blieb im Haus, bei den Frauen, verborgen. Der freie und meist männliche Bürger hatte Besseres zu tun. Er widmete sich der „res publica", den öffentlichen Dingen: Er machte Politik oder philosophierte.

Ein Gedicht des Dichters Herondas mag einen Eindruck davon vermitteln, welch hohes Niveau das Schuhmacherhandwerk schon damals auszeichnete:

Sikyonische Schuh und ambrakische Schuh,
Schuh aus Chios, Schuh, grün wie ein Kakadu,
Hanfschläppchen, Schuhe mit Safran gefärbt,
Sandälchen aus Leder, in Argos gegerbt,
Hochhacke, aber auch Slipper aus Theben,
Nachtflitzer, Sportschuhe, Marke „Epheben",
die krebsfarbnen solltet ihr anprobieren,
auch die scharlachroten könnten euch zieren.[2]

Schuhe hatten nicht nur im weiblichen Alltag eine große Bedeutung. Die festgefügten Wertvorstellungen der Römer zeigten sich auch in ungeschriebenen Vorschriften über das Tragen von Schuhen: Der einfache Mann lief in Holz- oder Ledersandalen und hölzernen Pantinen. Für den Vornehmen aber war es nicht schicklich, Sandalen anzuziehen. Und sie liefen auch nicht, sie schritten, und dies im „calceus", einem halboffenen Schuh, der rot sein mußte, wenn ihn ein Patrizier über die hochadligen Füße zog, und schwarz, wenn ihn ein Senator trug, der nicht dem Patriziat entstammte. Wenn ein vornehmer Herr einen Besuch machte, mußte ihm sein Sklave Sandalen nachtragen. Im Haus des Gastgebers legte man den „calceus" ab, dem Besucher wurden die Füße gewaschen, und dann zog er die mitgebrachten Sandalen an. War

2 Klaus Heyer, Von Homer bis Caligula, in: M. Andritzky, G. Kämpf, V. Link, (Hg.), z. B. Schuhe. Vom bloßen Vuß zum Stöckelschuh, Eine Kulturgeschichte der Fußbekleidung, Gießen 1988, S. 42 ff.

der Herr etwas heruntergekommen, mußte er die Sandalen in Ermangelung eines Sklaven selbst tragen – welch ein Spießrutenlauf![3]

Wer (Schuh-)Mode für Frauensache hält, der wird schnell eines Besseren belehrt. Schuhmode war seit der Antike eine Männerdomäne und hatte vor allem mit der Demonstration von Macht, Potenz und Reichtum zu tun. Die Zurückhaltung der Damenwelt in Sachen Schuhmode war jedoch weniger ein Zeichen von Abstinenz und Weisheit als vielmehr ein Resultat der Tatsache, daß der weibliche Kleidersaum meist bis auf den Boden reichte. Die gleichwohl stets modischen Damenschuhe konnten so nur im Haus oder in besonders koketten Situationen wirken.

Zu den unbequemsten Fußbekleidungsstücken der Weltgeschichte zählen die Schnabelschuhe. Sie waren extrem lang und spitz. Die Zehen wurden buchstäblich übereinandergequetscht. Dennoch war dieser bizarre Schuh vom 12. bis zum 15. Jahrhundert in ganz Europa verbreitet und wurde von Männern aller Schichten getragen.

Kein Wunder, denn er eignete sich in besonderer Weise, Stand und Würde zu demonstrieren. Eine Kleiderverordnung des 14. Jahrhunderts gestattete folgende Längen für Schnabelschuhe:

Fürsten und Prinzen	2,5 Fuß
höherer Adel	2 Fuß
einfache Ritter	1,5 Fuß
gewöhnliche Reiche	1 Fuß
Gewöhnliche	0,5 Fuß

(1 Fuß = 30 Zentimeter)

Der Klerus verdammte diese Mode als anstößig, und das war sie auch. Der lange, spitze Schnabel wirkte phallisch, besonders wenn er mit Roßhaar ausgepolstert und hochgebogen war. Ein junger Lebemann konnte schon Vergnügen daran finden, seinen Fuß unter den Rock einer Frau gleiten zu lassen, die ihm bei Tisch gegenübersaß, oder anzüglich mit der Schuhspitze zu wackeln,

3 Ebenda, S. 45

wenn er mit Freunden an einer Straßenecke stand und ein junges Mädchen vorbeikam. Kaum verwunderlich also, daß 1468 eine päpstliche Bulle den Schnabelschuh als „eine Verhöhnung Gottes und der Kirche, eine weltliche Eitelkeit und irre Dreistigkeit" verurteilte – und keinerlei Wirkung hatte.[4]

Die Liste der Beispiele für die ideologischen und die sozialen Funktionen des Schuhwerks ist ebenso lang wie aufschlußreich. Die Historikerin Karin Haglund schreibt: „Den römischen Legionären beispielsweise sah man an der Sohlenstärke ihrer Stiefel an, welchen Rang sie bekleideten: Je dicker die Sohle, desto niedriger der Dienstgrad. Die Bauern Frankreichs und der Niederlande durften im Mittelalter laut Gesetz nur Holzschuhe tragen. Diese ‚Sabots' waren ein degradierender Hinweis auf die ländliche Herkunft des Trägers. Wollte ein Bauer sich an seinem Herrn rächen, zertrampelte er ihm mit seinen schweren Holzpantinen die Ernte. ‚Sabotage' nannte man das. Aber es war nicht nur Sabotage. Die deutschen Bauern erhoben den Bundschuh zu ihrem Banner. Bis ins 16. Jahrhundert war er ihnen als einzige Fußbekleidung erlaubt. Ein fußgerecht geschnittenes Stück Leder, mit einem Riemen so zusammengebunden, daß es den ganzen Fuß einhüllte. Im Bauernkrieg wurde der Bundschuh dann zu ihrem Heereszeichen, das vor allem ausdrücken sollte: Jetzt sind die Bauern die Herren."[5]

Der Sieg der französischen Revolutionäre über die dekadente Monarchie mit ihren teuren modischen Exzessen, zum Beispiel in Gestalt prunkvollen hochhackigen Schuhwerks, leitete auch eine Wende in der Mode ein. Nach 1789 orientierte man sich in dieser Hinsicht an der Antike. Die Damen trugen als Ausdruck korrekter Gesinnung flache Schuhe, verziert höchstens mit einem Schleier. Die Herren ließen sich in den bald folgenden kriegerischen Zeiten von Napoleon inspirieren. Kurzum: Was „Königs" (in diesem Fall „Kaisers") trugen, war schon immer Mode. Mann

4 C. McDowell, Schuhe, Schönheit, Mode, Phantasie, München 1989

5 K. Haglund, Die Schuhe an unseren Füßen, in: M. Andritzky, G. Kämpf, V. Link (Hg.), z. B. Schuhe, a. a. O., S. 21 ff.

trug jetzt Stiefel, um nationale Gesinnung, Männlichkeit und Macht zu demonstrieren. Die Historikerin Tamara Spitzing:

> *Das Bürgertum, das in diesen Jahren den Adel ablöste und – von zeitweiligen restaurativen Irrwegen abgesehen – seinen unaufhaltsamen Aufstieg begann, übernahm bald auch die Modeführerschaft. Die bürgerliche Mode legte größten Wert auf Eleganz und Abgrenzung gegenüber den starren und ausladenden Formen des erst kürzlich von seinem ersten Platz verwiesenen Adels. Der Dandy war das Modeideal des 19. Jahrhunderts. Es verlangte von seinen Anhängern erhebliche mentale und finanzielle Anstrengungen. Als Faustregel galt: Ein echter Dandy erneuert den Frack alle drei Wochen, den Hut allmonatlich und Schuhe und Stiefel jede Woche. Deswegen gab es bei Schustern und Schneidern regelrechte Abonnements – die regelmäßige Lieferung war so sichergestellt. Damit nicht genug: Der Herr, der auf sich hielt, mußte sich mindestens viermal täglich umkleiden. Zum Frühstück erschien er in indischen Pantoffeln zum chinesischen Morgenrock, danach trug er Frack, Stiefel und Sporen, zum Dinner tauschte er die Stiefel gegen Halbschuhe, und zur Ballkleidung gehörten hauchdünne Pumps, die täglich frisch lackiert wurden.*[6]

Die Schuhmode unseres Jahrhunderts ist dagegen vor allem eine Metapher der Geschlechterrolle. Die Industrialisierung uniformierte, vor allem seit dem Zweiten Weltkrieg, die Männerbekleidung, auch die Schuhe. Denn „Er“ geht in die Fabrik oder ins Büro und trägt praktische Kleidung. Männer tragen Arbeitsschuhe und kommen mit wenigen Modellen aus. Der Schuh demonstriert genau wie der meist graue Anzug vor allem „Korpsgeist“ und die karrierefördernde Bereitschaft, im Mannschaftsspiel Wirtschaft nur durch Leistung und perfektes Funktionieren aufzufallen. Dieser Trend ist mittlerweile allerdings gebremst worden infolge der Krise der traditionellen Großbetriebsstrukturen. Der Individuali-

6 Tamara Spitzing, Auf Schusters Rappen durch die Geschichte, in: M. Andritzky, G. Kämpf, V. Link (Hg.), z. B. Schuhe, a. a. O., S. 55

tät wird mittlerweile im Arbeitsleben wieder Raum gelassen, sie wird hier und dort sogar gefordert: Stromlinienförmigkeit ist out – Kreativität und Kommunikationsfähigkeit sind in.

Auch die Karriere des Freizeitschuhs bis hin zum Edelturnschuh kann als die zeitgenössische Variante des alten Oben-unten-Musters interpretiert werden: Man möchte zu der wachsenden Zahl derjenigen gehören, die es nicht mehr nötig haben, ihren Lebensunterhalt mit (viel) Arbeit zu bestreiten.

Ganz anders der Damenschuh: Durch stetig nach oben wandernde Kleidersäume ins Zentrum der Betrachtung gerutscht, wird er zu einem hochmodischen Artikel, der vor allem der Selbstinszenierung dient. „Frau" schlüpft mit immer neuen Schuhen in immer neue Rollen: Sabrina, Marilyn Monroe oder Kleopatra – Filmstars, Präsidentengattinnen und Musikerinnen mit ihren Moden lösen die höfischen Vorbilder der letzten Jahrhunderte ab. Nur im Büro muß die Karrierefrau sich entscheiden: Wählt sie den klassischen Männerschuh oder die etwas damenhafteren Pumps. Hohe Absätze jedenfalls trägt in der Regel nur die Sekretärin.

Vom Schuhmacher zum Mister Minit?

Für den Schuhmacher oder die Schuhmacherin waren Arbeitsbedingungen, Geltung und Einkommen seit der Antike oft schlecht, aber es gab für sie wie für die meisten anderen Handwerker neben den Tiefen immer auch Höhen. Stets lebten manche Schuhmacher am Existenzminimum, aber immer brachten es auch einige zu Ansehen und Vermögen.

Neben Schneidern, Bäckern und Schlachtern gehörten die Schuster bis weit in die zweite Hälfte des letzten Jahrhunderts hinein zu den zahlenmäßig bedeutendsten Gruppen des Handwerks. Die Lage der handwerklichen Schuhproduktion war zwar schon im 18. und 19. Jahrhundert infolge zyklischer Überangebote an Schuhen und Schuhmachern nicht immer rosig, aber Krisen konnten die Bedeutung des Gewerkes kaum schmälern. Erst der Siegeszug der Schuhindustrie, vor allem in der zweiten Hälfte des 20. Jahrhunderts, bedeutete das Aus für die handwerkliche Schuhherstellung, die traditionelle Schuhkultur und ihre Garanten, die

Handwerker.[7] In der alten Bundesrepublik gab es um die Mitte dieses Jahrhunderts nur noch 73 000 Betriebe mit insgesamt 126 000 Beschäftigten. Doch auch dieser geringe Bestand ist heute auf ein Zehntel geschrumpft. 1994 spricht die Statistik des Bundesinnungsverbandes der Schuhmacher von nur noch 7230 Schuhmacherhandwerksbetrieben mit rund 12 300 Beschäftigten.

Betrachtet man die Entwicklung der Umsatzstruktur, so wird das Elend dieses traditionsreichen Handwerks vollends offensichtlich: Um die Jahrhundertmitte machte die Sparte Reparatur rund 52 Prozent des Umsatzes der Schuhmacherbetriebe aus, 38 Prozent wurden mit dem Schuhhandel verdient, und rund 10 Prozent des Umsatzes erzielten die Betriebe mit der Neuarbeit, also der Herstellung von Schuhen.

Die meisten Schuhmacher arbeiten heute in Ein- bis Zweimannbetrieben, oft genug in schlechter Lage. Sie verdienen ihren Lebensunterhalt mit Schuhreparaturen und Handel, hier und dort gibt es gutgehende Schuhgeschäfte mit Reparaturwerkstatt. Der Umsatz mit Schuhreparaturen ist allerdings rückläufig. Die meisten Schuhe, die über den Ladentisch gehen, sind billig (durchschnittlich unter fünfzig Mark pro Paar) und/oder von so geringer Qualität, daß sich – angesichts der Arbeitskosten des Schuhmachers – eine Reparatur für den Verbraucher kaum lohnt.

7 Mitte des 18. bis Mitte des 19. Jahrhunderts arbeitete fast die Hälfte aller niedersächsischen Handwerker in den Branchen Textil und Lederverarbeitung, wobei die Zahl der Schuhmacher die der Schneider überwog. Als in der Stadt Münster 1880 die Schuhmacher-Brüderschaft neu gegründet wurde, hatte Münster 36 000 Einwohner, und das Schuhmacherhandwerk zählte 110 Betriebe mit 320 Gesellen, also rund 340 Schuhmacher; das waren rund 10 Schuhmacher je 1000 Einwohner. 1955 gab es in Münster 150 000 Bewohner und 150 Betriebe und 30 Gesellen, also ungefähr 180 Schuhmacher, beziehungsweise etwa 1 Schuhmacher je 1000 Einwohner. 1990 gehörten der Münsteraner Schuhmacher-Innung noch 22 Betriebe an. Das Schuhmacherhandwerk war praktisch bedeutungslos geworden. Nach: K. Aßmann, Zustand und Entwicklung des städtischen Handwerks in der ersten Hälfte des 19. Jahrhunderts, Göttinger Handwerkswirtschaftliche Studien 18, Göttingen o. J.; Schuhmacher-Innung Münster (Hg.), 500 Jahre Schuhmacher-Handwerk in Münster, Münster 1990

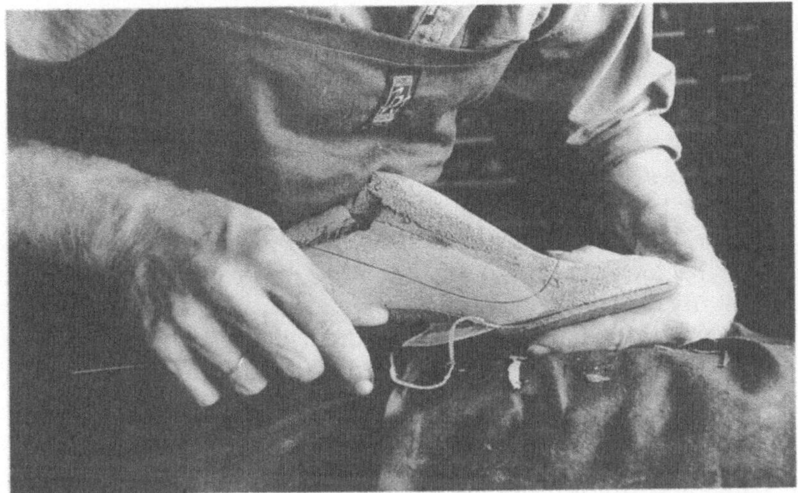

© C. Kujath

Maßschuhmacher Benjamin Klemann modelliert jeden Leisten mit der Hand: Das Ergebnis sind Schuhe, die alle individuellen Eigenschaften ihrer Besitzer berücksichtigen.

Der Niedergang der deutschen Schuhproduktion

Nach Auskunft des Hauptverbands der deutschen Schuhindustrie wurden in der Bundesrepublik 1995 rund 49 Millionen Paar Schuhe hergestellt. Der Gesamtmarkt belief sich auf 378 Millionen Paar Schuhe. Die meisten eingeführten Schuhe stammen aus südostasiatischen Ländern. Europäische Importe kommen hauptsächlich aus Italien, was aber nicht bedeutet, daß sie dort auch vollständig hergestellt wurden.[8]

8 Der Anteil der deutschen Schuhe am gesamten Umsatz wird vom Hauptverband der Deutschen Schuhindustrie auf 34 Prozent geschätzt. Da viele deutsche Unternehmen jedoch im Ausland produzieren oder wichtige Teile (z. B. Schäfte) aus dem Ausland zuliefern lassen, sagen Herkunftsbezeichnungen wie "Made in Germany" wenig über die tatsächliche Herkunft von Produkten aus.

Die Schuhproduktion in Deutschland ist von 1985 bis 1995 wertmäßig um etwa 45 Prozent gesunken. Der Umsatz der 198 Unternehmen der Branche war 1995 mit 5,9 Milliarden Mark niedriger als zehn Jahre zuvor in Westdeutschland allein. Seit 1970 ist die Zahl der in der Schuhindustrie beschäftigten Personen um fast 80 Prozent gesunken: von 89 000 auf 18 500. Der Arbeitsplatzabbau hat sich in der ersten Hälfte der neunziger Jahre beschleunigt. Aufgrund des hohen Automatisierungsgrads ist der Facharbeiteranteil mit nur rund 30 Prozent niedriger als in der übrigen Industrie, und entsprechend liegt der Bruttoarbeitswochenverdienst unter dem Industriedurchschnitt.

Die Internationalisierung der Schuhproduktion ist in vollem Gang, und Deutschland gehört beschäftigungspolitisch zu den Verlierern. Ein Wirtschaftsexperte dazu: „Während Produktion und Beschäftigung in der Branche in Deutschland auch in Zukunft rückläufig sein werden, ist die Lage der deutschen Unternehmen der Schuhindustrie im allgemeinen als befriedigend einzuschätzen.“[9] Wie beruhigend.

Während Deutschland, aber auch andere schuhproduzierende Länder wie Italien, Spanien oder Südkorea Exportverluste hinnehmen mußten, sind die derzeitigen globalen Gewinner des Schuhproduktionswanderzirkus China, Indonesien, Thailand und Portugal.

Die Durchschnittskosten für ein Paar Schuhe lassen sich laut Deutschem Institut für Wirtschaftsforschung (DIW) auf Basis der Importwerte für 1995 wie folgt bestimmen: Schuhe aus Portugal kosten 29,62 Mark, aus Italien 22,78 Mark und aus Spanien 18,31 Mark. Deutlich darunter liegen die Preise der Schuhimporte aus Asien: das Paar Schuhe aus Indonesien kostet 13,42 Mark, aus Vietnam 9,68 Mark und aus China 7,65 Mark. Die Luftfrachtkosten für Schuhe, die in Indien hergestellt werden, betragen gegenwärtig rund 2,50 Mark je Paar, für portugiesische Schuhe sind sie etwas niedriger.

9 Schrumpfungsprozeß der deutschen Schuhproduktion hält an, in: DIW Wochenbericht, Nr. 14/1997, 3. April 1997

Weltweit wurden 1993 etwa 9,3 Milliarden Paar Schuhe produziert, davon rund zwei Drittel in Asien. Bei den Ländern führte China mit 3,5 Milliarden Paar Schuhen, gefolgt von Brasilien mit 0,6 Milliarden, es folgten Italien, Indien und Indonesien.

Ein gutes Beispiel für die Internationalisierung auch der deutschen Schuhproduktion ist der Fall der Firma Gabor shoes & fashion, die laut DIW eine Vorreiterrolle bei der Standortoptimierung spielte. Vor zwanzig Jahren begann Gabor die Schäfteherstellung nach Jugoslawien zu verlagern. Später folgte im großen Stil die Auslagerung nach Portugal, wo die deutsche Schuhindustrie heute mehr Menschen beschäftigt als in Deutschland.

Das DIW weiter: „In den letzten vier bis fünf Jahren wurden jedoch von deutschen Unternehmen keine Produktionsauslagerungen mehr nach Portugal vorgenommen, da es inzwischen noch kostengünstigere Länder gibt (Tunesien, Marokko und einige Länder Osteuropas)."[10] Seit vielen Jahren wird ein erheblicher Teil der Sportschuhe in Ost- und Südostasien produziert. In Indonesien, Taiwan, Hongkong, Thailand, China und Indien lassen deutsche Unternehmen Straßenschuhe und Sandalen fertigen. Das DIW geht davon aus, daß von der Schuhindustrie heute vor allem Indien als Produktionsstandort mit Zukunft favorisiert wird. Nicht zuletzt wegen des leichten Zugangs zu dem Rohstoff Leder und den um zwei Drittel niedrigeren Produktionskosten, der relativ guten Produktqualität und der vernachlässigbaren Frachtkosten.

Es gibt keine offizielle statistische Angabe für den Durchschnittspreis für heute in Deutschland verkaufte Schuhe. Legt man die oben genannten Zahlen und die Umsätze des Schuheinzelhandels (13 Milliarden Mark im Jahr 1992) zugrunde, so kann man – bei einer normalen Handelsspanne von 100 Prozent – davon ausgehen, daß in Deutschland im Mittel weniger als fünfzig Mark für ein Paar Schuhe ausgegeben werden.

Die Herstellungsbedingungen in Billiglohnländern sind häufig sozial und ökologisch nicht verträglich. Die Zeitschrift „Ökoinvest" geht davon aus, daß sechzig Prozent des weltweiten Bedarfs

10 Ebenda

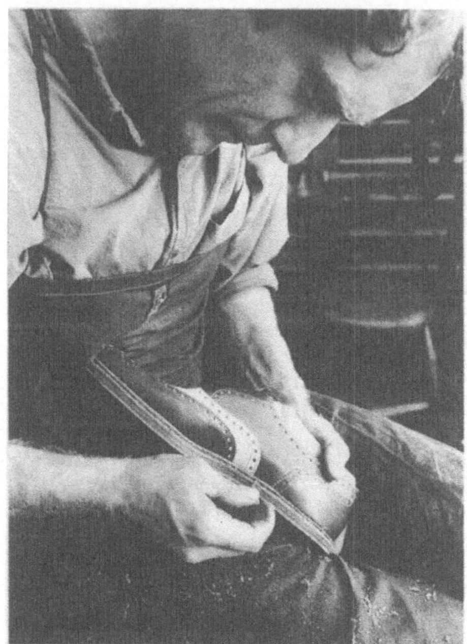

© C. Kujath

Benjamin Klemann bei der Fertigstellung des individuellen Leistens.

von insgesamt zehn Milliarden Schuhen in Südostasien erzeugt werden.[11] Da das Leder dort jedoch nicht in ausreichender Menge zur Verfügung steht, muß es aus Europa oder Südamerika dorthin transportiert werden. Vermutlich überschreiten bei vielen in Asien produzierten Schuhen die Transportkosten den Arbeitslohn. Und dies, obwohl die Verkehrspreise keineswegs die ökologische Wahrheit sagen.

Zu den sozialen und ökologischen Aspekten schreibt „Ökoinvest": „Die internationale Schuhindustrie hat sich in den letzten Jahren wegen des hohen Arbeitskostenanteils auf einen weltweiten ‚Wanderzirkus' begeben. Da eine Schuhfabrik relativ leicht transportabel ist, haben sich große Schuherzeugungsunternehmen seit den fünfziger Jahren von ihren ehemaligen traditionellen

11 Ökoinvest, Nr. 55/1994

Standorten in Deutschland, England, USA, Österreich etc. in immer neue, günstig erscheinende Regionen begeben: Nach Italien, Portugal, Ungarn, Taiwan, Südkorea, Vietnam, China und Indien ist als nächstes Indonesien und Thailand angesagt. Oft wird nur wenige Jahre an einem Standort gearbeitet, unter Ausnutzung der billigen Arbeitskräfte, um nach einigen Jahren die Produktion wieder einzustellen und ökologische Ruinen sowie wenig qualifizierte Arbeitslose in strukturschwachen Regionen zurückzulassen. (...) Die Arbeitsbedingungen in einer solchen ‚Schuhfabrik' sind für Westeuropäer unvorstellbar: Monatslöhne von umgerechnet rund DM 35,- bei kaum geregelten Arbeitszeiten; gearbeitet wird nach Arbeitsanfall und, wenn es sein muß, Tag und Nacht ohne Unterbrechung. Um den Arbeitsplatz nicht zu verlieren, bleiben auch Kranke und Mütter von Säuglingen nicht zu Hause, Kinder werden zur Arbeit mitgenommen, soziale Sicherheit gibt es nicht, Arbeitnehmerschutzbestimmungen und Sicherheitsnormen sind inexistent, was gelegentlich auch zu katastrophalen Unfällen führt, giftige Abfälle werden durchs Fenster ‚entsorgt'."

Wohin mit dem Schuhabfall?

Jährlich werden in Deutschland rund 400 Millionen Paar Schuhe weggeworfen. Bei durchschnittlich einem Kilogramm Gewicht je Paar ergibt dies eine Gesamtlast von schätzungsweise 400 000 Tonnen Abfall. Dies entspricht dem Inhalt von 41 000 Güterwaggons. Rund 100 Millionen Paar wurden nie oder kaum getragen. Vermutlich haben sie nicht gepaßt. Die meisten Schuhe landen im Hausmüll und sind wenig gebraucht. Diese Schuhe bestehen kaum noch aus Leder. Sie enthalten neben Fetten, Farben, Klebstoffen und Chromanteilen aus dem Gerbprozeß eine Vielzahl verschiedener Kunststoffe, deren Zusammenwirken bei der Verbrennung oder Deponierung kaum geklärt ist. Genausowenig weiß man über die Mengen chemischer Produkte, die hier anfallen, oder über die Umweltbelastungen, die zum Beispiel durch Schwermetalle, PCP (als Antipilzmittel für das Leder) oder im Verbrennungsprozeß entstehen. Die tatsächlichen Entsorgungskosten werden auf rund fünf Mark pro Schuhpaar geschätzt. Es ist jedoch davon auszugehen, daß es sich hierbei zum Teil um gefährlichen Hausmüll handelt – in ökologischer und in gesundheitlicher Hinsicht.

Inzwischen ist es gesetzlich vorgeschrieben, daß nur „entsorgt", also verbrannt oder deponiert, werden darf, was nicht mehr verwendet werden kann. Seit einigen Jahren gibt es Privatbetriebe, die sich auf das Schuhrecycling spezialisiert haben. So hat zum Beispiel das Recyclingunternehmen DGW bundesweit Sammelbehälter aufgestellt, in die nach Firmenangaben zwei Prozent aller deutschen Abfallschuhe gelangen.

Von einem umweltpolitischen oder sozialen Fortschritt kann aber nur dann die Rede sein, wenn dem Sammeln eine sinnvolle Verwertung folgt. Ob dies im Fall der DGW zutrifft, ist strittig. Die DGW sortiert Schuhe. Die guten werden verkauft, die schlechten geschreddert. Es handelt sich im zweiten Fall um das klassische Downcycling.

Die DGW hat vor einiger Zeit die Entwicklung eines Recyclingprodukts bei der Fraunhofergesellschaft in Auftrag gegeben: Aus zerkleinerten Schuhen sollen Dämmplatten entstehen. Das Projekt ist technisch abgeschlossen, aber wirtschaftlich erweist es sich als eine Sackgasse, da das Recyclingprodukt mit herkömmlichen Platten nicht konkurrieren kann.

Der zweite und viel lukrativere Weg ist es, Schuhe durch den Verkauf in andere Länder zu entsorgen, auch wenn dabei manchmal Skistiefel in Afrika landen. Achtzig Prozent der von der DGW gesammelten Schuhe gehen nach Firmenangaben in die Dritte Welt, zum Beispiel nach Pakistan, Uganda und Chile, und werden dort verkauft. Dabei geht es keineswegs um Mildtätigkeit, genausowenig wie bei Altkleidersammlungen. Die Schuhe werden nämlich nicht günstig an die Armen abgegeben, sondern auf den Märkten Schwarzafrikas zu Höchstpreisen verkauft. Bekanntlich zerstören Altkleiderimporte in vielen afrikanischen Ländern die Textilherstellung und den Textilmarkt. Über die Wirkung von Altschuheinfuhren ist bisher nur wenig bekannt. Aber was bekannt ist, alarmiert. Der Sozialwissenschaftler Friedel Hütz-Adams dazu: „Es gibt viele Hinweise, daß die Schuhexporte ähnliche Probleme nach sich ziehen wie der Altkleiderhandel. Das

Handelsministerium Benins schrieb: Durch die Importe sei die einheimische Schuhindustrie ‚in ihrer Existenz bedroht' (...). In Tansania sank bei steigenden Altschuhimporten in der einheimischen Industrie die Produktionsmenge von 1985 noch 1323000 Paar Schuhen auf 168 000 Paar im Jahr 1992. Die noch verbliebenen Firmen sind inzwischen hoch verschuldet und stehen vor dem Bankrott (...)."[12]

„Rrruckediguh – Blut ist im Schuh"

Über die Ästhetik und Funktionalität von Schuhen hat es immer wieder denkwürdige Anmerkungen gegeben. So etwa die Beobachtung eines Arztes Ende des letzten Jahrhunderts:

> *Nimm den Fuß meinetwegen Deiner jungen, schönen Frau, entkleide ihn von Schuh und Strumpf, stelle ihn auf einen Bogen Papier, und umziehe seinen Umriß mit einem Bleistift. Die so erhaltene Kopie eines normalen menschlichen Fußes vergleiche nun mit einem Schuh oder Stiefel von ... in Berlin oder irgendeinem Schuhkünstler in Paris (zu Deiner Ehre hoffe ich, Du läßt im Vaterlande arbeiten), und versuche, ob Du irgendeine Ähnlichkeit zwischen der natürlichen und der Kunstform entdecken kannst. Sicherlich wirst Du erstaunen, wie der Mensche zwei so inkommensurable Objekte immer und immer wieder in so nahe Beziehungen, wie sie zwischen Schuh und Fuß herrschen, zu bringen versucht.*
> *Wir lachen über die Unnatur, mit der die chinesischen Damen ihre Füße zu verkrüppeln pflegen, und wir vergessen, daß bei uns weder Männer noch Frauen, noch größere Kinder jemals einen unverkrüppelten Fuß aufzuweisen vermögen. Es ist wahrhaftig teuflisch, mit welchem Raffinement, mit welcher Ausdauer wir mit der Verunstaltung der kleinen Zeh beginnen, um mit Leichendornen, eingewachsenen Nägeln, geschwolle-*

12 Südwind e. V. (Hrsg.), Kleider machen Beute, eine Studie von Friedel Hütz-Adams, Siegburg 1995, S. 157 ff.

nen Ballen und Druckstellen auf dem Spann das Werk der Mißbildung zu krönen: Wir sind Hyperchinesen.[13]

Diese zeitlos gültigen Anmerkungen weisen auf eine der großen Merkwürdigkeiten in der Geschichte des Schuhs und seiner Produktion hin: Die Betrachtungen der ästhetischen und modischen Aspekte des Schuhs nehmen immer einen breiten Raum ein. Die Frage aber nach der Paßform scheint kaum eine Rolle zu spielen. Als wäre es gleichgültig, ob der Schuh für den komplizierten menschlichen Fuß geeignet ist als Bekleidung, Schutzhülle und Stütze.[14]

Historisch betrachtet, waren die praktischen und haltbaren Schuhe ein Privileg der arbeitenden Schichten. Da Arbeit zum Lebensunterhalt jedoch stets auf eine niedere Herkunft hinwies, trachteten Damen und Herren aus besseren Kreisen danach, sich abzugrenzen.[15]

Qualität in Sachen Schuhe hatte in der Geschichte schon immer mehr mit dem schönen Schein zu tun als mit dem Sein der Füße. Ein extremes Beispiel ist die in der Literatur immer wieder lustvoll beschriebene Verkrüppelung von Frauenfüßen in China, wie sie bis in unser Jahrhundert hinein gang und gäbe war. Ihr milderes westliches Pendant erlebte diese Tradition in der Verehrung des kleinen Fußes als Zeichen hoher Abstammung, die im unbequemen Schnabelschuh oder den hohen Absätzen der Stökkelschuhe als erotische Botschaft ihre Fortsetzung fand.

Das „Rrruckediguh – Blut ist im Schuh" ist bis heute die Begleitmusik der Schuhgeschichte. Denn auch die Tatsache, daß

13 G. v. Amyntor, Hypochondrische Plaudereien, in: Anton Lieb, Unter dem Pantoffel der Mode, München 1951

14 Laut informeller Auskunft des Leiters des Forschungsinstituts der Schuhindustrie wurde ein Antrag abgelehnt, die Füße Erwachsener zu vermessen, um die Paßform der Leisten für die industrielle Schuhproduktion zu verbessern. Der Hintergrund dürfte die Tatsache sein, daß 25 Prozent der Schuhe verkauft werden können, obwohl sie nicht passen. Sie landen ungetragen im Hausmüll.

15 Es war übrigens der Dandy Oscar Wilde, der in diesem Zusammenhang ganz folgerichtig bemerkt haben soll: Wenn die Armen nur nicht so häßlich wären, dann wäre die soziale Frage längst gelöst.

heute nahezu jedes vierte Paar Schuhe mehr oder minder ungebraucht auf dem Hausmüll landet, spricht eine deutliche Sprache. Die meisten dieser Schuhe wurden wohl als Kurzschlußkauf oder Schnäppchen erworben und erwiesen sich als das, was schlecht passende Schuhe immer sind: als Folterwerkzeuge. Womit jedoch nicht gesagt werden soll, daß das andere Extrem, der besonders bequeme Schuh, unbedingt soviel gesünder wäre: Schuhe, die beim Kauf als besonders bequem erlebt werden, sind oft genug zu weit, bieten keinen Halt und tragen wesentlich zur Entstehung der Volkskrankheit Senkspreizfuß bei.

Zum Beispiel: Schuhe handmade by Benjamin Klemann

Der Familienbetrieb Benjamin Klemann im Gut Basthorst, östlich von Hamburg, gehört heute zu den bundesweit renommiertesten Maßschuhmachereien. Der noch junge meisterliche Schuhmacher hat sein Handwerk von der Pike auf gelernt. Die besten Schuhmachermeister Deutschlands waren seine Lehrer. In London hat er über vier Jahre für den Lieferanten des englischen Königshauses gearbeitet.

Seine Spezialität sind elegante und zeitlose Herren- und Damenschuhe. Die Schuhe bestehen aus hochwertigen, umweltverträglichen Materialien und werden nach den Wünschen und Bedürfnissen der Kunden hergestellt. Sie verlieren auch nach vielen Jahren nichts von ihrer Schönheit

© B. Klemann

Der Maßschuh ist fertig. Weitere Modelle stehen zur Auswahl.

und Eleganz und können bei regelmäßiger Pflege mühelos zehn bis fünfzehn Jahre alt werden. Benjamin Klemanns handgemachte Schuhe sind nicht billig, aber preiswert. Zu seinen Kunden gehören nicht nur die Wohlhabenden, sondern auch ganz normale Bürger und Bürgerinnen, die den Komfort des Maßschuhs zu schätzen wissen.
Ein Maßschuh wird in folgenden Schritten produziert: Erst wird der Fuß des Kunden vermessen und eine Trittspur genommen. Der Leisten wird in mehrstündiger Handarbeit modelliert, der Schaft und die weiteren Bestandteile (Sohle u. a.) von Hand erstellt und auf den Leisten geschlagen. Der Schuh wird von Hand genäht. Dies kostet zwar Zeit, ermöglicht es aber, den Schuh später jederzeit wieder in seine Einzelteile zu zerlegen und zu reparieren.
Benjamin Klemann arbeitet mit seiner Frau Margit, Schäftemacherin und Schuhmachermeisterin, einem Gesellen und zwei Lehrlingen zusammen und wird zu den ersten Schuhmachern gehören, die mit der weiter unten beschriebenen neuen Scannertechnologie auf den Markt gehen, um Maßschuhe künftig schneller und günstiger anbieten zu können. Sein größter Wunsch ist es, daß sein Unternehmen von seinen Söhnen weitergeführt wird und „Klemann shoes" seinen Platz unter den Großen der deutschen Maßschuhmacher ausbauen kann.

Studien belegen: Wer einen stehenden Beruf ausübt, ist in der Regel fußkrank. Dazu gehören besonders Hausfrauen, Zahnärzte, Kranken- und Altenpfleger, Lehrer, Vertreter, Handwerker und Kellner, um nur einige zu nennen. Von 100 Fußkranken sind 60,3 Prozent bis 25 Jahre alt und 39,7 Prozent 26 bis 60 Jahre alt. 90 Prozent aller Handwerker, Kellner und des Kranken- und Altenpflegepersonals gelten als fußkrank. Mit den Fußkrankheiten gehen in der Regel Rücken-, Hüft- und Knieprobleme einher. Oft reichen schon Einlagen in den Schuhen, um die größten Beschwerden zu lindern.

Unser Fuß ist ein kompliziertes Hochleistungsinstrument, neben dem etwa das Rad primitiv erscheint. Und die Füße sind wortwörtlich unsere Basis: Sie müssen uns ein Leben lang tragen. Es ist erstaunlich, wie wenig Aufmerksamkeit ihnen in der Regel geschenkt wird. Es muß damit zu tun haben, daß der Mensch sich gerne den offensichtlicheren Fakten zuwendet. Dabei haben zwei von drei Bundesbürgern Fußfehlstellungen.

Die anatomischen Unterschiede sind nicht nur von Mensch zu Mensch unübersehbar, sondern schon von Fuß zu Fuß. Wie Fußreflexzonenmassage, Akupressur und Akupunktur zeigen, sind die Füße auch ein wichtiger Spiegel der Verfassung unseres Körpers und unserer Seele.

Es verwundert daher nicht, daß es vor allem Ärzte waren, die sich als Vorkämpfer für gutes Schuhwerk einen Namen machten. Schuhwerk, das die Unterschiedlichkeit der Füße berücksichtigt[16] und demzufolge auf einem rechten und einem linken Leisten hergestellt wird, ist eine Errungenschaft des 20. Jahrhunderts. Die idealen Schuhe, schön und mit optimaler Paßform, blieben dennoch ein selten erreichtes Ideal.

Viele Kulturen dieser Erde versuchten schon früh, diesem Ideal gerecht zu werden. Eine der traditionellen Methoden war die Herstellung des indianischen Mokassins. Er wurde seit der Eisenzeit aus einem einzigen Stück gefertigt, indem das eingeweichte gegerbte Leder so lange am Fuß blieb, bis es trocken war und dann seine Form behielt. Hier waren die Füße die Leisten. In südlichen Ländern (so lange Zeit in Arabien und Südamerika) hat man auf die Gerbung verzichtet und die Haut des frisch getöteten Tiers in der beschriebenen Weise verwendet. Eine ähnliche Prozedur der Anpassung des Schuhs an den Fuß war früher beim Militär üblich. Der Fuß schlüpfte in den mit Wasser gefüllten Schuh, der dann den ganzen Tag getragen werden mußte. Und noch bis in die Nachkriegszeit hinein war es in nordhessischen Dörfern üblich, Sommerschuhe, „Tappchen", aus versteppten Stofflagen von Kleiderresten zu fertigen, die sich, ähnlich den Espadrilles, allmählich dem Fuß anpaßten.[17]

Zwar kennt auch die Schuhindustrie heute den rechten und den linken Leisten. Doch dies reicht nicht aus: Das Massenprodukt Schuh erfüllt die Anforderungen an gutes Schuhwerk nicht. Es ist weder mit Blick auf das Material noch in seiner Paßform für den Fuß geeignet. Nur Luxusmarken und Luxusgeschäfte bieten ihre Modelle heute noch in unterschiedlichen Breiten an.

16 Lange Zeit wurden Schuhe auf einem Leisten hergestellt und der rechte und der linke Schuh abwechselnd getragen, um sie gleichmäßig abzunutzen.

17 O. Hoffmann, Mein Eigenschuh, in: M. Andritzky, G. Kämpf, V. Link (Hrsg.), z. B. Schuhe, a. a. O., S. 61 ff.

Weitere Besonderheiten der Füße berücksichtigen Standardprodukte schon gar nicht. Doch da der Fuß keine Wahl hat, paßt er sich notgedrungen dem Schuh an. Damit beginnt ein Teufelskreis: Der so verformte Fuß läßt jeden Schuh schnell schlecht aussehen, weil ein einmal aus der Form geratener Fuß jede elegante Schuhform besiegt. Den traurigen Rest besorgen dann die Orthopädieschuhmacher oder die Produzenten des meist wenig elegant aussehenden Gesundheitsschuhs.

Rrruckediguh – Gift ist im Schuh

Zu einem wenig erfreulichen Urteil über die stoffliche Qualität der auf dem Markt befindlichen Damenschuhe kommt eine Materialanalyse, deren Ergebnisse im November 1996 in der Zeitschrift „Ökotest“ nachzulesen waren. Selbst als „ökologische Schuhe“ empfohlene Markenprodukte waren häufig keineswegs frei von gesundheitsgefährdenden Schadstoffen. Rund die Hälfte der Damenschuhe war aus stoffökologischer und gesundheitsschützerischer Sicht nicht empfehlenswert, nur an einem Paar Damenschuhe hatten die Tester nichts zu beanstanden. In den meisten Schuhen fanden sie Schwermetalle wie Blei und Arsen sowie umweltschädigende halogenorganische Verbindungen, die meist vom Schuhklebstoff stammten. In jedem zweiten Schuh waren krebserzeugende Amine, darunter Benzidin, ein Bestandteil der seit dem 1. April 1996 für Schuhe verbotenen Azofarben.

Gefunden wurden auch Chromsalze, die sich wie Azofarbstoffe aus dem Leder lösen können und ein Risiko auf nackter Haut darstellen. Chromgegerbtes Leder wird von der Schuhindustrie vor allem wegen seiner Hitzebeständigkeit eingesetzt. Damit der Schuh schnell in Form kommt, wird er einem Hitzeschock ausgesetzt. Das hält nur chromgegerbtes Leder aus, pflanzlich gegerbte Häute fangen bei achtzig Grad an zu brennen.

Die Hersteller der betreffenden Damenschuhe reagierten auf diese Ergebnisse mit dem Hinweis auf die Schwierigkeit, chromfreie Leder zu beziehen, oder auf die Unzuverlässigkeit ausländischer Lieferanten. Eine Reaktion, die angesichts der oben beschriebenen Produktionsstrukturen nicht verwundern kann.

Maßschuhe für alle!

„Schuhe werden seit Jahrhunderten in vielen Regionen der Erde hergestellt. Eine besondere Qualifikation der Beschäftigten ist kaum erforderlich."[18] Das behauptet das DIW. Offenbar haben sich die Experten des Instituts niemals näher mit dem in Jahrhunderten gewachsenen Know-how der handwerklichen Schuhproduktion beschäftigt. Doch es gibt auch heute noch Menschen, die sich die Ultima ratio der Schuhproduktion leisten können oder wollen[19]: jene Kombination von Eleganz, Individualität und Qualität, die Schuhe auszeichnet, die auf dem persönlichen Leisten hergestellt wurden. Meisterstücke der Schuhmacherkunst jedes einzelne Paar.

Die Maßschuhanfertigung ist heute ein kleiner, exklusiver Markt, der sich eines zunehmenden Käuferinteresses erfreut. Liest man die Kundenlisten der Meisterschuhmacher in London, Paris oder New York, so findet man Angehörige europäischer Königshäuser wie Film- und Popstars, PräsidentInnen, Öl- und sonstige Millionäre.

Die Preise für Maßschuhe schwanken je nach Fertigungsland und Herstellungsweise zwischen 600 und 4000 Mark. Schon der Materialwert liegt je nach Ausführung zwischen 100 und 300 Mark. Ein Maßschuh entsteht in zwanzig bis dreißig Stunden in Handarbeit wie vor hundert Jahren. Die Füße werden mit dem Maßband vermessen. Die gewonnenen Daten werden dann von Hand mit Raspel und Messer auf den Holzleisten übertragen. Alle Besonderheiten des Fußes werden bei der Schuhherstellung berücksichtigt. Die Genauigkeit des Messens und Übertragens hängt ab von der Erfahrung und der Geschicklichkeit des Schuhmachers.

Von dem Leisten wird eine zweidimensionale Kopie (Leistenkopie) angefertigt. Sie ist die Grundlage für die anschließende

18 DIW-Wochenbericht, Nr. 14/1997, 3. April 1997

19 Unter den Kunden des Maßschuhmachers Benjamin Klemann gibt es auch Normalverdiener mit ungewöhnlichen Prioritäten, darunter zum Beispiel eine Postbotin, die ihr Weihnachtsgeld nutzt, um sich optimale Berufswerkzeuge anzuschaffen.

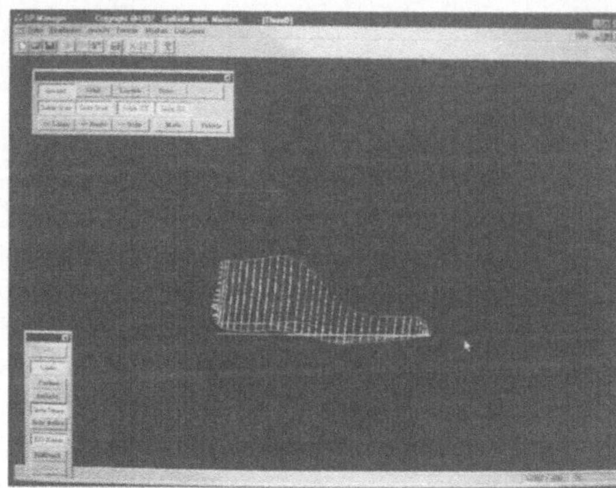

Der Fuß wurde vermessen, und der Computer hat aus den Scannerdaten den individuellen Leisten errechnet. Auf dem Bildschirm kann der Schuhmacher den Leisten entsprechend den Wünschen des Kunden modifizieren.

© Ge Biom

Schaftkonstruktionszeichnung. Mit dem Kopierrädchen entstehen die Pappschablonen, die zum Ausschneiden des Oberleders benötigt werden. Die verschiedenen Schaftteile werden weiterverarbeitet und dann zusammengenäht.

Wenn Schaft und Leisten fertig sind, kann der Schuh zusammengebaut werden. Dabei wendet der Handwerker in der Regel das Verfahren des Rahmennähens an, das einen Schuh von großer Haltbarkeit und langer Reparaturfähigkeit (zehn bis zwanzig Jahre) garantiert. Die Lieferfristen für Maßschuhe liegen derzeit aufgrund der großen Nachfrage und geringer Fertigungskapazitäten bei fünf bis zwölf Monaten für die Erstlieferung, bei Nachlieferungen bei vier bis zwölf Wochen.

Die Vorteile des Maßschuhs für die Kunden liegen auf der Hand:

- Paßgenauigkeit und Bequemlichkeit
- gesundheitsfördernde Unterstützung der Fußgewölbe und der Körperstatik
- ermüdungsfreies Gehen und Stehen
- Langlebigkeit und Reparaturfreundlichkeit
- gesunde und umweltfreundliche Materialien und Herstellung
- individuelle Modelle – Farb- und Materialwahl sowie Anpassung an spezifische Anforderungen in Freizeit und Beruf

Die Nachteile sind heute noch:

- der hohe Preis
- die langen Lieferfristen

Die wenigen Schuhmacher in Deutschland, die sich in der Kunst des Schuhefertigens bewährt haben, sind kaum noch in der Lage, die Nachfrage der wohlhabenden Kundschaft nach individuellen Schuhen zu befriedigen. Und wie Umfragen in Deutschland und in Österreich zeigen, wären weit mehr Menschen bereit, handwerklicher Qualität wieder den Vorzug zu geben, wenn die Lieferbedingungen (Zeit, Preis) stimmen.[20] Die in jeder Hinsicht einfachste, eleganteste, ökologischste und auch beschäftigungspolitisch interessanteste Lösung wäre eine Renaissance der handwerklichen Maßschuhfertigung in Deutschland und anderswo. Auf der Basis einer handwerksgerechten Weiterentwicklung modernster Scanner und CAM[21]-Produktionstechnologien ist sie mittlerweile in greifbare Nähe gerückt.

Das Herzstück einer modernen handwerklichen Maßschuhfertigung ist die Herstellung des passenden Leistens. Auf der Grundlage der heute verfügbaren Scannertechnologien haben verschiedene Handwerksbetriebe, unterstützt von der Zukunftswerkstatt e. V. der Handwerkskammer Hamburg, 1995 angefangen, nach einer handwerksgerechten technischen Lösung für die Fertigung der Leisten zu suchen. In den handwerklichen Entwicklungsverbünden (Schuhmacher und Orthopädieschuhmacher) wird derzeit mit Hochdruck an einem integrierten Leistenfertigungsverfahren gearbeitet, das vom Scanner bis zur CNC[22]-Maschine reicht.

20 Man schätzt, daß der Preis für hochwertige handwerkliche Schuhe unter 1000 Mark liegen müßte, sofern es sich um echte Maßschuhe handelt, damit kurzfristig größere Käufergruppen erreicht werden können.

21 CAM: Computer-Aided Manufacturing, computergestütze Herstellung

22 CNC: Computerized Numerical Control, computergestützte numerische Steuerung

Das Prinzip ist einfach: Ein Scanner[23] vermißt den Fuß. Der Schuhmacher wählt gemeinsam mit dem Kunden den Schuh aus. Damit ist auch die Grundentscheidung über die Leistenform gefallen. Der Schuhmacher kann dann mit der speziell für diesen Zweck entwickelten Software die Daten des Fußes und des ausgewählten Leistens so weiterbearbeiten, daß schließlich der passende Leisten auf dem Bildschirm dreidimensional erscheint und begutachtet werden kann. Dieser virtuelle Leisten wird online an den Leistenproduzenten übermittelt, der mit den Daten seine CNC-Maschine füttert und den Leisten herstellt.

Es besteht kaum ein Zweifel daran, daß es nur noch eine Frage der Zeit ist, bis in vielen Städten Deutschlands die Kunden ausprobieren können, wie sich ein handwerklicher Maßschuh anfühlt und trägt. Daß dieses Entwicklungsvorhaben erst in den letzten Jahren in Angriff genommen worden ist, liegt weniger an fehlenden technischen Möglichkeiten als an den Besonderheiten handwerklicher Strukturen. Es ist vor allem auf den Umstand zurückzuführen, daß die kleineren Handwerksbetriebe im Normalfall weder über die Kapitaldecke verfügen, umfangreiche Projekte in Auftrag zu geben, noch Erfahrungen im Umgang mit den meist komplizierten und langwierigen bürokratischen Abläufen der Wirtschaftsförderung haben.

Kein Wunder, die Forschungs- und Entwicklungspolitik von Bund und Ländern hat sich mit dem Handwerk und seinen Chancen nur selten beschäftigt und statt dessen auf das Leitbild der Hochtechnologie gesetzt. Die Förderung von Low-scale-Technologien und Branchenlösungen für das Handwerk müssen noch immer erkämpft werden. Und dies, obgleich kein Zweifel daran bestehen kann, daß innovative Lösungen für kleine Betriebe sich selbst im Außenhandel als Kassenschlager erweisen könnten.

23 Der Prototyp für die Scannertechnologie, auf der das Entwicklungsvorhaben basiert, wurde von der Münsteraner Firma GeBiom im Auftrag des Orthopädieschuhmachers Stefan Hermes entwickelt. Er ist ein preiswertes, handwerksgerechtes Gerät, das nur die Daten erhebt, die tatsächlich benötigt werden.

Von den tapferen SchneiderInnen

Mit der Bekleidung ist es in vielerlei Hinsicht wie mit den Schuhen. Auch sie wurde in den letzten hundert Jahren vom handwerklichen Erzeugnis zum Wegwerfprodukt. Und auch hier eröffnen neue Strategien der Maßproduktion dem Handwerk neue Chancen.

Ähnlich wie bei den Schuhen gab es in der Vergangenheit eine Kleiderordnung, die über lange Zeit bestimmte, was wer zu welchem Ereignis zu tragen hatte. Die Zugehörigkeit zu einer bestimmten Gruppe oder Schicht, wie sie mit der Kleidung demonstriert wurde, war stets ein wichtiges identitätsstiftendes Moment.

Die Geschichte der Textilmode ist auch die Geschichte der menschlichen Eitelkeit. Sich schmücken, schön machen, in Szene setzen oder neudeutsch „stylen" – das begleitet die Sozialgeschichte des Menschen seit der Frühzeit. Bekleidung ist weit über ihren reinen Nutzen hinaus ein wichtiges Kommunikationsmittel.

Früher reglementierten Einkommen, Schicht und Kleiderordnung den Konsum von Textilien. Heute sorgt das „anything goes" der Moderne in Verbindung mit niedrigen Preisen und niedriger Qualität der Massenprodukte dafür, daß der Materialstrom auf gigantische Größenordnungen angeschwollen ist. Der Modemarkt hat sich seit kurzem in zwei große Marktsegmente aufgeteilt. Auf der eine Seite gibt es hochmodische Produkte, auf der anderen fast zeitlos gewordene Kleidungsstücke (zum Beispiel Jeans oder Cowboyschuhe). Die Wertschöpfungskette Textilproduktion verursacht weltweit hohe ökologische und soziale Kosten.

Ausgehend von dem Ziel, Produktion und Konsum von Textilien nachhaltiger zu gestalten, sind heute verschiedene Ansatzpunkte im Gespräch:

1. Umbau der Wertschöpfungskette auf der Basis von ökologischen und sozialen Standards

2. kreislauffähige Textilien: Textilien bestehen meist aus nachwachsenden Rohstoffen, die recycelbar oder zumindest kompostierbar wären
3. individuelle, maßgeschneiderte und hochwertige Textilien, die sich dem Sog der durch die Mode miterzeugten Beschleunigungsfalle entziehen

Die ökologische, die soziale und die ökonomische Dimension

Der allein durch Bekleidung (ohne Schuhe) jährlich erzeugte Stoffstrom ist erheblich[1]:

- Weltweit wurden 1991 rund 40,3 Millionen Tonnen Textilfasern produziert. Der Anteil an Baumwolle betrug mengenmäßig 47 Prozent (18,94 Millionen Tonnen), an Wolle 5 Prozent (2,02 Millionen Tonnen) und an Chemiefasern 48 Prozent (19,34 Millionen Tonnen).
- In den alten Bundesländern wurden 1991 etwa 670 000 Tonnen textile Bekleidung verbraucht. Den mengenmäßig bedeutendsten Faserrohstoffanteil hat mit 345 000 Tonnen (53 Prozent) die Baumwolle, gefolgt von den Chemiefasern mit rund 143 000 Tonnen (21 Prozent); Wolle steuert mit zirka 36 000 Tonnen nur 5 Prozent zum Rohstoffeinsatz bei.

Der jährliche Pro-Kopf-Verbrauch von Bekleidungstextilien liegt in Deutschland im Durchschnitt bei elf Kilogramm.

1 Bericht der Enquete-Kommission des Deutschen Bundestages vom 12.7.94.

Bekleidungssegmente in Deutschland (alte Bundesländer, 1990)*

Bekleidungssegment	Menge (in Mio. t)	Anteil (in %)
Bekleidungsmarkt insgesamt	6,8	100
Damen- und Mädchenoberbekleidung	2,88	42
Herren- und Knabenoberbekleidung	1,58	24
Herren- und Knabenunter-bekleidung, inkl. Oberhemden	0,68	10
T-Shirts und Unterhemden	0,47	7
Damen- und Mädchenunterbekleidung	0,35	5
Sport- und Badebekleidung	0,30	4
Strickstrümpfe	0,23	3
Damenbeinkleidung	0,17	2
Babykleidung	0,12	2
Miederwaren	0,02	0,3

* Quelle: Bericht der Enquete-Kommission des Deutschen Bundestages vom 12.7.94

Ressourcenverbrauch für die Baumwollerzeugung

Da Baumwolle den größten Anteil am Textilmarkt hat, wurde im Auftrag der Enquete-Kommission „Schutz des Menschen und der Umwelt" des Deutschen Bundestags beispielhaft der Ressourcenverbrauch für ihre Erzeugung errechnet:

- Die Weltanbauflächen für Baumwolle maßen Anfang der neunziger Jahre etwa 33 Millionen Hektar, das sind 4,7 Prozent der Weltgetreidefläche oder 2,4 Prozent der Weltackerfläche.
- Baumwolle wird im Trockenfeld- und im Bewässerungsanbau gewonnen. Beim Bewässerungsanbau werden zwischen 7 und 29 Kubikmeter Wasser je Kilogramm Rohbaumwolle verbraucht. Im Sudan, Senegal, am Indus und an den Aralzuflüssen sind es 29 Kubikmeter und in Israel 7 Kubikmeter je Kilogramm Rohbaumwolle.
- Der Energiebedarf je Kilogramm Rohbaumwolle liegt zwischen 12,6 Megajoule (MJ) im Sudan und etwa 42 MJ in den USA, der GUS und Australien. 41,87 MJ entsprechen 1 Kilogramm Rohöläquivalent.

- Bei der als Monokultur betriebenen Baumwollproduktion werden in erheblichem Umfang Pestizide eingesetzt, die unter Umständen noch im Endprodukt nachweisbar sind.

Die Zahl der Chemieprodukte, die eingesetzt werden, um Chemiefasern und Baumwolle weiterzuverarbeiten und zu veredeln, ist kaum noch zu übersehen. So werden zum Beispiel für die Herstellung von 1 Kilogramm Polyester rund 1 Kilogramm Dimethylterephthalat oder 880 Gramm Terephthalsäure und 360 Gramm Ethylenglycol eingesetzt. Für die Herstellung von 1 Kilogramm Polyacryl werden zirka 920 Gramm Acrylnitril, rund 60 Gramm Methylacrylat, 80 Gramm Vinylacetat und knapp 10 Gramm Methallylsulfonat benötigt. Polyamide werden entweder aus Caprolactam oder aus Adipinsäure und Hexamethylendiamin hergestellt. Zellulosische Chemiefasern, wie zum Beispiel Viskose oder Triacetat, bestehen ausschließlich aus Zellstoff: Zellulose wird mit Natronlauge in Alkalizellulose umgesetzt. Daraus wird mit Schwefelkohlenstoff Natriumzellulosexanthogenat hergestellt, das mit verdünnter Natronlauge in die Spinnlösung (Viskose) überführt wird. Zellulosefäden werden erzeugt, indem Viskose über Düsen in schwefelsaure Spinnbäder gepreßt wird. Die Spinnbäder enthalten unter anderem Zinksulfat. Titandioxid findet auch hier als Mattierungsmittel Verwendung.

Ein Teil der Chemikalien verbleibt im Produkt. So sind bei Polyacryl noch 0,2 bis 2 Prozent der Katalysatoren und Stabilisatoren in der ausgelieferten Faser enthalten. Der Anteil verringert sich im Lauf der Verarbeitung in der Regel auf unter 0,01 Prozent. Die Verbraucherverbände beklagen seit Jahren die Gesundheitsrisiken, die mit den in den Rohstoffen verbleibenden Pestiziden verbunden sind, und fordern strenge Kontrollen und überprüfbare Kennzeichnungen für sogenannte Ökotextilien.

Die Veredlung der Textilfasern benötigt eine Vielzahl von Verfahrensschritten. Veredlung bedeutet, die optischen oder die Verarbeitungs- und Gebrauchseigenschaften von Fasern und Textilien zu verbessern, zum Beispiel Färben, Bleichen, Bedrucken, Merzerisieren. In der alten Bundesrepublik wurden dafür im Jahr 1990 ungefähr 110 000 Tonnen chemischer Hilfsmittel verbraucht.

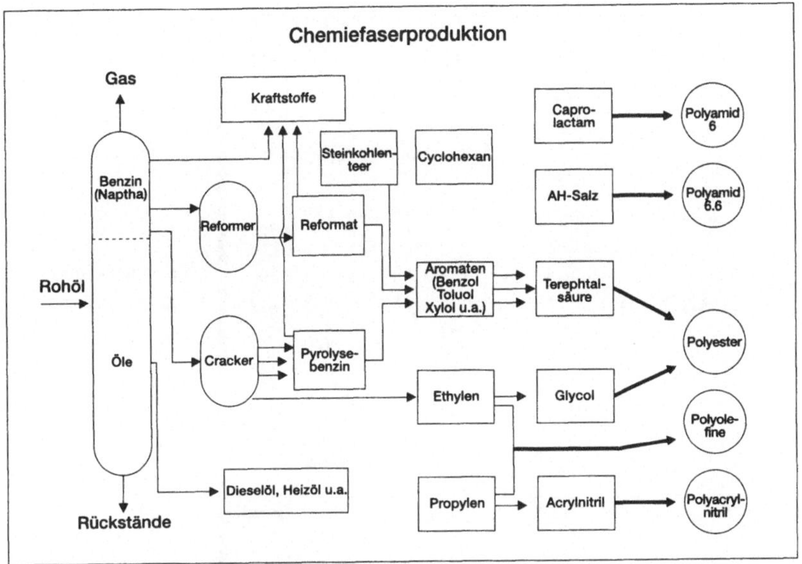

Quelle: Bericht der Enquete-Kommission des Deutschen Bundestages vom 12.7.94

Darstellung der einzelnen Verarbeitungsschritte zwischen Rohölgewinnung und Chemiefaserproduktion.

Wir Textilienverbraucher ...

In der Bundesrepublik Deutschland wurde im Jahr 1991 Textilbekleidung im Wert von rund 35 Milliarden Mark gekauft. Ein deutscher Vier-Personen-Haushalt gibt durchschnittlich 240 Mark pro Monat für Bekleidung aus, rund 6,3 Prozent seines Einkommens. Das ist mehr als in anderen Industrieländern. Die Textilien werden deutlich kürzer getragen, als aufgrund ihrer Haltbarkeit möglich wäre – womit noch nichts über die Qualität der Produkte (zum Beispiel Paßform, Strapazierfähigkeit der Stoffe oder Verarbeitung) gesagt ist. Ein Kleidungsstück aus hundert Prozent Chemie hält doppelt so lang wie eine Naturfasertextilie (es sei denn, diese ist mit synthetischen Chemiefasern vermischt).

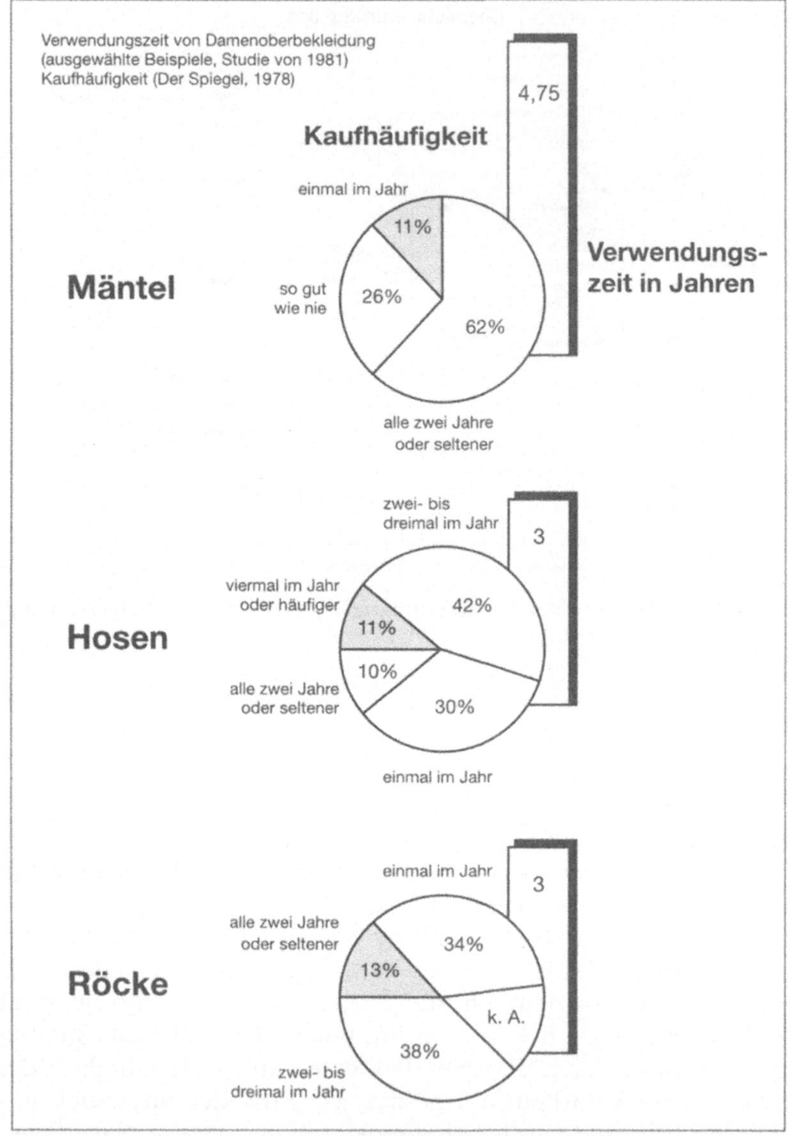

Quelle: Bericht der Enquete-Kommission des Deutschen Bundestages vom 12.7.94

Durchschnittliche Verwendungszeit und Kaufhäufigkeit von verschiedenen Oberbekleidungstextilien.

In den letzten zwanzig Jahren sind in Europa 65 Prozent aller Arbeitsplätze in der Textilbranche verlorengegangen. Im selben Zeitraum ist der Anteil von Textilien und Bekleidung am Welthandel gestiegen.

Struktur und Entwicklung der Ausfuhr: Welt und Entwicklungsländer (EL) nach Produktgruppen (1980–1991)*

	Weltanteil		Jährliche Zuwachsraten	
	(in Mrd. US-Dollar)		Welt	EL
	1980	1991	1980-82	1980-90
Insgesamt	2.031	3.506	5,1	2,0
Rohstoffe	42,3	24,9	0,1	-3,0
Fertigwaren	54,0	71,9	7,9	14,1
– Eisen u. Stahl	3,8	3,0	2,8	12,9
– chem. Erzeugnisse	7,0	8,8	7,3	11,4
– andere Halbfertigwaren	6,8	7,7	6,3	12,9
– Maschinen u. Fahrzeuge	25,8	30,4	8,4	18,8
– Textilien	2,7	3,3	6,9	6,9
– Bekleidung	2,0	3,5	10,5	12,5
– andere Konsumartikel	5,9	9,1	9,5	13,2

* Quelle: Bericht der Enquete-Kommission des Deutschen Bundestages vom 12.7.94

Produktion und Export von Textilrohstoffen, Textilien und Bekleidung ist für viele Entwicklungsländer ein wichtiges ökonomisches Standbein. Textilien machen mehr als ein Viertel der Ausfuhr von Fertigwaren aus Entwicklungsländern aus. In den achtziger Jahren stieg der Export von Textilien und Bekleidung weltweit um rund 10,5 Prozent. Die Entwicklungsländer erreichten sogar Wachstumsraten von jährlich 12,7 Prozent.

Die Produktionsbedingungen in diesen Ländern entsprechen keineswegs unseren Umwelt- und Arbeitsschutzstandards. Die Enquete-Kommission „Schutz des Menschen und der Umwelt“ dazu: „Extrem schlechte Arbeitsbedingungen und Kinderarbeit sind sowohl bei der Primärproduktion von Naturfasern als auch bei der Konfektionierung anzutreffen. Dies ist vor allem unter humanen Aspekten zu beklagen, bedenkt man allein die Konsequenzen der Kinderarbeit, die den Weg einer ausreichenden schulischen Bildung und damit einer verbesserten beruflichen Qualifikation ein für allemal versperrt. Daneben hat diese Form des ‚Sozial-Dumping' aber auch Folgen für das Lohngefälle und steht somit in Zusammenhang mit dem Arbeitsplatzabbau in der Bundesrepublik, vor allem bei der Konfektionierung."[2]

Die Enquete-Kommission schlägt vor, daß im Rahmen der internationalen Handelsabkommen Mindeststandards festgelegt werden. Gemeinsam mit der Internationalen Arbeitsorganisation der UNO (ILO: International Labour Organization) fordert sie Regelungen über Kinderarbeit und schlechte Arbeitsbedingungen, ebenso über den Umweltschutz und hier vor allem über die Verwendung von Pestiziden. Das Welthandelsabkommen (CWTA) und das Allgemeine Zoll- und Handelsabkommen (GATT: General Agreement on Tariffs and Trade) sehen solche gesundheits- und umweltschutzrechtlichen Bestimmungen zwar nicht vor, aber unter bestimmten Bedingungen sind sie trotzdem möglich. Artikel XX des GATT (1947) besagt: „Maßnahmen zum Schutz des Lebens und der Gesundheit von Menschen, Tieren und Pflanzen sind entsprechend zulässig, wenn dies keine Diskriminierungen anderer Staaten zur Folge hat." Das GATT-Regelwerk kennt keine Sanktionsmechanismen, um zu verhindern, daß Textilien eingeführt werden, die unter gesundheits- oder umweltgefährdenden Bedingungen produziert wurden. Entsprechende Produktstandards wären allerdings auf der Ebene der Europäischen Union zulässig, solange für die Importe keine anderen Regelungen gelten als für die im Inland erzeugten Produkte.[3]

Aus der Sicht eines deutschen Produzenten stellt sich die Situation gegenwärtig wie folgt dar: „(...) aufgrund der ständigen Veränderung des Weltmarktes mit der Aufrüstung der Industrien in allen Entwicklungs- und Schwellenländern [befinden wir uns] in einer neuen Situation. Wettbewerber aus der Volksrepublik

2 Ebenda
3 Ebenda

China, Indonesien, Vietnam oder Brasilien verfügen über riesige Kapazitäten und ein enormes Heer an preiswerten Arbeitskräften. Zum Beispiel werden Regenmäntel oder regenjackenähnliche Mäntel wie Mikrofaserparka als Basisprodukte in Fernost hergestellt. Die geringen Mengen, die hier in Europa noch produziert werden, sind vergleichsweise so teuer, da sie in der Beschaffung hier DM 13,90 kosten und in Taiwan lediglich US-Dollar 2,22."[4]

Von 1970 bis 1992 stieg der Import von Bekleidung in die Bundesrepublik dramatisch an. Lag der Wert der Einfuhren 1970 bei 1,8 Milliarden Mark, so betrug er 1992 bereits 22,3 Milliarden Mark, mehr als das Elffache. Währenddessen sank der Produktionsindex im Bekleidungsgewerbe (1985 = 100 Prozent) von 1970 bis 1992 von 144,4 Prozent auf 97,7 Prozent. Die Zahl der Arbeitsplätze im Bekleidungsgewerbe verringerte sich um 61,8 Prozent von 384 000 auf 147 000, und die Zahl der Produktionsbetriebe ging um 64,4 Prozent von 5207 auf 1855 zurück.[5]

Allerdings faßt die europäische Bekleidungsindustrie inzwischen wieder Tritt, vor allem im modischen Textilmarkt. Hier geht es um sehr kurze Produktlebenszyklen, um schnelle Antworten des Handels auf den sich ständig ändernden Geschmack der Massen.

Klaus Steilmann, der mit Umweltpreisen bedachte Erfinder der „Sustainable Fashion", sagt: „Allerdings müssen die Europäer aufpassen, daß ihnen der Geschwindigkeitsvorsprung aufgrund ihrer Marktnähe langfristig noch erhalten bleibt. Das Problem ist, daß, hervorgerufen durch die sich immer schneller entwickelnde Informations- und Kommunikationstechnik, die Imitationsgeschwindigkeit in der Bekleidungsindustrie schwindelerregende Formen annimmt. Heute kann mit der modernsten Übertragungstechnik die Kopie eines Bekleidungsstückes innerhalb von drei Minuten in der ganzen Welt verbreitet werden. Was früher Monate und Wochen dauerte und damit auch einen Innovationsvorsprung bedeutete, ist heutzutage mit dem Vorstellen auf einer

4 K. Steilmann, Beschleunigung – eine Modeerscheinung?, in: K. Backhaus, Holger Bonus (Hg.), Die Beschleunigungsfalle oder der Triumph der Schildkröte, Stuttgart 1997

5 Ebenda

Messe beispielsweise hundertfachen Kopien ausgesetzt. Dies hat dann auch gleichzeitig zur Folge, daß man mit seinen Produkten so schnell wie nur möglich auf den Markt geht. Bis vor nicht allzu langer Zeit dauerte die Entwicklungs- und Erprobungsphase noch bis zu einem Jahr. Jetzt geht man mit seinen Produkten so schnell wie nur möglich auf den Markt. Dadurch findet eine zusätzliche, herstellerinduzierte Beschleunigung des Modeprozesses statt, nicht zuletzt oftmals auf Kosten der Qualität."[6]

Das Schneiderhandwerk gestern und heute

Zu den Grundbedürfnissen des Menschen gehört spätestens seit der Vertreibung aus dem Paradies die Bekleidung als Schutz gegen Kälte und andere Umwelteinflüsse. Doch schon die Frühgeschichte zeigt das Bedürfnis der Menschen, sich mit Kleidung auch zu schmücken. Nach dem römischen Schriftsteller Plinius sollen es die Phrygier gewesen sein, die im 1. und 2. Jahrhundert vor Christus die Bekleidungskunst besonders gefördert und die Nähnadel erfunden haben. Es hatte aber auch schon in der Frühgeschichte der Menschheit Werkzeuge gegeben, die benutzt wurden, um Leder und Stoffe zusammenzufügen, zum Beispiel Dornen, Fischgräten oder Spangen. Während in Griechenland vor allem Männer Kleidungsstücke anfertigten, waren in Germanien die Frauen traditionell dafür zuständig. Noch Karl der Große zum Beispiel trug ausschließlich Kleidungsstücke, die von seiner Frau und seinen Töchtern genäht worden waren.

Mit der steigenden Produktivität der Landwirtschaft wurde eine zunehmende Arbeitsteilung möglich. Zunächst waren Hörige für das Schneidern und Nähen zuständig; sie arbeiteten aber nicht nur für ihre Herren, sondern verkauften ihre Erzeugnisse auch frei. Dank der wachsenden Nachfrage entwickelte sich daraus schließlich das Handwerk der Schneiderei.

In den mittelalterlichen Städten schlossen sich die Handwerker in Zünften zusammen, die Schneider gehörten zu den ersten.

6 Ebenda

Die vermutlich älteste Urkunde, die dies dokumentiert, ist der Gildebrief, den Heinrich der Löwe 1152 den Gewandschneidern in Hamburg überreichte. Bis ins 19. Jahrhundert hinein gehörten die Schneider zu den großen Gewerken. Kein Wunder, ist doch die Selbstdarstellung durch Bekleidung eines der großen Themen der Menschheit. Früher verlangte die Kleiderherstellung den Schneidern viel mehr Kunstfertigkeit ab als heutigen Textilproduzenten. Die Geschichte der abendländischen Mode ist voller Wechselfälle und Torheiten.

Doch der Niedergang war programmiert: Die billige Serienfertigung in Manufakturen, die mechanische, die elektrische und schließlich die vollautomatische Nähmaschine und in ihrem Gefolge die fast menschenleere Fertigungsstraße in der Textilfabrik waren die logische Konsequenz der technischen Entwicklung seit Mitte des 19. Jahrhunderts. Die Handwerkszählung kommt zu dem Ergebnis, daß es Ende 1994 im Bekleidungs-, Textil- und Ledergewerbe 24 698 Unternehmen mit 94 974 Beschäftigten gab, darunter fast 47 000 Frauen und insgesamt 6266 Lehrlinge. Im Jahr 1970 hatten noch 32 000 Damen- und Herrenschneiderbetriebe gearbeitet.

Betriebe und Beschäftigte in ausgewählten Gewerken des Bekleidungs-, Textil- und Ledergewerbes*

	Betriebe	Beschäftigte	Lehrlinge
Herrenschneider	1.429	4.623	271
Damenschneider	3.998	9.692	1.082
Wäscheschneider	128	641	24
Sticker	157	736	32
Stricker	176	1.572	16
Modisten	259	665	18
Weber	204	779	25
Kürschner	1.158	3.980	59
Hut- und Mützenmacher	102	495	0
Handschuhmacher	28	148	0

* Quelle: Statistisches Bundesamt, Ergebnisse der Handwerkszählung vom 31. März 1995, Stuttgart 1996

Seit den siebziger Jahren sinkt der Marktanteil des Schneiderhandwerks. Allein 1994 betrugen der Umsatzverlust 13,7 Prozent und der Produktivitätsverlust (Umsatz/Beschäftigte) 6,1 Prozent. Der jährlich erscheinende Handwerksbericht des Rheinisch-Westfälischen Instituts für Wirtschaftsforschung in Essen (RWI) erklärt für das Jahr 1995 lapidar, daß der Schrumpfungsprozeß sich fortsetzen werde. Die Gründe dafür seien weniger konjunktureller als struktureller Art. Und weiter: „Bessere Marktchancen werden nur Nischenanbieter – Maßschneidereien in großen Modezentren, auf ökologische Kleidung spezialisierte Betriebe – haben."

Das Schneiderhandwerk morgen: Maßfertigung via Internet?

Die Mode und die Menschen, die von ihr leben (Modeschöpfer, Modefotografen, Medien, Handel), spielen die Rolle der Beschleuniger im sozial und ökologisch fragwürdigen Mode-Textil-Karussell. Einige Modemacher haben sich bereits nachdenklich gezeigt. Versace beispielsweise ließ vor nicht allzu langer Zeit eine Ökokollektion mit dem schönen Namen „letzter Schrei" über die Laufstege tragen. Die Bekleidungsstücke bestanden allerdings zum Teil aus Kunststoffolien und Aluminium. Eine Bekleidungsalternative, die wohl kaum über die ästhetische Qualität und die Materialeigenschaften verfügt, die notwendig sind, um die Verbraucher von den Vorzügen eines anderen Wohlstandsmodells zu überzeugen.

Ganz anders das Konzept einer Firma, die in kleinen, aber feinen Läden in Japans Innenstädten erfolgreich Maßfertigung am laufenden Band anbietet. Die lagerlosen Verkaufsläden haben nur einige wenige Modelle und Stoffe im Laden vorrätig. Statt die Qual der Wahl vor übervollen Regalen zu haben, wählt der Kunde aus den Kollektionen der besten Modedesigner der Welt ein Schnittmuster aus. Ein Fachmann oder eine Fachfrau nehmen von Hand das Maß des Kunden oder der Kundin. Die Daten gehen dann online an eine Fabrik mit hochflexiblen Zuschneide- und Nähmaschinen. Alle zum Kleid, Kostüm oder Anzug gehörenden

Einzelteile werden parallel gefertigt und am Ende der Fertigungsstraße zusammengenäht.[7]

Fachleute haben keinen Zweifel daran, daß Maßfertigung den Wünschen vieler Kunden entgegenkommt. Die Hälfte aller Frauen und immerhin 43 Prozent aller Männer kaufen oft genug Kleidungsstücke nicht, weil sie ihnen nicht passen, das ergab eine Umfrage der Zeitschrift „Textilwirtschaft" im Jahr 1996. Irgendwo kneift es oder beult es fast immer. Das wirklich passende Stück ist nicht im Angebot.

Auch in Deutschland gibt es Damen- und Herrenschneider, die von ihrem Handwerk gut leben können. Maßgeschneidertes kommt wieder in Mode und beflügelt den Zeitgeist. So widmet sich beispielsweise in einem Sonderteil des „stern" zum Thema Männer eine kleine Reportage dem Revival des Maßanzugs. Am Ende steht das Bekenntnis des ehemaligen Managers der Punkband Sex Pistols: „Ich möchte raus aus dem Club der Designer-Freaks. Ich mag die Leute nicht, die dazugehören, und außerdem ertrage ich es nicht mehr, daß man an mir die Vorstellungswelt von Designern ablesen kann. Ich will endlich Kleidung, die für mich gemacht ist, die meinem Geschmack, meinen Bedürfnissen, meinen Schwächen entspricht. Ich will zu einem Schneider."[8]

Damit dieser Traum kein Luxus für Spitzenverdiener bleibt, arbeiten Schneiderinnen und Schneider auch vielerorts in Deutschland an neuen Technologien, die die Herstellung von Maßbekleidung schneller und billiger machen. Dazu gehören besonders Scanner und CAD-Programme, die es erlauben, Schnittmuster schnell und exakt zu erstellen.

Auch die Firma Tecmath in Kaiserslautern entwickelt seit einiger Zeit einen Körpervermesser, einen Scanner, der mittels Laser und Kameras die Körperumrisse des Kunden erfaßt und mittels einer Datenbank, die auf Erfahrungswerten beruht, den passenden Schnitt für das gewählte Modell errechnet. Der Schnitt soll dann innerhalb von zehn Tagen in ein Maßkleidungsstück

7 Klaus Steilmann, Beschleunigung – eine Modeerscheinung?, in: K. Backhaus, H. Bonus (Hg.), Die Beschleunigungsfalle oder der Triumph der Schildkröte, a. a. O., S. 107

8 stern, 19. Juli 1997

umgesetzt werden. Dieses Ziel ist vermutlich nur dann zu erreichen, wenn der Produzent nicht allzuweit entfernt ist. Wie dem auch sei, das „Deutsche Handwerksblatt“ sieht in dieser Technik eine Chance für mittelständische Schneiderwerkstätten.

Die Schneiderinnung Bremen schließt gerade ein interessantes Forschungsvorhaben ab: Dabei wurde eine CAD-Software entwikkelt, die es erlaubt, schnell die richtigen Schnittmuster herzustellen. Während in den Schneiderbetrieben die Fertigung der Kleidungsstücke mit elektronisch gesteuerten Spezial- und Universalmaschinen bereits erheblich rationalisiert werden konnte, ist die Erstellung der Schnitte von Einzelstücken noch immer sehr zeitintensiv und mühsam. Das gleiche gilt für das Gradieren, die Ableitung kleinerer oder größerer Modelle von einem vorhandenen Modell.

Ob und von wem in den nächsten Jahren die Scannertechnologie eingesetzt werden wird, ist gegenwärtig noch nicht absehbar. Denn die wesentlichen Qualitätsmerkmale der maßgeschneiderten Textilie sind in anderen Merkmalen zu suchen als bei Maßschuhen, bei denen die auf den Millimeter genaue Paßform über den Tragekomfort entscheidet.

Die Vorteile der textilen Maßfertigung durch Schneiderbetriebe liegen vor allem in folgenden Bereichen:

- Maßkleider passen nicht nur, sie betonen oder „umspielen“ in der Regel auch die Figur des Kunden oder der Kundin so, wie es gewünscht wird. Faltenwurf kann an der einen Stelle gewollt sein und an der anderen den Gesamteindruck verderben. Was auch immer im Einzelfall gefragt ist: Nur das persönliche Gespräch mit dem Kunden, die gemeinsame Entwicklung des Schnitts führt zur optimalen Lösung.
- Die Maßkleider sollen in der Regel den Typ des Kunden unterstreichen oder aber körperliche Vorzüge bzw. "Schwächen" herausheben oder auch "überspielen" – je nachdem. Stoffqualität, Farbe und Form können durch den Schneiderbetrieb individuell auf den Kunden zugeschnitten werden.
- Bei den Anproben durch den Schneider oder die Schneiderin können die letzten Feinheiten der Maßkleidung vollendet, letzte Korrekturen vorgenommen werden.

Menschen können anders als Maschinen beraten: Ihre Erfahrungen gehen bei der gemeinsamen Auswahl von Material, Form und Farbgebung mit ein, vorliegende Entwürfe können nach Wunsch des Kunden variiert, individuelle Entwürfe gemeinsam entwickelt werden.

Antiquitäten von morgen

Bauen und Wohnen gehören zu den materialintensivsten Produktions- und Lebensbereichen. Alle sieben bis zehn Jahre kaufen wir neue Möbel und entsorgen die alten. Das Umweltbundesamt geht von einem Möbelverbrauch von fünf bis sechs Millionen Tonnen jährlich aus. Jeder Bürger besitzt nach Angaben der deutschen Möbelindustrie rund 2,5 Tonnen Möbel und damit rund ein Drittel mehr als unsere europäischen Nachbarn; die Deutschen geben deutlich mehr Geld für Einrichtungsgegenstände aus. Rund 35 Millionen Haushalte konsumieren jährlich für rund 44 Milliarden Mark Möbel. Das sind immerhin rund 1200 Mark pro Haushalt und Jahr. Zwanzig bis vierzig Prozent des Möbelvolumens, das jährlich verkauft wird, landet im selben Zeitraum auf dem Müll.[1] Die Deutschen sind nicht nur Weltmeister im Umweltschutz, sondern auch im Wegwerfen von Möbeln.

Seit Mitte der sechziger Jahre wachsen Spanplattenverbrauch und Möbelproduktion parallel. Im Zeitraum von 1965 bis 1995 stiegen zum Beispiel der Spanplattenverbrauch (in Kubikmeter Holz) und der Ausstoß von Küchenschränken um das Acht- bis Zehnfache.

1 Die deutsche Möbelindustrie produzierte von Januar bis Oktober 1996 insgesamt rund 58 Millionen Stück Möbel (vom Stuhl bis zur Wohnzimmergarnitur), darunter: 9,4 Millionen Sitzmöbel mit Gestell aus Holz, 5 Millionen Metallmöbel für Büros, 0,3 Millionen Holzmöbel für Läden, 20,1 Millionen Holzmöbel für Küchen, 17,7 Millionen Holzmöbel für Schlaf-, Eß- und Wohnzimmer, 3,7 Millionen Badezimmermöbel, 0,06 Millionen Gartenmöbel, 1,5 Millionen Garderoben, Schuhschränke und Schuhregale. Außerdem wurden für 164,5 Millionen Mark Teile für Sitzmöbel aus Holz und für 954 Millionen Mark Teile für Möbel aus Holz (ohne Sitzmöbel) hergestellt sowie rund 350 000 Tonnen Metallmöbel. Der Umsatz belief sich von Januar bis November 1996 auf 39,7 Milliarden Mark. Im selben Zeitraum wurde ein Auslandsumsatz im Wert von 4,9 Milliarden Mark getätigt (12 Prozent des Gesamtumsatzes). 1995 wurden Möbel im Wert von 11,7 Milliarden Mark eingeführt.

Untersuchungen von Kaufentscheidungskriterien belegen, daß diese Entwicklung nicht nur an veränderten Gebrauchsgewohnheiten liegt, sondern auch mit der Qualität der Produkte zu tun hat. „Verkauf über den Preis ist nicht nur schädlich, sondern auch falsch“[2], so kritisiert ein Spitzenfunktionär der Möbelindustrie diese Verhältnisse. An erster Stelle wünschten die Kunden eine gute Verarbeitungsqualität der Möbel, erst danach kämen Design und Preis.

Der wichtigste Werkstoff für die Möbelproduktion ist neben Glas und Metall noch immer Holz. Holz ist ein nachwachsender Rohstoff, aber nicht in unendlichen Mengen verfügbar. Wir müssen auch mit dem Rohstoff Holz künftig nachhaltiger umgehen.[3] Berücksichtigt man die globale Lage der Waldwirtschaft, die weltweit steigende Nachfrage nach Papierprodukten und die auch in Europa bisher nur selten wirklich nachhaltige Bewirtschaftung des Waldbestandes, so ergibt sich die Notwendigkeit, sowohl die Forstwirtschaft als auch den Umgang mit Holz erheblich effizienter und ressourcenschonender zu gestalten.

Der Verbrauch von Holz und Holzprodukten hat in Deutschland in den letzten Jahren infolge der steigenden Papierproduktion deutlich zugenommen. Wir konsumieren pro Kopf jährlich etwa 200 Kilogramm Papier (1950 waren es 32 Kilogramm) und liegen damit weltweit an dritter Stelle.[4] Während Holz als Rohstoff für die Papierherstellung gefragt ist, stagniert der Absatz von hochwertigem Holz für andere Verwendungszwecke. Holz wächst nicht nur nach, sondern besitzt auch eine Reihe von weiteren Vorzügen, die es als einen der umweltverträglichsten Rohstoffe für viele Einsatzmöglichkeiten empfehlen (unter anderem als Baustoff).

Die Bedeutung der Lebensdauer von Holzprodukten kann gar nicht hoch genug eingeschätzt werden. Aktuelle Untersuchungen des Wuppertal Instituts für Klima, Umwelt, Energie belegen, daß die positive Ökobilanz von Massivholzprodukten vor allem ihrer

2 Möbelmarkt, Nr. 3/1997, S. 12

3 Die Studie "Sustainable Netherlands" spricht von einer Reduktion um sechzig Prozent.

4 Zukunftsfähiges Deutschland, a. a. O., S. 313

Langlebigkeit zu verdanken ist. Der im Vergleich zur Spanplatte (für die keine Umweltkosten bilanziert werden, weil für ihre Herstellung minderwertiges Holz und Holzabfall verarbeitet wird) höhere Umweltverbrauch von Massivholz könnte deutlich gesenkt werden durch eine Forst- und Holzwirtschaft, die weniger minderwertiges Holz und Abfall erzeugt.

Klasse statt Masse: handwerkliche Möbel

„Weil Möbel mindestens so lange Freude machen sollen, bis ein Baum erwachsen ist", lautet der Werbespruch einer süddeutschen Tischlerei. Kaum ein anderer Satz bringt die Anforderungen, die sich aus einem nachhaltigeren Umgang mit dem Rohstoff Holz ergeben, so gut auf den Punkt. Doch die billigen Möbel, die in Einrichtungshäusern, Möbel-SB-Läden oder gar Baumärkten angeboten werden, können solchen Ansprüchen in der Regel nicht genügen. Sie sind weder stabil genug für den Dauergebrauch, noch eignen sich ihr Material und Design, um dem Zahn der Zeit standzuhalten. Statt Patina zu entwickeln, werden sie schäbig. Das Material altert nicht in Würde.

Daß es auch anders geht, zeigt ein Gang ins Museum. Dort finden wir Einrichtungsgegenstände aus vergangenen Jahrhunderten. Und der Handel mit Antiquitäten ernährt nicht nur eine Branche, sondern belegt auch, daß Möbel alt werden können, ohne an Nutzen und Schönheit zu verlieren. Diese alten Einrichtungsgegenstände sind Zeugnisse einer handwerklichen Kultur der Möbelproduktion, die bis heute gültige ökologische und ästhetische Standards setzt.

Bis Mitte der siebziger Jahre dauerte der Abstieg der handwerklichen Möbelproduktion. Er war verbunden mit einem Verlust an gestalterischer Kompetenz und maßgeblich mitverursacht durch den sinnlosen Versuch, mit Industrieprodukten und deren Preisen zu konkurrieren. Aber mit dem Gründungsboom ökologischer Schreinereien hat eine Renaissance des handwerklichen Innenausbaus und der Möbeltischlerei eingesetzt. Sie prägt mit ihrem hohen gestalterischen und technologischen Niveau längst auch die handwerkliche Holzverarbeitung insgesamt. Qualität und umweltgerechte Produktion sind in vielen Betrieben, aber auch für immer mehr VerbraucherInnen selbstverständlich geworden.

Heute teilt sich die handwerkliche Holzverarbeitung in drei verschiedene Marktsegmente:

1. ökologische Schreinereien
2. individueller Innenausbau
3. Möbelunikate von handwerklichem Design

Betriebe mit diesen Schwerpunkten spezialisieren sich meist noch weiter, zum Beispiel auf Küchen, Büromöbel, Innenausbau oder die Möbeltischlerei vom Unikat bis zu mittleren Serien. Diese Entwicklung holt in mancher Hinsicht in Deutschland nach, was in anderen europäischen Ländern schon seit einiger Zeit normal ist. Italien oder Dänemark beispielsweise sind mit ihren handwerklichen Holzprodukten auf dem europäischen Markt erfolgreich, was sie nicht zuletzt einem klugen Design und zum Teil vorbildlichen zwischenbetrieblichen Kooperationsstrukturen verdanken.

Besonderes Augenmerk verdienen mit Blick auf die Zukunft des holzverarbeitenden Handwerks die Veränderungen, die mit dem Einsatz rechnergestützter Fertigungstechnologien in Industrie und Handwerk verbunden sind. Zumal, wenn diese traditionelle Fertigungsweisen und Berufsbilder auflösen und in virtuellen Fabriken neue Produktionsmuster entstehen, die zu Recht als „postindustriell" und „neohandwerklich" bezeichnet werden können.

Ökologische Möbel – ökologische Schreinereien: Antiquitäten von morgen

Obgleich bis heute nicht einheitlich definiert ist, was ökologische Möbel sind, gibt es einen breiten Konsens über wesentliche Merkmale, die solche Produkte kennzeichnen sollten.[5] Die Anforderungen an eine ökologische Holzverarbeitung beginnen in der Regel beim Einkauf des Holzes, das möglichst aus der Region und aus nachhaltig bewirtschafteten Waldbeständen stammen sollte. Eine regionalisierte Beschaffung kann die Waldbesitzer motivieren, mit ihren Waldbeständen sorgsam umzugehen und auch hochwertige Baumbestände zu pflegen. Erste Modellprojekte für Kooperationen zwischen holzverarbeitenden Betrieben und nachhaltig wirtschaftenden Waldbesitzern werden aufgebaut.

Auch der Zeitpunkt des Holzeinschlags und die Lagerung sind für die Qualität des Holzes und damit auch des Endprodukts von großer Bedeutung. Früher wußte man, daß der richtige Zeitpunkt des Holzeinschlages darüber entscheidet, ob und wie die jeweilige Holzart altert, Schädlingen anheimfällt oder aber bei Hitze brennt. Naturnahe Waldbauern und ökologische Schreinereien greifen diese fast verschüttete Erfahrung wieder auf und nutzen sie zum Vorteil der Kunden und der Umwelt.

Weitere Merkmale ökologischer Möbel sind: Sie sind möglichst naturbelassen und weitgehend aus Massivholz gearbeitet, die Holzoberfläche wird mit natürlichen und gesundheitsverträglichen Stoffen behandelt. Ökologische Schreinereien arbeiten aber nicht nur mit Massivholz, sondern je nach Anforderung und Produkt auch mit Tischlerplatten. Daher ist es wichtig, präzise Informationen über das Vorprodukt einzuholen. Hier helfen Zertifikate und ökologische Qualitätsstandards. Angesichts der für die VerbraucherInnen nur schwer zu durchschauenden Qualitäten und „Inhaltsstoffe" von Möbeln gehört zur ökologischen Möbelproduktion die Voll- oder Totaldeklaration, also die Unterrichtung über die Herkunft und Art der Werkstoffe (Wachs, Öl, Lack, Lasuren, Leim), mit denen das Holz bearbeitet wurde.

Bewertungskriterien[6] können zum Beispiel sein:

Rohstoffgewinnung und Herstellung
- nachwachsende Rohstoffe
- Boden, Wasser, Luft schonen

5 Einen sehr guten Überblick über Holzverarbeitung und Handwerk liefert der ökologisch engagierte Schreinermeister und Publizist Andreas Küstermann in seinem Buch "Leben mit Massivholz-Möbeln", Heidelberg 1997

6 Nach: Ebenda, S. 47

- kein Gift
- geringer Energieeinsatz
- Abfallvermeidung
- Lärmvermeidung
- kurze Transportwege

Konstruktion und Verarbeitung
- geringer Materialaufwand
- einfache Verarbeitung
- wenig Maschinenenergie
- kein Gift
- gefahrstoffarm: Staub, Dämpfe

Nutzung
- lange Nutzungsdauer
- umweltverträgliche Wartung
- gesundheitsverträglich
- Wohlbefinden

Entsorgung/Recycling
- Wiederverwendbarkeit
- Umnutzung
- gesundheitsverträglich
- verrottungsfähig

Neben den „harten" ökologischen Kriterien spielen inzwischen auch Nutzungsdauer und Langlebigkeit eine große Rolle. Langlebigkeit ergibt sich aus der handwerklichen Qualität und durch Konstruktionselemente. Funktionalität und Design können zum Beispiel bewirken, daß Kinder- und Jugendmöbel mitwachsen oder eine andere Funktion übernehmen. Einige innovative Schreinereien bieten inzwischen sogar an, bei ihnen gekaufte Kindermöbel zurückzunehmen. Die hohe Qualität der Produkte und die Tatsache, daß sie mit den Jahren weder ihre funktionale noch ihre ästhetische Qualität einbüßen, machen die Wiederverwendung möglich. Solche Möbel können auch wieder Erbstücke werden.

Zum Beispiel: Arbeitskreis Ökologie und Handwerk
Der Arbeitskreis Ökologie und Handwerk besteht seit 1986 und ist ein Zusammenschluß von sechs selbstverwalteten Schreinereien und Fachgeschäften in Süddeutschland, die sich auf gesundes Wohnen und Bauen spezialisiert haben. Gemeinsam sind sie stärker: beim Einkauf, bei der Zusammenarbeit zur Befriedigung von Kundenwünschen, in der Werbung, beim Erfahrungsaustausch und in der Weiterbildung.
Die zum Arbeitskreis gehörende Handwerkergenossenschaft in Mannheim ist von ihrer Rechtsform her ein Exot und setzt sich auch durch ihren Standort im Hafenviertel vom üblichen Bild ab: ein bißchen grüne Stadtrandidylle, wo sonst auf Betontrassen Lkw und Eisenbahnzüge vorbeidonnern. Der Betrieb gehört den zwanzig Beschäftigten, jedes Genossenschaftsmitglied hat das gleiche Stimmrecht. Zum Unternehmen gehören eine Schreinerei, ein Fachgeschäft für gesundes Wohnen und Schlafen sowie der ökologische Baustoffhandel.
Die Schreinerei plant und fertigt moderne Massivholzküchen, Einbauschränke und Praxiseinrichtungen sowie Betten, Tische und Einzelmöbel. Für Kindergärten und Schulen mit Ganztagsbetreuung werden auch Spielhäuser gebaut oder Spielinnenräume gestaltet. Das Fachgeschäft bietet nicht nur Produkte aus der eigenen Schreinerei an, sondern auch

Die Handwerkergenossenschaft ist in der Region inzwischen eine feste Größe. In den Holzwerkstätten werden die Produkte sorgfältig nach den Kundenwünschen hergestellt.

andere Naturholzmöbel für den Wohn- und Eßbereich: Sofas, Sessel, Kindermöbel usw. Beim ökologischen Baustoffhandel geht es um Naturbaustoffe und Bauelemente. Kompetente Beratung der Kunden und fachgerechte Verarbeitung durch die angegliederte Bauschreinerei ermöglichen es, komplette baubiologische Ausbauten auszuführen und eine breitgefächerte, konsequent ökologische Produkt- und Dienstleistungspalette anzubieten.

Inzwischen hat auch die Möbelindustrie den Trend zu höherwertigen, gesunden und umweltverträglichen Produkten erkannt. Sie hat ein Gütesiegel erarbeitet, das Mindeststandards für Qualität und Umweltverträglichkeit definiert. Diese Kriterien sind jedoch schwer zu kontrollieren, weil aus Kostengründen in aller Welt Materialien und Verbundwerkstoffe gekauft werden.

Um ihre Position im Möbelmarkt zu verbessern und größenbedingte Nachteile auszugleichen, ist es für Handwerksbetriebe besonders wichtig, zu kooperieren. Vor allem bei Werbung, Einkauf, der Erarbeitung von Standards und Gütesiegeln, der Entwicklung von Produktlinien, der Aus- und Weiterbildung, der Nutzung von teuren Maschinen, der Verwendung und handwerksgerechten Anpassung von Technologien sowie der Lösung von Umweltproblemen.

Diese Handwerksbetriebe berücksichtigen in ihrer Unternehmensphilosophie neben ökologischen meist auch gleichrangig soziale Aspekte. Darin zeigt sich bereits ein gutes Stück nachhaltiger Entwicklung. Es werden darüber hinaus Maßstäbe gesetzt, die inzwischen auch von der Öffentlichkeit respektiert werden. Es ist kein Zufall, daß im Jahr 1996 der Umweltpreis der Bundesstiftung Umweltschutz an einen holzverarbeitenden Handwerksbetrieb ging. Und die Auszeichnung „Ökomanager des Jahres", den die Zeitschrift „Capital" vergibt, heimste ein handwerklicher Möbelproduzent ein: die Kambium Möbelwerkstätten GmbH im Bergischen Land.

Zum Beispiel: die Kambium Möbelwerkstätten

Die Kambium Möbelwerkstätten sind ein mittelständischer Handwerksbetrieb mit etwa 38 Beschäftigten, die sich auf die Herstellung hochwertiger Vollholzküchen spezialisiert haben. 1996 produzierte und verkaufte

das Unternehmen rund 150 Küchen mit dem Anspruch der größtmöglichen Umweltverträglichkeit. Das Unternehmen hat im Rahmen eines vom Land Nordrhein-Westfalen geförderten Programms das Öko-Audit, ein von der Europäischen Union entwickeltes Umweltmanagementsystem für Unternehmen, bereits durchgeführt.
Am Anfang einer Kambium-Küche steht eine Phase intensiver Planung und Beratung gemeinsam mit dem Kunden. Jede Küche wird dann unter Berücksichtigung aller Kundenwünsche als Einzelstück unter Einsatz von rechnergestützten Maschinen (CAD, CNC) produziert. Hauptrohstoff ist Holz aus europäischer Aufforstung und eine überschaubare Zahl weiterer Naturmaterialien (Granit, Grauwacke, Edelstahl, Glas und Linoleum). Die Bauweise beruht auf einer Weiterentwicklung von traditionellen handwerklichen Formen (Hirnleistenbauweise), die eine hohe Stabilität der Produkte garantieren. Die Oberflächen der Küchenmöbel sind mit natürlichen Ölen imprägniert. Kambium beliefert nur Kunden in einem Umkreis von hundert Kilometern, und auf aufwendige Transportverpakkungen wird verzichtet. Kambium-Küchen sind besonders langlebig. Es gibt keine auslaufenden Modelle. Das Unternehmen garantiert Nachlieferungen, Reparaturen, Um- und Ausbauten.
Auch das neue Firmengebäude wurde unter ökologischen Gesichtspunkten geplant und gebaut. Der Strombedarf des Betriebs wird bereits zu sechzig Prozent durch eine 100-Kilowatt-Windrad-Anlage gedeckt. Mit der Abwärme der Blockheizkraftwerke werden die Räume geheizt und das frische Schnittholz getrocknet. Heute fehlt nur noch eine wirklich funktionstüchtige Holzvergasungsanlage, um mit dem dann aus den Holzabfällen zu gewinnenden Gas die Blockheizkraftwerke zu betreiben.
Künftig will das Unternehmen ein in Arbeit befindliches Rückkaufkonzept verwirklichen: Die zurückgekauften Küchen sollen nach einer Aufarbeitung als Secondhandküchen wieder auf den Markt gebracht werden.

Das Ganze ist mehr als die Summe seiner Teile: Innenausbau und Inneneinrichtung

Neben dem Möbelbau ist der individuelle Innenausbau (zum Beispiel Büro- und Geschäftseinrichtungen) eine klassische Domäne von Handwerksbetrieben. Angefangen bei den Tätigkeiten des Bautischlers, der Gebäude mit Fenstern, Türen, Treppen oder anderen Inneneinbauten bestückt, geht es um die Gestaltung und den Ausbau individueller Räume, häufig in Zusammenarbeit mit Architekten und Inneneinrichtern. Diese Tätigkeiten sind eine klassische Handwerksdomäne. Hochqualifizierte Handwerksbetriebe, die sich auf den Innenausbau spezialisiert haben, sind überall dort gefragt, wo maßgeschneiderte, ästhetisch hochwertige Lösungen oder technisch-gestalterisch anspruchsvolle Produkte oder Unikate benötigt werden. So zum Beispiel die filigrane hölzerne Moscheekuppel mit achtzehn Metern Durchmesser, die die Firma Lumcom bei Stuttgart im Auftrag eines arabischen Königshauses gefertigt hat.

Viele Künstler und Architekten teilen den Traum des ganzheitlichen Bauens und Gestaltens. Sie wollen gewerkeübergreifend arbeiten und in Kooperation mit anderen Handwerken wie Textil, Keramik, Metallbearbeitung oder Mosaiklegen „Gesamtkunstwerke" schaffen.

Antiquitäten von morgen: Möbel zwischen Kunst und Handwerk

Der Möbelbau war bis weit in das 20. Jahrhundert hinein eine klassische Handwerksdomäne. Das änderte sich mit der Industrialisierung der Holzverarbeitung und der Massenproduktion. Gegen die niedrigen Preise der Industrie konnte das Handwerk über Jahrzehnte nichts ausrichten. Seine Bedeutung auf dem Möbelmarkt schwand dahin. Um zu überleben, übernahmen Schreiner industrielle Fertigungsweisen, und traditionelle handwerkliche Fähigkeiten gingen verloren. Dieser Niedergang demotivierte vor allem junge, engagierte Schreiner, deren Herz der handwerklichen Ethik verpflichtet war.

Einer von ihnen, der Publizist Andreas Küstermann, beschreibt den Frust seiner Lehrjahre so: „(...) dann galt es Brettchen zu schieben, beschichtete Kunststoffplatten zusammenzuspaxen, Kunststoffkanten anzukleben, die nach kurzer Zeit wieder abfielen und ähnliches. Massivholz lernte ich kennen als Material, bei dem die Nase läuft, die Augen tränen und der Husten kaum zu bändigen war, denn: Alle Arten von Exoten machten die Runde, und hiesiges Hartholz wie Esche war in manchen Schreinereien kaum zu finden. Die häufigste Form des Holzes war aber meist hauchdünn und als Furnier auf Spanplatten zu leimen, wiederum mit tränenden Augen, weil der Harnstoff und das Formaldehyd im Kauritleim unter der Hitze der Furnierpresse ausdünsteten. (...) Erst später keimte der Gedanke wieder, daß irgend etwas dran gewesen sein mußte an altem Handwerk. Etwas, das Handwerk anders sein ließ, als es zu Zeiten meiner Lehre war, nämlich eben nicht ein billiger und untauglicher Versuch, der Industrie nachzueifern und in den wenigen verbleibenden Nischen unter hohem Verschleiß menschlicher Ressourcen Geld zu verdienen."[7]

Hatte einst die Zunft dafür gesorgt, daß auch der mittelmäßige Lehrling auf hohem ästhetischem Niveau produzieren konnte, so blieb dieses traditionelle Wissen um Funktion und Gestalt nur in wenigen Nischen des Handwerks erhalten. Arbeit wurde immer teurer und die Möbel in den großen Einrichtungshäusern immer billiger. Das Handwerk saß zwischen allen Stühlen und machte, was überlebensnotwendig, auf mittlere Sicht aber existenzbedrohend war: Es paßte sich ästhetisch, in Materialwahl und -bearbeitung, der Industrie an. Die Formensprache der Industriedesigner hatte die Übermacht und prägte den Stil der Zeit.

Erst als die Märkte gesättigt waren, kam wieder Bewegung ins Spiel. Die Ära des Designs brach an. Vom Möbel bis zum Eierbecher wurde alles neu und möglichst originell entworfen. „Designer-Möbel" wurden zum Prestigeobjekt der achtziger Jahre und brachten die deutsche Stilmöbelwelt endgültig ins Wanken. Design wurde das zentrale Verkaufsargument in nahezu allen Konsumgütersparten.

Der Zeitgeist ging auch am Handwerk nicht vorbei. Eine wachsende Schar junger, hochmotivierter und gutausgebildeter Schreiner hat sich auf die große Tradition ihres Gewerkes besonnen. Sie wollen die Möbelproduktion nicht länger der Industrie oder Designern überlassen und bringen hervorragende Produkte auf den Markt. Die Konkurrenz zwischen Möbeldesignern und jungen Möbelhandwerkern ist voll entbrannt. Das hat eine Debatte wiederangefacht, die bereits zu Anfang dieses Jahrhunderts die Gemüter von Architekten, Künstlern und Intellektuellen erhitzt hatte: das Verhältnis zwischen handwerklicher Ästhetik und Industriedesign.

7 Ebenda, S. 7

So akademisch sich diese Debatte zunächst anhören mag, die neuen elektronischen Werkzeuge, die auch dem Handwerk heute zur Verfügung stehen, werfen neue Fragen auf: ökologische, technologische, ästhetische und betriebswirtschaftliche. Die neuen Werkzeuge ermöglichen völlig neue Produktionsstrukturen, die von der dezentralen kleinen handwerklichen Möbelfabrik bis hin zu internationalen, vernetzten, virtuellen Fabriken reichen.

Zum Beispiel „Op Top"
Maßgeschneiderte Möbel sofort lieferbar: An diesem Ziel arbeitet derzeit das Turiner Unternehmen ETD. Dazu hat ETD die Möbelmarke „Op Top" kreiert, die als „technologisches Handwerk" bezeichnet wird. Das Unternehmen will eine große Zahl kleiner, dezentraler High-Tech-Produktionsstätten schaffen und plant Fertigungszentren mit angegliederten Ausstellungsräumen in den Zentren von zwanzig bis dreißig italienischen Städten.
Herzstück des „technologischen Handwerks" ist eine Software, in der die Daten über unterschiedliche Konstruktionen des Möbelprogramms, Materialien, Kosten und Produktionsabläufe gespeichert sind. Der Entwurf der Möbel stammt von einem bekannten italienischen Designer und wurde mit Blick auf den computergesteuerten Fertigungsprozeß entwickelt.
Der Kunde entwickelt gemeinsam mit dem Verkäufer am Bildschirm seine Möbel. Gleichzeitig werden die Kosten berechnet, sie liegen um zwanzig bis dreißig Prozent unter denen gleichwertiger Erzeugnisse. Nach der Auftragsvergabe vergehen maximal 72 Stunden, bis das Möbel ausgeliefert und montiert ist. Die Innovationen sind zum großen Teil patentiert worden. Die Möbel unterscheiden sich auf den ersten Blick kaum von den Produkten der Konkurrenz, der Technologieanteil beträgt aber etwa achtzig Prozent.

Noch vor wenigen Jahren verbat sich der Kauf einer größeren rechnergestützten Fertigungsanlage schon aus Kostengründen. Mittlerweile aber sind die Preise für CNC-Maschinen und hochleistungsfähige mehrachsige Fertigungsinseln so gesunken, daß diese Werkzeuge auch im Handwerk Einzug gehalten haben. Holzverarbeitende Handwerksbetriebe nutzen immer häufiger rechnergestützte Werkzeuge, um kostengünstig zu produzieren. Wobei die Kosten-Nutzen-Relation dort am günstigsten ist, wo in kleinen und mittleren Serien produziert wird oder Unternehmen teilstandardisierte Produkte mit dem Rechner variieren und an

Kundenwünsche anpassen. Immer mehr Möbel und Inneneinrichtungen werden heutzutage von innovativen Handwerksbetrieben in Deutschland auf diese Weise hergestellt.

Doch der Einsatz dieser Maschinen birgt nicht nur Chancen, sondern auch Risiken für das Handwerk. Wie das Forschungsvorhaben „Digitaler Möbelbau"[8] zeigt, steht mit den neuen Technologien für das Handwerk viel auf dem Spiel. Teure Maschinen erhöhen das betriebswirtschaftliche Risiko. CAD, CAM und CNC fördern unter Umständen eine neue Arbeitsteilung, die die traditionelle Ganzheitlichkeit der handwerklichen Arbeitsweise weiter zerstört. Das kann Beschäftigte dequalifizieren. Nicht zuletzt droht die originär handwerkliche Ästhetik und das „Vermächtnis der Hand" verlorenzugehen infolge des Siegeszugs der virtuellen Ästhetik.

Die Gestalt der Möbel wird wesentlich durch die technischen Möglichkeiten bestimmt. Damit wächst die Gefahr, daß die Ästhetik technisiert und virtualisiert wird. Dies würde aber das Wesen der handwerklichen Ästhetik konterkarieren. Am Ende der handwerklichen Produktionskette könnten die gleichen technisch ebenso perfekten wie nichtssagende Möbel stehen, wie sie in jedem besseren Möbelkaufhaus angeboten werden: ein makabrer Sieg der Massenproduktion. Diese Herausforderung verlangt nach neuen Antworten in der technischen und ästhetischen Bildung. Und sie macht deutlich, wie wichtig es ist, handwerksgerechte Werkzeuge zu entwickeln.

Noch ist es ungeklärt, ob am Ende die von Designern konzipierten CD-ROM-Musterbücher stehen werden oder ob das Handwerk selbst die ästhetischen Standards setzen wird. Aber das Risiko ist groß, daß die Gestaltungsmacht künftig bei Technik und Design liegen wird. Dies wäre nicht nur für das Handwerk ein Verlust: Auch unsere Lebens- und Arbeitsqualität würde an ästhetischer und kultureller Vielfalt einbüßen.

8 „Digitaler Möbelbau", Chancen und Probleme moderner Technologien in der Holzverarbeitung. Ein Forschungsprojekt des Instituts für Innenarchitektur und Möbeldesign in Zusammenarbeit mit dds und dem Landesverband Holz + Kunststoff Baden-Württemberg, Stuttgart 1994

Reparieren statt wegschmeißen

Der Energie- und Rohstoffverbrauch in den Industrienationen hat längst das Niveau überschritten, das unter dem Gesichtspunkt der Nachhaltigkeit auf Dauer erträglich ist. Wir müssen auf mittlere Sicht den Verbrauch nichterneuerbarer Ressourcen im Durchschnitt um zirka achtzig Prozent reduzieren. Oder positiv formuliert: Wir müssen unsere Ressourcenproduktivität wenigstens um den Faktor 4 steigern.

Das bedeutet aber keineswegs notwendig, daß wir an Lebensqualität verlieren und zusätzliche Massenarbeitslosigkeit erzeugen. Eine ökologische Wende würde vielmehr zahlreiche neue Tätigkeitsfelder und Arbeitsplätze schaffen. Auch im Handwerk.

Walter R. Stahel, Leiter des Schweizer Instituts für Produktdauerforschung, hält folgende Strategien zur Abfallvermeidung und Steigerung der Ressourcenproduktivität für wichtig:

1. Entwicklung und Produktion langlebiger Güter
2. Nutzungsverlängerung, Nutzenintensivierung
3. Recycling der Rohstoffe

„Ex und hopp" am Ende

Der Trend zur Verkürzung der Produktlebenszyklen ist aus vielerlei Gründen am Ende:

1. Der Deponieraum geht zur Neige. Die sorglose Entsorgung ist schon aus Kostengründen auf Dauer nicht möglich. Die Beschleunigung der Produktlebenszyklen läßt den Abfallstrom anwachsen. Mit dem Kreislaufwirtschaftsgesetz hat die Bundesregierung einen ersten Schritt unternommen, um eine Trendwende einzuläuten.

2. Recycling im Sinn einer Wiederverwendung in geschlossenen Kreisläufen gibt es nur in wenigen Ausnahmefällen, so beim Edelmetall Platin, das extrem teuer ist. Recycling bedeutet in der Realität fast immer Downcycling: Aus hochwertigen Rohstoffen werden minderwertige Produkte hergestellt.
3. Da die meisten Produkte nach wie vor nicht unter Berücksichtigung von Demontage und Wiederverwendung konstruiert werden, enden demontierte Teile meist als nicht wiederverwendbarer Sondermüll.
4. Eine besondere Belastung sind die Auswüchse der anonymen Massenproduktion: Produkte oder Lagerbestände, die direkt auf den Müll wandern oder als Sonderangebote entsorgt werden.
5. Die stetige Verkürzung der Produktlebenszyklen, wie sie vor allem in der Mikroelektronik zu beobachten sind, stößt an systemimmanente Grenzen. Weder die Kunden noch der Markt erlauben es, den Innovationswettlauf über längere Zeit fortzusetzen. Über kurz oder lang erweist sich diese Konkurrenz für die beteiligten Unternehmen als Beschleunigungsfalle. Langsam, aber sicher wächst die Gefahr, daß die Kunden die Erneuerungsspirale leid sind und Marktanteile an Anbieter verlorengehen, die sich nicht mehr an die Spielregeln halten und auf langlebige Produkte umsteigen.[1]

Die Produktentwicklung und der Konsum von morgen werden nur dann mit den Anforderungen einer nachhaltigen Entwicklung zu vereinbaren sein, wenn wir Konzepte entwickeln und umsetzen, die über die Zurückführung von sortenreinen Abfällen in den Wertstoffkreislauf hinausgehen. Es wird besonders darauf ankommen, den Gebrauchswert der Produkte zu erhöhen, also ihre Lebensdauer zu verlängern und ihre Nutzung zu intensivieren.

Stahel bringt die Anforderung so auf den Punkt: „Eine nachhaltige Wirtschaft fördert und perfektioniert primär die Kreisläu-

1 K. Backhaus, K. Gruner, Epidemie des Zeitwettbewerbs, in: K. Backhaus, H. Bonus (Hg.), Die Beschleunigungsfalle oder der Triumph der Schildkröte, a. a. O.

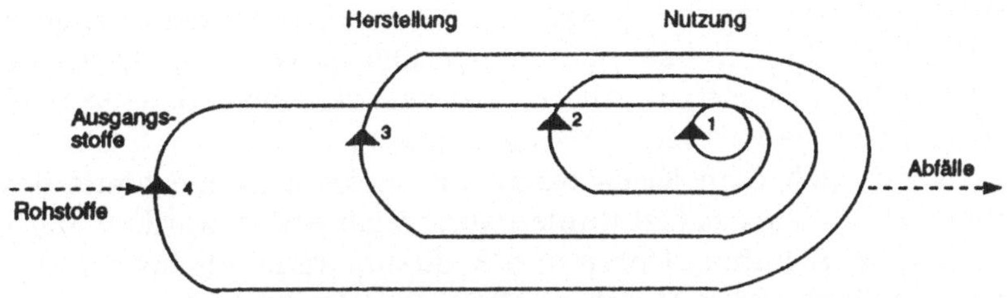

unabhängige Lebensdauer von inter-kompatiblen Systemen, Produkten und Komponenten

Nutzungsdauer-Verlängerungsschlaufen

1. Wiederverwendung des Produktes
2. Reparatur des Produktes
3. Grunderneuerung / Wiederinstandsetzung des Produktes
4. Wieder/Weiterverwendung der Ausgangsstoffe.

Quelle: Institut für Produktdauer-Forschung, Genf

Wiederverwendung, Instandhaltung und Reparatur sind aus ökologischer Sicht dem Recycling vorzuziehen.

fe der Wiederverwendung (Logistik und Funktionsorientierung), der Reparatur, der Instandsetzung und Aufarbeitung, des Hochrüstens bestehender Güter; zudem fördert sie die Entwicklung innovativer Komponenten (zum Beispiel selbstreparierende, wartungsfreie, fehlertolerante Komponenten), von facharbeitsintensiven dezentralen Werkstätten statt globaler Roboterfabriken, von ‚Minimills' statt großer Stahlwerke und von neuen Märkten für Gebrauchtgüter, -komponenten und Wertstoffe."[2]

Besonders interessant macht die Strategien der Nachhaltigkeit, daß sie den Faktor Arbeit wieder als rentable Größe ins Spiel bringen. Sie ermöglichen bei geringerem Rohstoffverbrauch neue, arbeitsintensivere Produktionszyklen.

Während über Recycling schon lange diskutiert wird, sind die Kriterien der Langlebigkeit und der Nutzenintensivierung bisher

2 W. R. Stahel, Innovation braucht Nachhaltigkeit, in: K. Backhaus, H. Bonus (Hg.), Die Beschleunigungsfalle oder der Triumph der Schildkröte, a. a. O.

wenig bekannt. Auch weil sie in mancher Hinsicht dem Zeitgeist widersprechen, sind sie nicht sonderlich populär. Die Industrie hat bei der Durchsetzung ihrer ressourcenverschwendenden Strategie mächtige Partner: die Konsumenten.

Noch nach dem Krieg waren die meisten Gegenstände des täglichen Lebens es fast immer wert, repariert zu werden, angefangen bei Schuhen, Uhren und Radioapparaten bis hin zu Fenstern, Möbeln oder Motoren. Mann und Frau brachten sie zur Reparaturwerkstatt oder holten einen Handwerker ins Haus. Das ist mittlerweile ganz anders:

1. Schlechte Materialqualität, billige Verarbeitung und eingebauter Verschleiß sorgen dafür, daß die meisten Geräte nicht alt werden können. Viele Produkte werden so konstruiert und verarbeitet (zum Beispiel verschweißt), daß eine Reparatur nicht möglich ist.
2. Es gibt kaum noch Fachwerkstätten nebenan. Discounter oder Warenhäuser reparieren meist nicht; wenn doch, dann dauert es ewig.
3. Das Verhältnis Neupreis/Reparaturkosten hat sich zuungunsten der Reparatur geändert: Arbeit ist teuer geworden, und die Rohstoffe sind viel zu billig, gemessen an ihrer tatsächlichen Knappheit.
4. Die Handwerker in den Fachgeschäften kennen sich angesichts der großen Zahl von Elektrogeräten aus aller Welt nicht mehr gut genug aus, um den Reparaturaufwand richtig einschätzen zu können; oft genug verdienen Handwerker mehr am Verkauf als an Reparaturen.
5. Der Verbraucher akzeptiert das Argument, daß sich eine Reparatur nicht lohne, oft nur allzugern, erteilt ihm diese Auskunft doch die Absolution für latente Konsumwünsche.

Diese Entwicklung der Produkte und der Konsumgewohnheiten hat die Geschichte des Handwerks mitbestimmt. Vielen Handwerkern brachten Wartung, Instandhaltung, Aufarbeitung und Reparatur einen wesentlichen Teil ihres Umsatzes, wenn sie nicht sogar das Hauptgeschäft darstellten. Das gilt etwa für Kfz-Reparaturwerkstätten, Änderungsschneidereien, Gebäudereiniger sowie große Teile der Bau-, Elektro- und Metallbranche.

Viele Handwerksberufe aber gerieten unter Druck oder wurden sogar aus dem Markt verdrängt. Einige Handwerker haben sich auf neue Tätigkeiten spezialisiert. Die Logik der Massenproduktion und der Produktentwicklung droht nach wie vor viele Berufe auszulöschen: Die Uhrmacher beispielsweise wurden in dem Maß überflüssig, wie Billiguhren, zunächst mechanische, dann elektronische, den Markt überschwemmten. Auch wenn es heute wieder einen wachsenden Markt für hochwertige und mechanische Uhren gibt, konnten sich die Reste dieses Handwerks nur dank steigender Handelsanteile behaupten.

Ähnlich sieht es für die Elektromaschinenbauer aus. Heute werden kleine und mittlere Elektromotoren zu einem Preis verkauft, der so niedrig ist, daß sich die Arbeitskosten für die Reparaturen aus der Sicht des Kunden nicht mehr lohnen. Elektromotoren sind zu Wegwerfartikeln geworden. Das Tätigkeitsfeld der wenigen verbliebenen Betriebe hat sich stark geändert. Das Elektromaschinenhandwerk übernimmt heute vor allem Aufgaben in den Bereichen Handel, Vertrieb, Spezialanfertigungen, Service, Reparatur und Wartung von Großmotoren. Viele Betriebe sind heute Glieder in der logistischen Kette von Elektromotorenherstellern und übernehmen für diese vor Ort etwa Lagerhaltung, Vertrieb und Sonderfertigungen.

Aber die Wende in der Produktpolitik und im Verbraucherverhalten hat in vielen Bereichen bereits begonnen. Dies belegt die wachsende Zahl von Industrie- und Handwerksunternehmen, die die Zeichen der Zeit verstanden haben und als Produzenten oder Dienstleister Strategien der Langlebigkeit umsetzen. Sei es, weil sie die Knappheit von Energie, Rohstoffen und Deponieraum schon heute in ihrer Geschäftskonzeption einbauen, sei es, weil sie früh umweltverträglich auf die Innovationsermüdung ihrer Kunden reagieren wollen.

Beispiele für Produkte mit langer Lebensdauer und/oder gesteigertem Nutzen gibt es inzwischen in großer Zahl. Hier nur einige wenige:

- Manche Büromöbel werden bereits für eine Lebensdauer von dreißig Jahren konzipiert. Es gibt für sie eine Rücknahmegarantie. Sie sind so gebaut, daß sie auseinandergenommen und zu neunzig Prozent wiederverwendet werden können.

- Rank Xerox nimmt ausgediente Drucker, Kopierer und Telefaxgeräte zurück und repariert oder demontiert diese in einem darauf spezialisierten Werk. Teile, die nicht repariert oder wiederverwendet werden können, gehen als Material in den Produktionskreislauf zurück.
- Eine beachtliche Zahl von Konsumenten legt auf die Langlebigkeit von Produkten großen Wert und ist bereit, dafür einen höheren Preis zu zahlen. Das belegt der Erfolg von Thomas Hoof, dem Shooting-Star der Versandhausszene, der mit seinem Katalog „Manufactum“ seit einigen Jahren extreme Umsatzsteigerungen erzielt.

Reparieren statt wegschmeißen

Schon heute lohnt es sich in vielen Fällen nicht nur für die Umwelt, sondern auch für Handwerker, gezielt Instandsetzungs- und Reparaturleistungen anzubieten. Es wurden handwerksadäquate Strategien entwickelt, um das Leben von Produkten zu verlängern.

Zum Beispiel: das System Vangerow – Reparaturen im Verbund
Der Fachhandel für Unterhaltungselektronik hat in den letzten Jahren stetig sinkende Umsätze in einer Größenordnung von fünf bis fünfzehn Prozent verzeichnet. Starker Kostendruck und ein mörderischer Preiswettbewerb haben die Gewinnspannen verkleinert und Konzentrationsprozesse auf dem Markt forciert. Im Jahr 1996 haben dreizehn Prozent der Radio- und Fernsehhandwerksbetriebe geschlossen.

Unter Leitung der Firma ASWO, Europas Marktführer bei der Ersatzteilversorgung von Unterhaltungselektronik-Fachwerkstätten, haben Handwerker dieser Branche über neue Marktstrategien für den Reparaturbereich diskutiert. Für die kleinen Fernsehwerkstätten ist der Kostendruck heute das drängendste Problem. Im Durchschnitt repariert ein Techniker zwei Geräte am Tag. Bei 400 bis 500 Mark Fixkosten pro Arbeitsplatz und einem durchschnittlichen Reparaturerlös von 220 Mark pro Gerät schreibt kaum eine Werkstatt schwarze Zahlen. Solange beim Verkauf genügend Gewinn erwirtschaftet wird, kann die Werkstatt gehalten werden. Wenn aber verschärfte Konkurrenz die Verkaufserlöse verringert,

wird es eng für die Werkstatt. Wer läßt schon für 300 Mark einen Farbfernseher reparieren, wenn der neue nur 500 Mark kostet?
Untersuchungen der chronisch defizitären Reparaturarbeiten haben ergeben, daß im Durchschnitt 25 Prozent der Kosten für das Ersatzteil anfallen, der Rest sind Arbeitskosten. Die Arbeitskosten wiederum entstehen zu 80 Prozent bei der Fehlersuche. Wobei die Spannbreite erheblich ist: Bei einem Gerät dauert es nur wenige Minuten, beim nächsten mehrere Stunden, bis der Handwerker den Fehler entdeckt hat. Wie schnell der Techniker den Fehler findet, hängt vor allem davon ab, wie gut er das Gerät kennt, wie oft er den betreffenden Typ bereits repariert hat. Es gibt inzwischen über 50 000 verschiedene Typen von Geräten, und so landen in den Fachwerkstätten immer mehr Fernsehapparate, die der Handwerker noch nie gesehen hat. Und ist der Fehler gefunden, dann ist das unter hohem Zeiteinsatz gewonnene Wissen nur wenig wert, da das gleiche Gerät in dieser Werkstatt vielleicht nie wieder auftaucht.
Die Lösung für dieses Problem: Reparaturen sind nur dann wirtschaftlich, wenn die Fachwerkstatt die einfachen Fälle übernimmt und die selteneren, schwierigen Fälle an Spezialwerkstätten abgegeben werden, die sich auf bestimmte Gerätetypen oder Marken spezialisiert haben.
Detlef Vangerow, ein Fernsehfachhändler bei Reutlingen, der mit der Firma ASWO die strukturellen Probleme der Reparaturwerkstätten ausführlich diskutierte hatte, übernahm 1994 für ASWO versuchsweise den Bereich CD-Player-Reparaturen als Spezialist. Er hatte sich damit eine besonders schwierige Aufgabe ausgesucht, denn es ist technisch kompliziert, CD-Player zu reparieren. Und es muß sich für den Kunden lohnen trotz fallender Neugerätepreise. Zu Beginn erhielt er monatlich 50 CD-Player zur Reparatur. Die ersten Erfahrungen waren deprimierend für Detlef Vangerow. Obwohl er sich in einem Kurs mit der Aufgabe vertraut gemacht hatte, saß er an manchen Geräten bis zu zwei Tage. Doch es half nichts. Er hatte sich vorgenommen, das Reparieren zu erlernen, und er nahm keine Rücksicht auf die Zeit. Die harte Schule lohnte sich: Nachdem Detlef Vangerow die ersten 200 CD-Player repariert hatte, brauchte er für manche Geräte im Durchschnitt nur noch eine halbe Stunde, jetzt fehlten ihm weitere Kunden.
Vangerow wußte aus Erfahrung, daß Fachhändler nicht gerne Geräte einschicken und dem Kunden lieber ein neues Modell verkaufen. Und die Kunden geben ungern viel Geld für einen oft aufwendigen Kostenvoranschlag aus. Deshalb entwickelte Vangerow ein Systempreisangebot für die Fachhändler. Er versprach den Fachhändlern, achtzig Prozent aller Geräte zu einem günstigen Preis zu reparieren und für die restlichen zwanzig Prozent einen gebührenfreien Kostenvoranschlag zu erstellen.
Auf die Kundenfrage „Was kostet die Reparatur?“ kann der Fachhändler nun antworten: „In achtzig Prozent aller Fälle kostet es genau x Mark. Nur in zwanzig Prozent der Fälle wird es teurer. Aber dann erhalten sie von

© Detlef Vangerow

Detlef Vangerow bei der Reparatur. Er arbeitet heute mit über dreitausendfünfhundert Werkstätten in Deutschland zusammen. Die Kooperation erlaubt es den Handwerksbetrieben, Reparaturen elektronischer Geräte wieder preisgünstig anzubieten.

uns erst einmal einen Kostenvoranschlag. Sie können dann entscheiden, ob wir das Gerät reparieren lassen sollen oder nicht."

Mit diesem Systempreisangebot konnte Vangerow innerhalb kürzester Zeit eine größere Zahl von Händlern als Kunden für seinen Reparaturservice gewinnen. Der Erfolg war so groß, daß der Reparaturdienst zu einem Verbund ausgebaut werden mußte. Vangerow fand kleinere Reparaturwerkstätten, die bereit waren, sich auf die Instandsetzung von speziellen CD-Player-Modellen oder -Marken zu spezialisieren. Auch dieser Schritt gelang: Die Partner waren nach einer gleichfalls mühsamen Einarbeitungsphase erfolgreich und zufrieden mit ihrem neuen Geschäftsbereich. Mitte 1995 war klar, daß das System funktioniert. Die Werkstätten verdienen Geld, und die Kunden sind zufrieden.

Doch warum sollte das nur bei CD-Playern klappen? Diese machen gerade mal fünf Prozent aller schwierig zu reparierenden Geräte aus. Die Kunden fragten immer häufiger nach, ob nicht auch zum Beispiel Videorecorder oder Videokameras zur Reparatur angeliefert werde könnten.

Detlef Vangerow beschloß daraufhin, ein System von unabhängigen

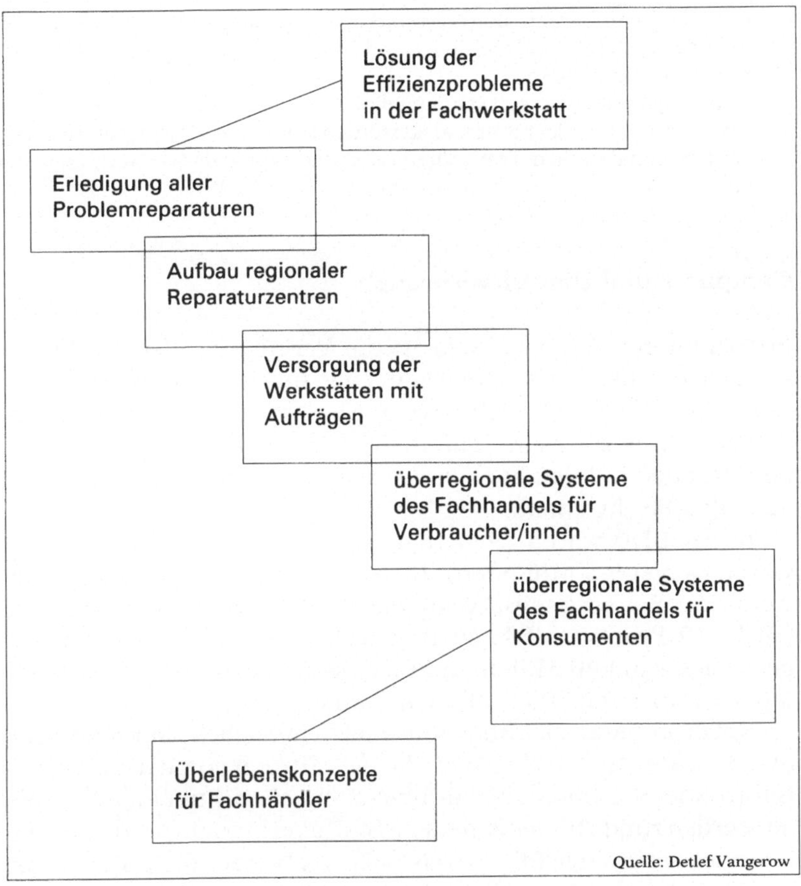

Reparaturdienstleistungen im System: das System-Werkstatt-Konzept.

Werkstätten zu schaffen, von denen jede auf eine Marke und/oder eine Geräteart spezialisiert ist. Sein Unternehmen sollte künftig als Zentrale dienen, die alle defekten Problemgeräte von den Fachhändlern einsammelte und direkt zu dem geeigneten Spezialisten weiterleitete.
Es gelang ihm, eine große Zahl von Reparaturwerkstätten als Partner für diesen Plan zu gewinnen. 1995 präsentierte Vangerow sein erweitertes System rund 6000 Fachhändlern. Der Erfolg war – nicht zuletzt wegen eines Startsonderangebots für die Reparatur von Videorecordern – über-

wältigend und brachte den Verbund an die Grenze seiner Belastbarkeit. Aber das System bewährte sich. Rund 3500 Werkstätten gehören heute zu seinen Stammkunden.
Und Vangerow verbessert sein Angebot weiter: Da zum Beispiel ein kleiner Teil der Geräte schlecht verschickt werden kann (zum Beispiel Fernseher), baut er gerade einen Transportservice und regionale Reparaturzentren auf.

Computer und Umweltverbrauch

Für kaum ein Marktsegment ist die Verkürzung der Produktlebenszyklen ein so brisantes Thema wie für die Computertechnik. Der technische Fortschritt – wenn es denn einer ist – war in den letzten Jahren so rasant, daß inzwischen nicht nur den Kunden, dem Handel und den Fachwerkstätten die Luft ausgeht, sondern auch den Produzenten.

In der BRD waren 1996 18,4 Millionen PCs in Betrieb (1993 waren es erst 9,5 Millionen). Diese Zahl würde sich verdoppeln, wenn das Versorgungsniveau der USA erreicht werden sollte (BRD: 19 Prozent, USA: 40 Prozent). Die dann in Deutschland genutzten rund 40 Millionen PCs ergäben einen Materialintensitätswert von rund 800 Millionen Tonnen.

Neben der Materialintensität spielen in Sachen Computer weitere Aspekte eine große Rolle, die den Spruch von der „sauberen Informationstechnologie“ zur Illusion machen. Für einen Computer werden rund 700 verschiedene Stoffe verbraucht, und auch der Energiekonsum der PCs erweist sich als beträchtlich. Der PC ist zu einer globalen Umweltgefahr geworden.

Analysen des Produktlebenszyklus zeigen die wichtigsten Faktoren, die den PC von heute im Eiltempo zum Abfall von morgen werden lassen[3]:

- die äußerliche Alterung (Gilb, Schmutz, Kratzer)
- die Innovationsspirale

3 O. Bonniot, Hemmnisse und Potentiale der Informationstechnologien, Werkbericht am Wuppertal Institut, 1995 (unveröffentlicht)

Materialintensität (MI) von Grundstoffen im PC*

	Gewicht	Materialintensitätswert *(Minimum)*
Platinen	2,2 kg	1,65 t
Kunststoffe	5,06 kg	25,3 kg
Bildschirmröhre	6,36 kg	89 kg
Kabel	1,1 kg	318 kg
sonstige Geräteteile wie z. B. Transformatoren, Kondensatoren, Verbindungen aus Stahl und Aluminium	7,26 kg	1,086 t

* Quelle: Wuppertal Institut

- die Anspruchshaltung der Konsumenten: Das Design wird für unmodisch gehalten oder die technischen Fähigkeiten für nicht mehr ausreichend, zum Beispiel wenn der Nachbar oder ein Freund ein moderneres Gerät besitzt
- zunehmende Kaufkraft

Hinzu kommt: Die immer geringeren Unterschiede zwischen Neupreisen und Reparatur- oder Nachrüstkosten bewirken, daß Geräte neu gekauft werden und Reparaturdienstleistungen sich bisher nicht durchsetzen konnten. Eine Entwicklung, die für PCs und Monitoren bis vor kurzem gleichermaßen zutraf.

Und die Monitore?

Immer mehr, immer größer und immer besser sind die Monitore, die seit einigen Jahren ins Land kommen. Sie sind besser, was die Feinheit der Auflösung, die Darstellung und die Ergonomie betrifft. Leider haben sich die Konstrukteure aber kaum Gedanken darüber gemacht, daß ein Monitor auch repariert werden muß.

Innerhalb der Garantiezeit (in der Regel zwischen ein und drei Jahren) ist das relativ unproblematisch. In dieser Periode, während der die Reparatur in wenigen Großbetrieben gesichert ist, fallen zwischen ein und sechs Prozent der Geräte aus. Einziger Wermutstropfen für den Kunden: Er muß das Gerät zu seinem Händler bringen, und der muß es einschicken. Da die großen Werkstätten völlig überlastet sind, dauert es meist bis zu sechs Wochen, bis das Gerät zurückgeschickt wird. Bei einigen Marken wird dem Kunden während dieser Zeit kostenlos ein Ersatzgerät zur Verfügung gestellt, so daß ihn die lange Wartezeit nicht stört. Die Kosten trägt der Hersteller.

Doch nach der Garantiezeit wird oft der Eindruck erweckt, daß sich die Reparatur nicht mehr lohnt. Dabei ist es häufig nur eine nicht leitende Lötstelle oder ein Kondensator, der leicht ausgetauscht werden kann. Doch die Werkstatt des Computer-Fachgeschäfts kann diese Reparatur nicht ausführen. Ihre Techniker sind zwar dafür qualifiziert, defekte Computer wieder zum Laufen zu bringen, doch für die Analogtechnik eines Monitors sind sie nicht ausgebildet. Da die Bildröhre mit Hochspannung betrieben wird, ist es auch nicht gerade ungefährlich, ohne entsprechende Ausbildung Monitore zu reparieren.

Von ihrer Ausbildung her haben Rundfunk- und Fernsehtechniker die besten Voraussetzungen, Monitore reparieren zu können. Doch während jede in die Handwerksrolle eingetragene Fachwerkstatt ohne Schwierigkeiten Schaltpläne und Ersatzteile für Fernsehgeräte bekommt, ist das bei Monitoren nicht der Fall. Nur Philips und wenige andere Hersteller versorgen auch kleine Handwerksbetriebe schnell und günstig mit allen Ersatzteilen und Schaltplänen.

Zum Beispiel: Monitor-Service
Beim Monitor-Service handelt es sich um einen Verbund von inzwischen 150 Fernsehfachwerkstätten in Deutschland, Österreich und der Schweiz. Die meisten sind Handwerksbetriebe. Sie haben sich auf die Reparatur von Monitoren spezialisiert – ähnlich wie beim Vangerow-System. Allerdings mit einem wesentlichen Unterschied: Die Reparaturbetriebe nutzen ein Informationssystem, um den kollektiven Lernprozeß zu organisieren, damit allen das gemeinsame Know-how zugänglich ist. Der Ersatzteil-Schnelldienst ASWO unterstützt auch diesen Unternehmensverbund, und ein selbständiger Unternehmensberater, Jörg Lüttgau, koordiniert und vermarktet den Monitor-Service.

Landet heute in einer Monitor-System-Reparaturwerkstatt ein unbekanntes Gerät zum Beispiel „aus taiwanesischer Küche", dessen Hersteller keine Schaltpläne veröffentlicht, dann kann der Datenhighway der EURAS (ein Tochterunternehmen der ASWO) genutzt werden, um an der elektronischen Pinnwand Informationen über Bauart, Schwachstellen, Ersatzteile und anderes herauszubekommen.
Die Erfahrung der Werkstätten zeigt, so Lüttgau, daß die unbekannten neuen Produkte in der Regel auf Schaltplänen und Bauweisen von bereits auf dem Markt befindlichen Geräten beruhen. Anhand der Chips und gewisser Merkmale der Komponentenanordnung ist es dem Verbund inzwischen möglich, relativ schnell die Bauweise eines Monitors zu identifizieren, den Fehler festzustellen und zu beheben. Dabei zeigt sich, daß nur wenige Teile von Bildschirmen speziell für einen bestimmten Hersteller gefertigt werden. Die meisten Teile sind auch in anderen Geräten zu finden und austauschbar. Und das Herz des Monitors, die Bildschirmröhre, könnte in der Regel deutlich länger leben, als der Monitor genutzt wird. Außer der schnellen Identifizierung von Fehlern und Hilfe bei der Suche nach Schaltbildern und Ersatzteilen, organisiert der Verbund auch eine gemeinsame Werbung. Für kleine Werkstätten ist es nicht einfach, sich bekannt zu machen. Die Streuverluste von Anzeigen in Computer-Fachzeitschriften, die in ganz Deutschland gelesen werden, sind zu groß. Doch der Verbund kann in diesen Medien und im Internet für alle gemeinsam werben. Jeder zahlt nur einen geringen Anteil der Gesamtkosten, kann aber eine Vielzahl potentieller Kunden auf sich aufmerksam machen. Viele Kunden sind dankbar, daß sie auf diesem Wege von Spezialisten für Monitorreparaturen erfahren. Sicherlich würden viel mehr Monitore repariert, wenn allgemein bekannt wäre, daß ganz in der Nähe eine Spezialwerkstatt existiert, die die meisten Geräte schnell und günstig reparieren kann.
Besonders schwierige Reparaturen, mit denen selbst eine Monitor-Spezialwerkstatt nicht zurechtkommt, können die Techniker zu regelmäßig stattfindenden Workshops mitbringen. Diese Problemfälle werden dann mit Hilfe von besonders erfahrenen Monitorspezialisten gelöst. Das ist eine äußerst effektive Fortbildungsmaßnahme, denn bestimmte Erfahrungen lassen sich am besten am konkreten Fall demonstrieren. Falls auch das nicht hilft, können die ganz harten Nüsse zu den Spezialisten für Problemfälle, den Vangerow System Werkstätten, geschickt werden.

Umwelthandwerker Heinrich Jung

Wenn Walter Stahel recht hat und sich der Umweltverbrauch eines Produkts durch die Verdoppelung seiner Lebensdauer halbiert, dann gehört Elektroinstallateurmeister Heinrich Jung aus Ingelheim zu den Robin Hoods unserer Wegwerfkultur. Wenn Jung den Kundenauftrag erfüllt hat, dann haben alle gewonnen: die Umwelt, der Kunde und das Handwerksunternehmen. Heinrich Jung: „Ich verstehe mich als Umwelthandwerker und kombiniere Fachwissen mit Erkenntnissen über ökologische Zusammenhänge."

„Blitzblume" steht auf dem Kastenwagen, mit dem der Elektroinstallateur in Ingelheim und Umgebung fleißig unterwegs ist. An Kundenaufträgen mangelt es dem mehrfachen Umweltpreisträger (Stadt Mainz 1990; Rheinland-Pfalz 1991) nicht. Sein Motto lautet: Reparieren geht vor wegwerfen und kaufen. Der Erfolg gibt ihm recht. Seinem Unternehmen geht es gut.

© H. Jung

Der Umwelthandwerker Heinrich Jung wurde schon mehrfach mit Umweltpreisen ausgezeichnet. Von seiner Arbeit profitieren alle: die Umwelt, der Verbraucher und das Unternehmen.

„Handwerker werden zunehmend zu bloßen Teileaustauschern und Hilfsarbeitern der Industrie degradiert. Auf Grund meiner Weltanschauung und Arbeitserfahrung weiß ich, daß der Lohn der Arbeit nicht nur in Geld zu bemessen ist. Ich möchte, wie wohl jeder Mensch, auch sinnvoll leben und bin bereit, Verantwortung zu übernehmen“, sagt Jung. Er will mit seiner Arbeit dazu beitragen, daß Energie und Rohstoffe sparsam und umweltschonend eingesetzt werden. Das Konzept seiner Arbeit ist verblüffend einfach. Es beruht auf jahrelangen Erfahrungen als Reparaturspezialist.

Grundlage des Geschäftskonzepts ist die Erkenntnis, daß in einem Elektrohaushaltsgerät eine Menge Rohstoffe und Energie stecken. Je früher Haushaltsgeräte weggeworfen werden, desto schneller wächst der Müllberg. Jung bietet seinen Kunden als Alternative preiswerte Reparaturen an und will damit die Nutzungsdauer der Geräte erhöhen. Dabei stützt er sich auf folgende Tatsachen:

1. Die Tatsache, daß ein Gerät alt ist, sagt wenig aus über seinen Restgebrauchswert. Im Gegenteil. Ältere Geräte sind oft viel stabiler gebaut als neue. Viele Maschinen jüngeren Datums sind auf Verschleiß angelegt und ihr Geld nicht wert.
2. Die häufigsten Fehler an Elektrohaushaltsgeräten (etwa 50 Prozent) wie Waschmaschine, Geschirrspüler usw. haben nichts mit Verschleiß und Alter zu tun. Ob Flusen einen Schlauch verstopfen, eine Münze die Pumpe blockiert oder ein BH-Bügel an der Waschtrommel schrappt: Diese Fehler können genausogut in der ersten Woche auftreten wie nach zwanzig Jahren. In keinem Fall sind sie ein Grund, die Maschine auszumustern.
3. Bei den meisten Reparaturen wird kein Ersatzteil benötigt. Jungs betriebsinterne Fehlerstatistik seit 1991 zeigt: Bei 54 Prozent der Reparaturen benötigt der Handwerker nur seinen Verstand und sein Werkzeug.
4. Ein sparsamer Ersatzteileinsatz ermöglicht eine für Handwerker und Kunden preisgünstige Reparatur. Viele Teile werden heute von Kundendiensten ausgetauscht, obwohl sie gar nicht defekt sind. So hält Jung zum Beispiel die weitverbreitete

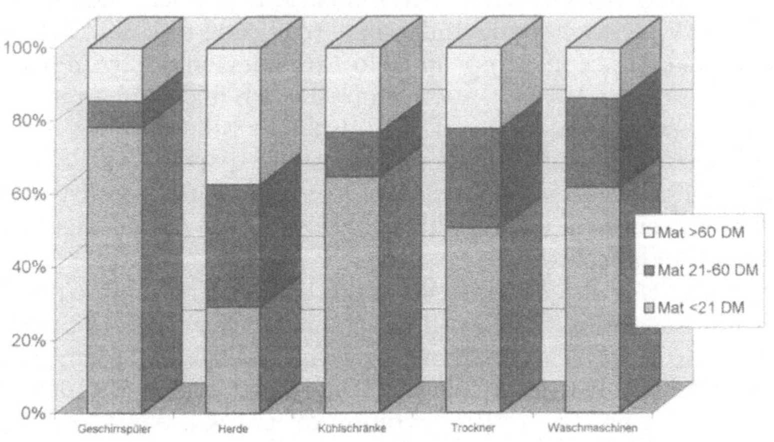

Quelle: H. Jung

Reparieren muß nicht teuer sein: Über die Hälfte der Reparaturen führt Heinrich Jung mit Materialien aus, die weniger als 21 Mark kosten.

Meinung, daß Programmschalter von Waschmaschinen häufig kaputtgehen, für einen Irrtum. Seine Statistik belegt, daß das gerade mal in 4 Prozent der Fälle stimmt. Und nur bei 30 Prozent der Programmschaltwerke war die Reparatur unrentabel, bei 12 Prozent ließ sich das Programm austauschen, und 58 Prozent der betroffenen Maschinen waren instandzusetzen.

5. Oft sind nur Kleinteile defekt – dennoch werden große und komplexe Komponenten ausgewechselt. Ist beispielsweise die Laugenpumpe einer Waschmaschine undicht, dann kann man entweder die ganze Pumpe auswechseln (150 Mark) oder nur das verschlissene Teil, den Wellendichtring aus Gummi (21,40 Mark). Dann ist die Reparatur für den Kunden und die Umwelt verträglicher.
6. Häufig gehen Bauteile in Elektrogeräten nicht durch Verschleiß, sondern aus anderen Gründen kaputt. Wenn zum Beispiel in einer Waschmaschine der Antriebsmotor naß wird und verbrennt, weil der Einlaufschlauch ein Loch hat. Norma-

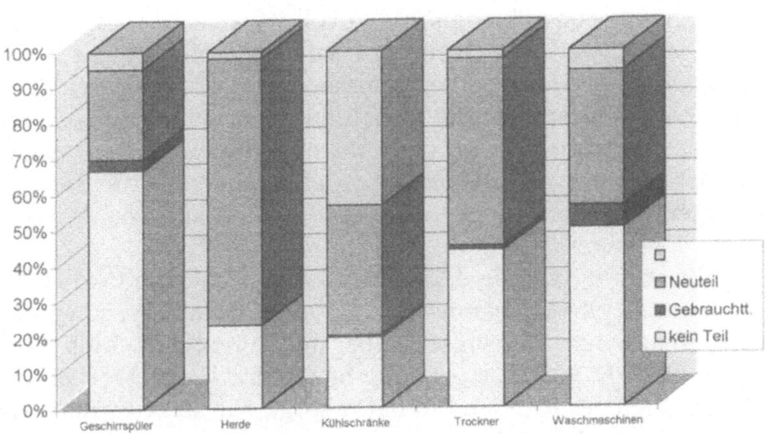

Quelle: H. Jung

Reparieren ohne Ersatzteile: Bei über der Hälfte der Reparaturen von Geschirrspülern und Waschmaschinen braucht Heinrich Jung keine neuen Teile.

lerweise hält so ein Motor eine kleine Ewigkeit. Hier reichen ein überholter gebrauchter Motor für 80 Mark und ein neuer Einlaufschlauch für 23 Mark. Ein Lager an überprüften Gebrauchtersatzteilen ermöglicht häufig kosteneffiziente Reparaturen, auch bei Defekten, die sonst zur Entsorgung des Geräts führen.

7. Auch Neuteile müssen bei Beachtung der genannten Grundsätze nicht teuer sein. Dies belegt das Diagramm auf S. 188.
8. Auf den Rat eines Reparaturhandwerkers, der auf den Verkauf neuer Geräte verzichtet, kann der Kunde sich verlassen. Interessenkonflikte sind von vornherein ausgeschlossen. Die Spezialisierung auf Reparaturen sorgt für den Erfahrungsschatz, der den Reparaturhandwerker zu einer schnellen und kostengünstigen Alternative macht.

Umwelthandwerker Jung legt großen Wert auf eine ganzheitliche Beratung der Kunden und bietet ihnen verschiedene Ökodienste mit an. „Vieles, das ökologisch sinnvoll wäre, wird im Haushalt nicht erledigt, weil es sich für den Kunden einfach nicht lohnt, dafür extra einen Handwerker kommen zu lassen. Wenn ich diese Arbeiten im Anschluß an die Maschinenreparatur erledige, dann ist meist dem Kunden und der Umwelt geholfen." Hier geht es zum Beispiel um die Reparatur tropfender Wasserhähne und undichter Toilettenspülkästen oder die Montage von Wasserspareinrichtungen.

Und wenn der Kunde dann noch Fragen hat: Die Öko-Haushaltsberatung gibt es umsonst, etwa über Waschen, Weichspüler, Energiesparen usw. Umsonst ist aber nicht vergebens: Jung weiß, daß die Investition in das persönliche Gespräch, das Werben um das Vertrauen des Kunden mit dafür sorgt, daß seine Firma auch beim nächsten Mal gerufen wird.

Reparieren lohnt sich

Nicht nur die Handwerker, auch die VerbraucherInnen und ihre Verbände müssen einen Beitrag leisten. Ihre Bereitschaft ist gefragt, die Maxime zu akzeptieren, daß sich Reparaturen für die Umwelt fast immer lohnen. Kurzfristige Kosten-Nutzen-Betrachtungen, die sich nur am Preis eines neuen Produkts ausrichten, sind nicht mehr zu verantworten. Angesichts der schlechten Qualität vieler billiger Neuprodukte geht die Rechnung in vielen Fällen nicht einmal für sich genommen auf, für die Volkswirtschaft und unter dem Gesichtspunkt eines nachhaltigen Umgangs mit natürlichen Ressourcen schon gar nicht. Als Orientierungshilfen für die Verbraucher wären Reparaturführer für Städte und Regionen hilfreich. Darin könnten Reparaturdienstleister aller Art aufgeführt werden.

Doch nicht nur Wirtschaft und Verbraucher sind gefordert, umweltgerechte Antworten zu finden. Die ökonomischen und politischen Rahmenbedingungen können mitentscheiden, in welcher Richtung sich die Produktions-, Verbrauchs- und Entsorgungsbedingungen weiterentwickeln. Dabei ist besonders auf folgende Dinge zu achten:

- Die Preise für Produkte müssen die ökologische Wahrheit sagen.
- Die Finanzierung der gesellschaftlichen Aufgaben darf nicht überwiegend dem Faktor Arbeit aufgebürdet werden.
- Beschränkt sich die Umweltpolitik weiterhin darauf, die Verantwortung für Produkte an deren Hersteller zu delegieren, dann muß der Entsorgung über den Markt (besonders durch das Verschieben bzw. den Verkauf in andere Regionen dieser Erde) ein Riegel vorgeschoben werden.

Klimaschutz: der Beitrag des Handwerks zur Energiewende

Eine der großen Herausforderungen des nächsten Jahrzehnts ist der Treibhauseffekt. Der Treibhauseffekt ist das Ergebnis von Veränderungen in der Zusammensetzung der Atmosphäre. Sie werden durch Gase wie zum Beispiel Kohlendioxid (CO_2) oder Methan verursacht. Die Folgen für das Weltklima kann gegenwärtig niemand genau einschätzen.

CO_2-Eintrag und Treibhauseffekt

Die gesamte Strahlungsleistung der Sonne liegt bei 386 Milliarden Billionen Kilowatt. Die Erde fängt ein Zweimilliardstel davon auf: 175 Billionen Kilowatt. Wir erhalten von der Sonne 13 000mal mehr Energie, als derzeit weltweit verbraucht wird. In vierzig Minuten versorgt die Sonne die Erde mit einer Energiemenge, die dem Jahresverbrauch der Menschheit entspricht. In Deutschland „liefert" die Sonne etwa 900 bis 1150 Kilowattstunden pro Quadratmeter.

Die Energie der Sonne allein würde aber nicht ausreichen, um auf der Erde ein Klima zu erzeugen, das für unsere Form von Leben akzeptabel ist. Dazu bedarf es zusätzlicher Eigenschaften der Atmosphäre: Kohlendioxid und Wasser, aber auch des schützenden Ozonschilds, das uns vor den gefährlichen Anteilen der Sonnenstrahlung schützt.

Kohlendioxid und Wasserdampf sind sogenannte Treibhausgase, die Sonnenlicht auf die Erde durchlassen, aber verhindern, daß ein Teil der langwelligen Wärmestrahlung wieder zurück ins Weltall entweichen kann. Treibhausgase verwandeln die dünne Erdatmosphäre in eine Wärmeisolierschicht um die Erde. Ohne sie hätten wir eine Durchschnittstemperatur von –18 Grad.

Mit der Industrialisierung sind in den letzten 150 Jahren große Mengen von CO_2 freigesetzt worden. Der Kohlendioxidgehalt der Luft hat sich weltweit bereits um ein Viertel, von 0,28 auf 0,36 Promille, erhöht und nimmt weiter zu. Im selben Zeitraum ist die mittlere Erdtemperatur um 0,6 Grad Celsius gestiegen. In den letzten sechs Jahren hat sich die Erde um weitere 0,1 Grad Celsius erwärmt.

Die Wissenschaft warnt vor einem weiteren CO_2-Anstieg. Die Folgen wären katastrophal: steigende Meeresspiegel und dadurch Überschwemmungen fruchtbarer und vielbevölkerter Tiefebenen und Inseln, eine wachsende Zahl von Naturkatastrophen wie Stürme, Dürren sowie Verschiebungen der Vegetationszonen. Dies würde sich auch weltweit auf Politik, Gesellschaft und Wirtschaft auswirken. Es drohen Verteilungskämpfe, Kriege und Wellen von Armuts- und Umweltflüchtlingen.

Kohlendioxid ist für mindestens die Hälfte des Treibhauseffekts verantwortlich. Es wird weltweit vor allem bei der Verbrennung fossiler Energieträger freigesetzt (etwa 23 Milliarden Tonnen), aber auch durch die Rodung tropischer Wälder (etwa 6 Milliarden Tonnen).

In Deutschland liegt der CO_2-Anteil am „nationalen Treibhauspotential" sogar bei 75 Prozent. Die Bundestags-Enquete-Kommission „Schutz der Erdatmosphäre" geht in ihrem letzten Bericht (1995) davon aus, daß der CO_2-Ausstoß bis zum Jahr 2050 weltweit um sechzig bis siebzig Prozent verringert werden muß. Akzeptiert man die dem Nachhaltigkeitsgedanken zugrundeliegende Idee der internationalen Gerechtigkeit, so muß die Bundesrepublik ihre Kohlendioxidemission sogar noch stärker verringern. Die Szenarien „Nachhaltige Niederlande" und „Zukunftsfähiges Deutschland", die den Umweltraum für diese Länder berechnen, kommen hier zu ähnlichen Ergebnissen.

In der Untersuchung über Deutschland heißt es:

Das Kriterium „gleiche Pro-Kopf-Emissionsrechte" bedeutet bei der Weltbevölkerung von heute und den Emissionen von heute überschlägig: 5,8 Milliarden Menschen emittieren jährlich etwa 29 Milliarden Tonnen CO_2, entsprechend 5 Tonnen pro Kopf. Eine Verringerung von 50–60 Prozent bis 2050 bedeutet – bezogen auf die heutige Weltbevölkerung – eine dann noch zulässige Pro-Kopf-Emission von etwa 2,3 Tonnen CO_2. In Deutschland werden aber heute pro Kopf und Jahr etwa 12 Tonnen emittiert. Das Ziel heißt also: Deutschland muß seine CO_2-Emissionen bis zum Jahr 2050 um 80 Prozent verringern. Stellt man zusätzlich ein nach derzeitigen Prognosen wahrscheinliches Wachstum der Weltbevölkerung auf etwa 10 Milli-

arden Menschen bis 2050 in Rechnung, dann muß die Reduktion bei Festhalten am Kriterium gleicher Nutzungsrechte sogar bei 90 Prozent bis zum Jahr 2050 liegen. Als mittelfristiges Ziel wird eine Reduktion der CO_2-Emissionen um 35 Prozent bis zum Jahr 2010 für angemessen gehalten.[1]

Klimaschutz in Deutschland heißt in erster Linie: eine Wende in der Energiepolitik.

Die Energieversorgung Deutschlands beruht heute noch immer zu neunzig Prozent auf der Nutzung fossiler Energieträger. Wobei sich der Energieverbrauch von 1960 bis 1980 fast verdoppelt hat. Erneuerbare Energien spielen bis heute so gut wie keine Rolle. Von der eingesetzten Primärenergie gehen trotz erheblicher Bemühungen um eine Steigerung der Energieeffizienz noch immer bis zu dreißig Prozent bei Umwandlung und Transport verloren. Die restlichen zwei Drittel werden zu annähernd gleichen Teilen von Industrie, Haushalten und Verkehr verbraucht. Bemerkenswert ist: Die Industrie hat in den letzten zwanzig Jahren ein Drittel weniger Energie verbraucht. Die privaten Haushalte und die Kleinverbraucher dagegen haben ihren Energieverbrauch nicht gesenkt, im Verkehr ist er sogar um mehr als die Hälfte gestiegen.

Die wichtigsten Strategien, um die Klimaschutzziele durch eine Energiewende zu erreichen, sind:

1. Steigerung der Ressourceneffizienz bei der Energieerzeugung (zum Beispiel durch weniger Verluste bei der Umwandlung von Energieträgern und Verringerung der Transportverluste)
2. Energieeinsparungen/effizienter Energieeinsatz (zum Beispiel in Privathaushalten, Verkehr und Industrie, aber auch durch eine generelle Steigerung der Ressourceneffizienz)
3. ein steigender Anteil regenerativer Energien (Wind, Sonne, Wasser u. a.)

Würden diese drei Strategien zusammen umgesetzt, dann könnte nach Ansicht vieler Experten die Bundesrepublik ihren Energiebedarf auch ohne Atomkraft decken.

1 Zukunftsfähiges Deutschland, a. a. O., S. 58 ff.

Tatort Wohnen

Die Privathaushalte, vor allem Heizung und Warmwasseraufbereitung, sowie der Verkehr weisen die größte Nachhaltigkeitslükke auf. Würden in den etwa dreißig Millionen Wohnungen in Deutschland Heizungen und Warmwasseranlagen technisch optimiert, könnte der Energieverbrauch der Haushalte um fünfzig Prozent sinken, so das Umweltbundesamt.[2] Insgesamt könnten bei Raumheizungen und Gebäuden sogar siebzig Prozent gespart werden, wie die Enquete-Kommission „Schutz der Erdatmosphäre“ des Bundestags errechnet hat.

Es fehlt nicht an technischen Möglichkeiten, Know-how und Materialien, um diese Ziele und sogar noch mehr zu erreichen. Dazu zählen einfache Lösungen (zum Beispiel natürliche Lüftung, passive Sonnenenergienutzung) wie hochtechnische Lösungen (zum Beispiel zentrale Lüftung, Energiemanagement). Welche Lösung für ein Gebäude oder einen Gebäudekomplex geeignet ist, muß von Einzelfall zu Einzelfall entschieden werden. Es hängt maßgeblich ab von der Nutzungsart und den individuellen Wünschen der künftigen Nutzer. Mit einer Reihe von Verordnungen hat die Bundesregierung inzwischen erste Schritte unternommen, um die ungenutzten Energiesparpotentiale bei Bauen und Wohnen zu erschließen.

Diese Maßnahmen greifen bislang aber vor allem bei Neubauten oder umfangreichen Modernisierungen. Die großen Energiesparpotentiale des Baubestandes wurden kaum aktiviert. Vorschriften für energietechnische Sanierungen werden nach wie vor durch das Gebot der Wirtschaftlichkeit begrenzt, und die Energiepreise widerspiegeln weder Knappheit noch externe Kosten.

Neue Anforderungen durch Heizungsanlagen-Verordnung
Die Heizungsanlagen-Verordnung soll Anreize schaffen, die energieverbrauchsgünstige Brennwertkesseltechnik einzusetzen. Sie umfaßt erstmals Regelungen, die den Austausch veralteter Kesselanlagen beschleunigen sollen. In Verbindung mit der Verordnung über Kleinfeuerungsanla-

2 Öffentliche Anhörung der Enquete-Kommission des Deutschen Bundestags "Schutz des Menschen und der Umwelt", 3. und 4. Juni 1996

gen und der neuen Wärmeschutz-Verordnung soll die Heizungsanlagen-Verordnung den Energieverbrauch und damit auch die Emissionen in neuen Gebäuden um fünfzig Prozent senken. Der Nutzungsgrad bestehender Anlagen wird verbessert durch Regelungen, die den Austausch wesentlicher Teile betreffen, und durch Nachrüstungsfristen. Die Heizungsanlagen-Verordnung schreibt zum Beispiel vor, daß Wärmeerzeuger, die ab 1. Januar 1998 eingebaut werden, in der Regel nur dann zugelassen sind, wenn sie als Niedertemperaturkessel oder Brennwertkessel gelten. Gasfeuerungsanlagen sollen nach 1998 nur noch Brennwertkessel sein. Ältere Kessel in größeren Wohnanlagen müssen bis Ende 1997 technisch optimiert werden (Erneuerung des Brenners, Einbau mehrstufiger oder stufenlos regelbarer Brenner, Senkung des Betriebsstromverbrauchs).

Energiesparpotentiale im Wohnungsbestand am Beispiel der neuen Bundesländer

Besonders viel muß in den neuen Bundesländern getan werden. Hier geht es vor allem um den sanierungsbedürftigen Gebäudebestand und die geringe Effizienz der Energienutzung (zwei Drittel der Wohnungen wurden 1989 noch mit Öfen beheizt). Es könnte viel Energie gespart und erhebliche CO_2-Emissionen könnten vermieden werden, wenn bei den ohnehin erforderlichen Gebäudesanierungen die heute gültige Wärmeschutz-Verordnung umgesetzt würde. Es wären 33 Millionen Tonnen Kohlendioxid pro Jahr weniger, 13 Prozent des von der Bundesrepublik angestrebten CO_2-Minderungsziels.

Die Einsparpotentiale in den neuen Bundesländern werden wie folgt geschätzt:

Energieeinsparpotentiale bei Gebäuden*

Verbesserung des baulichen Wärmeschutzes	45 %
Verbesserung der haustechnischen Anlagen	6 %
Verbesserung der Nutzungsgrade bei der Energieerzeugung (inkl. Kraft-Wärme-Kopplung)	32 %
Energieträgerwechsel	16 %

* Quelle: Institut für Erhaltung und Modernisierung von Bauwerken (IEMB), Berlin

Die CO_2-Emission pro Einwohner, die durch die Heizung von Wohngebäuden verursacht wird, könnte von 3,1 Tonnen im Jahr 1989 auf 1,2 Tonnen im Jahr 2005 gesenkt werden, wenn die Energiesparpotentiale genutzt werden. Es würde 28 Milliarden Mark kosten, fünfzehn Prozent der gesamten Instandsetzungs- und Modernisierungskosten. Dies wäre nicht nur eine Investition in die Umwelt, sondern auch in neue Arbeitsplätze, vor allem im Handwerk. Dies zeigt sich, wenn man die Maßnahmen aufzählt, die für eine Energiewende im Wohnbereich notwendig wären[3]:

Verbesserung des Wärmeschutzes am Gebäude
- nachträgliche Außendämmung bei Vorliegen von Bauschäden (Risse, undichte Fugen)
- Wärmeverbundsysteme, hinterlüftete Fassaden
- neue wärmeisolierte Fensterkonstruktionen
- Zusatzwärmedämmung der obersten Geschoßdecke
- Wärmeschutzverbesserungen an den Kellerdecken.

Rationelle Energieverwendung (technische Gebäudeausrüstung)
- außentemperaturabhängige Regelung der Gebäudeheizung, Optimierung der Laufzeiten
- bessere Nutzung der internen und externen Energiequellen durch Einsatz von Thermostatventilen
- kontrollierte Lüftung
- verbrauchsabhängige Abrechnung

Effizientere und umweltfreundlichere Energieerzeugung bzw. Wärmebereitstellung
- Modernisierung der vorhandenen Fernwärmesysteme unter Nutzung von Kraft-Wärme-Kopplung und Integration regenerativer Energien

3 Institut für Erhaltung und Modernisierung von Bauwerken e. V., Energie- und CO_2-Einsparpotentiale im Gebäudebestand der neuen Bundesländer bis zum Jahre 2005, April 1996, zitiert nach: Enquete-Kommission des Deutschen Bundestags "Schutz des Menschen und der Umwelt", Expertenanhörung am 3. Mai 1996 in Berlin

- Übergang von dezentralen Heizungssystemen (Öfen) zu zentralen Heizungssystemen (Wohnung oder Gebäude)
- Umstellung der Energieträger auf umweltfreundliche Alternativen (zum Beispiel Erdgas)
- stärkere Nutzung von erneuerbaren Energien, zum Beispiel der Solarenergie, bei der Warmwassererzeugung und solargestützte Raumwärmebereitstellung

Die Nachhaltigkeitslücke

Bereits bestehende Gebäude und ihre Heizungen sind ein Stiefkind der Umweltpolitik. Es gibt bis heute weder genügend wirtschaftliche Anreize noch die gesetzliche Notwendigkeit, in die Energieeffizienz von Gebäuden zu investieren. Vermieter haben in der Regel kein Interesse daran, den Energieverbrauch ihrer Wohnungen entsprechend der technischen Möglichkeiten zu verringern. Schließlich reichen sie die Energiekosten an die Mieter weiter. Die Vermieter profitieren nicht von investiven Energiesparmaßnahmen, und in den öffentlichen Haushalten (zum Beispiel Schulen, kommunale Einrichtungen) gibt es getrennte Budgets für Investitionen und Betriebskosten.

Eine Energiewende müßte diese große Nachhaltigkeitslücke schließen. Dabei könnte das Sanitär-Heizungs-Klimatechnik-Handwerk eine wichtige Aufgabe erfüllen bei der Sanierung und Modernisierung von Heizungen und Warmwasseranlagen.

Das Sanitär-Heizungs-Klimatechnik-Handwerk (Beschäftigte in 1000)*

	1987	*1988*	*1989*	*1990*	*1991*	*1992*	*1994*
Zentralheizungs- und Lüftungsbauer	105,9	105,5	107,1	113,1	118,6	125,1	151,6
Gas-, Wasser-installateure, Klempner	116,3	116,3	116,8	119,6	122,1	124,5	183,8
Gesamt	222,2	221,8	223,9	232,7	240,7	249,6	335,4

* Quelle: Zentralverband Sanitär Heizung Klima, St. Augustin

Zum Beispiel: Verband für Wärmelieferung – Partner von Handwerk und Mittelstand

Als Ergebnis eines vom Bundesforschungsminister geförderten Forschungsvorhabens wurde 1990 der Verband für Wärmelieferung (VfW) gegründet. Er hat sich das Ziel gesetzt, mittelständische Betriebe zu fördern, die als Wärmelieferanten arbeiten wollen. Der VfW ist ein gutes Beispiel dafür, wie über Kooperation und Service auch kleinere Betriebe für neue Märkte fit gemacht werden können. Der Verband engagiert sich vor allem für Wissensvermittlung, Interessenvertretung und kooperative Marketinginstrumente. VfW-Mitglieder müssen an zwei Qualifikationsseminaren teilnehmen. Der Verband empfiehlt Unternehmen, die sich im Wärmeliefermarkt etablieren wollen, speziell dafür entwickelte Seminare über die rechtlichen und die betriebswirtschaftlichen Grundlagen der Wärmelieferung zu besuchen. Marketing für Wärmelieferanten ist ein zusätzliches Qualifizierungsangebot des VfW.

Der Verband macht auch Pressearbeit. Er veröffentlicht kurze Artikel, aber ebenso umfangreiche Fachbeiträge, um das Wärmelieferungskonzept bekanntzumachen. Gemeinsam mit Wärmelieferanten, Herstellern und Marketingspezialisten vertreibt der VfW verschiedene Broschüren und Werbeartikel. Diese Werbemittel erleichtern es den Mitgliedern, ihre Kunden zu informieren und den Markt gezielt zu bearbeiten. Angefangen von Rahmenverträgen über die Berechnung von Wärmepreisen bis hin zur Vermittlung günstiger Versicherungspakete für Wärmelieferanten ist der VfW eine Rundum-Servicestation für die meist kleinen Unternehmen, für die dieser Markt immer interessanter wird. Dazu gehört auch ein speziell für die Mitglieder entwickeltes PC-Programm, das einen schnellen Kosten-Nutzen-Überblick erlaubt.

Eine besonders interessante VfW-Dienstleistung besteht darin, bei der Finanzierung von Anlagen zu helfen. Unter bestimmten Voraussetzungen übernimmt der Verband sogar stellvertretend für das Unternehmen die Risikoabsicherung des Kunden (z. B. für den Fall, daß ein Wärmelieferant sein Unternehmen schließen muß).

Der Verband für Wärmelieferung hatte 1996 bereits 200 Mitglieder aus Mittelstand und Handwerk, von denen Ende dieses Jahres etwa die Hälfte als aktive Wärmelieferanten tätig war. Förderer sind neben Vertretern des Handwerks Hersteller von Technik und Meßgeräten, Verlage und Fachzeitschriften sowie Ablesedienste.*

* Der Verband für Wärmelieferung ist wie folgt zu erreichen: Verband für Wärmelieferung, Ständehausstraße 3, 30159 Hannover, Tel: (0511) 36590-0, Fax: (0511) 36590-19

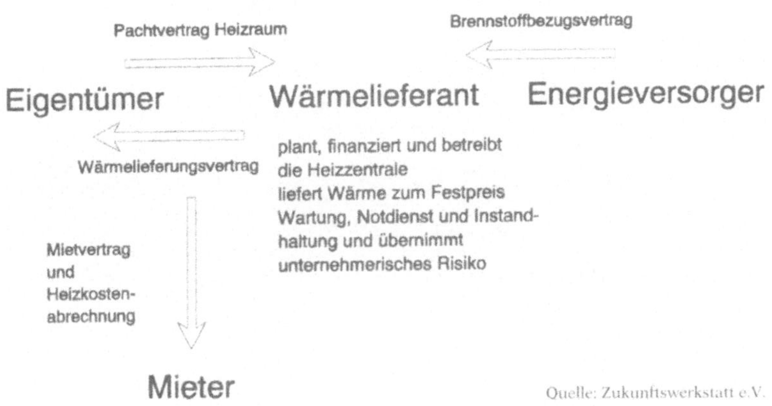

Handwerksunternehmen als Wärmelieferanten. Dieses Modell hat sich inzwischen bewährt.

Obwohl die Gesetzeslage nicht gut ist, können Mieter es durchsetzen, daß eine veraltete Heizungsanlage in einem Mehrfamilienhaus modernisiert wird. Denn der Eigentümer ist verpflichtet, sparsam zu wirtschaften. Das ist leider wenig bekannt und wird von den Mietern selten eingeklagt.

In einem solchen Fall kann der Vermieter darauf verzichten, selbst in die Anlage zu investieren, und statt dessen einen Handwerksbetrieb beauftragen, die Wärme gewerblich zu liefern. Der Eigentümer vermietet dazu den Kellerraum an ein Handwerksunternehmen, das dort eine effiziente Heizungsanlage hinstellt und betreibt. Das Handwerksunternehmen plant, finanziert und betreibt die neue Heizung und versorgt die Mieter mit Wärme. Es erhält dafür eine monatliche Pauschale und rechnet die Heizkosten jährlich mit den Mietern ab. Allerdings ist der Vertragspartner des Handwerksunternehmens vorzugsweise der Eigentümer, weil sonst mit jedem einzelnen Mieter ein Vertrag geschlossen werden müßte.

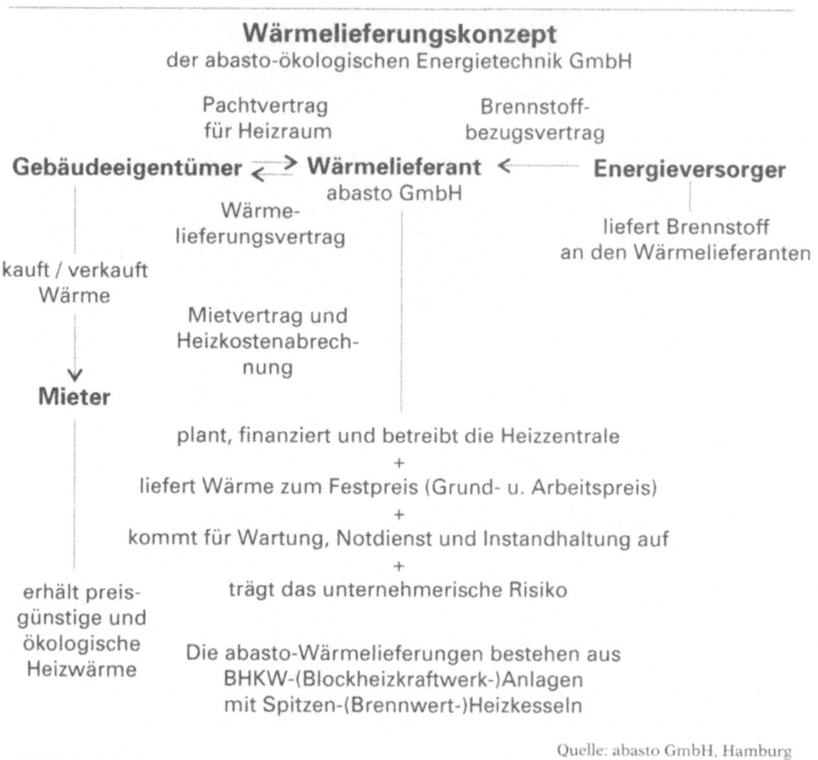

Die abasto-Wärmelieferungen stammen aus BHKW-Anlagen in Kombination mit modernen Heizkesseln.

Eine interessante Technik sind die gleichermaßen Wärme und Strom erzeugenden Blockheizkraftwerke (BHKW), von denen inzwischen bundesweit über tausend im Einsatz sind. Die Kraft-Wärme-Kopplung ist längst ausgereift und in jeder Größenklasse erhältlich.

Wegen der relativ hohen Planungs- und Investitionskosten wurden bislang überwiegend größere Anlagen installiert. Inzwischen haben sich aber auch die Klein-BHKW ökologisch und wirtschaftlich als Pilotanlagen bewährt. Daher beginnen Kommunen wie zum Beispiel Hamburg auch die Installation dieser Anlagen zu fördern.

Zum Beispiel: abasto – ökologische Energietechnik mbH, Hamburg
Ein besonders gelungenes Beispiel für ganzheitliche Angebote im Bereich der Energieversorgung ist die Arbeit von abasto, einem Hamburger Handwerksbetrieb, der sich darauf spezialisiert hat, Blockheizkraftwerke preisgünstig anzubieten. Es handelt sich dabei um eine Komplettlösung inklusive Wirtschaftlichkeitsgutachten über Planung, Bau und Management.
Umgesetzt wurde dieses Wärmelieferungskonzept zum Beispiel im Rahmen der Umnutzung der ehemaligen Hamburger Rinderschlachthalle. Die Entwicklungsgesellschaft STEG (Stadterneuerungs- & Stadtentwicklungsgesellschaft) übergab Planung, Bau, Finanzierung und Betrieb an abasto. Die Firma installierte ein Blockheizkraftwerk, das Wärme und Strom produziert, sowie einen Gasheizkessel, der die Restwärme bereitstellt. Der vom BHKW erzeugte Strom wird an das örtliche Stromversorgungsunternehmen verkauft.
Genauso vorbildlich sind die Planung und der Bau eines Blockheizkraftwerks und die Installation eines Gasbrennwertkessels für ein Hamburger Wirtschaftsgymnasium. Dank der Initiative der abasto konnte erreicht werden, daß die Heizzentrale mitsamt BHKW sich bald amortisiert hatte. Das BHKW speist jährlich Strom in einer Größenordnung von 11 600 Mark in das Netz ein. Die Energieeffizienz der BHKW-Anlage liegt bei über neunzig Prozent.

Handwerksbetriebe bieten heute auch die Dienstleistung Energiemanagement an. Das Ziel ist, den Energieverbrauch von größeren Wohnanlagen, Unternehmen, Hotels usw. zu senken und auszutarieren. Großverbraucher bezahlen meist rund ein Drittel ihrer Energiekosten für die Bereitstellung der Energiekapazität und zwei Drittel für den tatsächlichen Energieverbrauch. Die Energiekapazität richtet sich nach der maximalen Energiemenge, die ein Abnehmer im Fall der Fälle braucht. Großverbraucher betreiben eine Vielzahl verschiedener Energieanlagen zeitgleich oder nacheinander. Der effektive Energieverbrauch durch Heizung, Lüftung, Kühlung, Licht- und andere elektrische Geräte schwankt. Energiemanagement heißt hier zum Beispiel, den Energieverbrauch möglichst konstant zu halten und unnötige

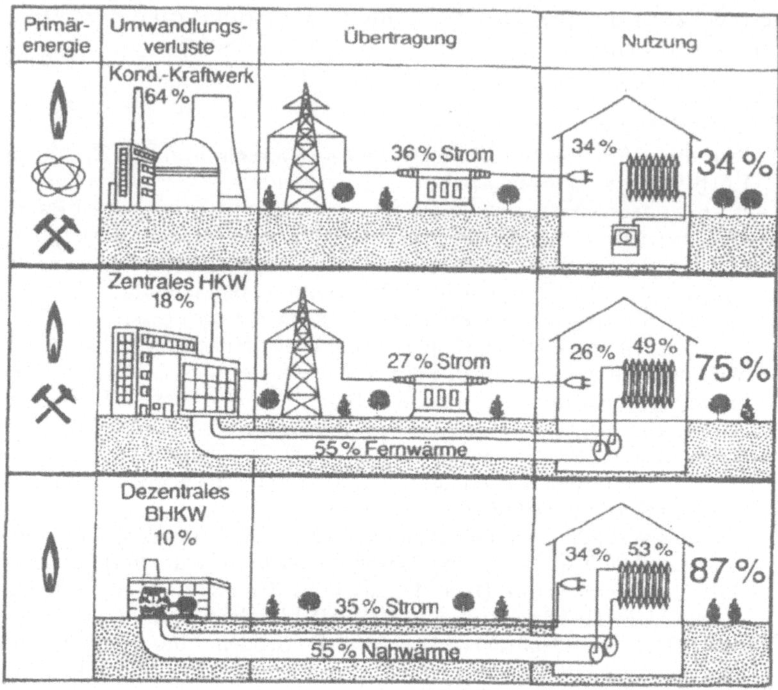

Quelle: abasto GmbH, Hamburg

Energieflüsse bei der reinen Stromerzeugung sowie der zentralen und dezentralen Kraft-Wärme-Kopplung.

Spitzen zu vermeiden. Das ist sowohl unter umweltpolitischen als auch unter wirtschaftlichen Aspekten wünschenswert.

Das Energiemanagement analysiert die Stromkosten und die technischen Anlagen. Es erarbeitet eine Energienutzungsplanung für die bestehenden Installationen. Das Handwerksunternehmen verkauft sein Know-how und berät den Kunden. Es berücksichtigt den neuesten Stand der Technik und die Kostenstrukturen der örtlichen Energieversorgungsunternehmen. Falls erforderlich, plant und baut es eine effizientere Energieanlage und übernimmt – wenn der Kunde es wünscht – als Dienstleister das Energiemanagement des Gebäudes.

Mit Hilfe moderner Gebäudeleittechnik kann das Handwerksunternehmen den Energieverbrauch des Kunden und die Anlagen auch über größere Distanzen am Monitor überwachen und steuern.

Gebäudeleittechnik und Handwerk

Hinter dem Stichwort „Gebäudeleittechnik" verbirgt sich eine Vielzahl von bereits realisierten oder in Planung befindlichen Anwendungsfeldern moderner Informationstechnologien in Gebäuden: Häuser, die sprechen; Küchenzeilen, die über Fernsteuerung kochen; Gebäude, die den eigenen Energiebedarf selbst errechnen und regeln; Lüftungssysteme, die entsprechend der Außentemperatur arbeiten usw. – viele Anwendungen der Zukunft sind heute erst schemenhaft zu erkennen.

Viele Gebäude der Zukunft werden möglicherweise auch überwiegend aus Glas und Stahl bestehen. Die moderne Architektur spricht schon heute häufig nicht mehr von Wänden, sondern – in Anlehnung an biokybernetische Systeme – von der Außenhaut von Gebäuden und deren Funktionen (Schutz gegen Umwelteinflüsse wie Kälte, Nässe usw.). Wenn wir auch vieles von der Architektur der Zukunft noch nicht wissen, sicher ist, daß die Installation und Wartung dieser Gebäude und ihres technischen Innenlebens sich von heutigen Verhältnissen deutlich unterscheiden werden.

Standard auch für kleinere neue Gebäude sind heute zum Beispiel Außentemperaturfühlung und intelligente Schaltungen, die den Wärmewunsch der Bewohner speichern. In größeren Neubauten steuert die Gebäudeleittechnik außerdem zum Beispiel den Stromverbrauch von Beleuchtung, Lüftung, Energieanlagen und sonstigen Geräten. Das gesamte Gebäudemanagement läßt sich via Bildschirm durchführen. Defekte an Anlagen können am Monitor diagnostiziert und manchmal auch behoben werden. Solche Systeme können Energie in der Größenordnung zweistelliger Prozentzahlen sparen. Kein Wunder, daß immer mehr Handwerksbetriebe der Heizungs- und Klimaanlagentechnik in diesen Markt einsteigen.

Zum Beispiel: Firma Johs Lenz, Hamburg
Johs Lenz in Hamburg ist ein Heizungs-Klimatechnik-Betrieb mit rund dreißig Beschäftigten, der vor vier Jahren in den Bereich der Gebäudefernüberwachung eingestiegen ist. Die Firma Lenz plant und realisiert Heizungsanlagen und schließt mit den Hauseigentümern Dienstleistungsverträge ab.
In den Anlagen befinden sich Fühler, die die Arbeit der Anlage und die „Zustände" der Geräteteile überwachen und die betreffenden Daten online an das Handwerksunternehmen weitergeben. Die Gebäudeleitstelle kann die meist größeren Heizungsanlagen aus der Ferne überprüfen und regeln. Derzeit ist geplant, die Kundendienstmonteure mit Laptops auszustatten und einen Rund-um-die-Uhr-Notfalldienst für die Energieanlagen anzubieten.
Die Vorzüge dieser Technologie und Dienstleistung liegen auf der Hand: Fehler werden sofort erkannt und können aus der Ferne festgestellt und manchmal sogar behoben werden. Unnötige Fahrten entfallen. Bisher gehören vor allem Wohnungsbaugenossenschaften und Immobiliengesellschaften zu den Kunden der Firma Lenz, inzwischen lassen sich aber auch immer mehr Hausbesitzer mit kleineren Anlagen von diesem Service überzeugen.

Alte und neue Niedrigenergiehäuser

Handwerksbetriebe spielen eine herausragende Rolle bei der Umsetzung der für Neubauten gültigen Energiesparstandards. Sie werden dadurch zu Umwelthandwerksunternehmen. Das gilt für das Bau- und Ausbaugewerbe ebenso wie für die Sanitär-, Heizungs- und Klimaanlagentechnik. Die Handwerksunternehmen müssen sich nicht nur in neue technische Konzepte einarbeiten, sondern auch „ganzheitlicher" arbeiten: also entweder Komplettlösungen anbieten oder mit angrenzenden Gewerken kooperieren. Die Verringerung des Energieverbrauchs in Gebäuden ist eine „interdisziplinäre" Aufgabe. In jedem Einzelfall muß geprüft werden, durch welche Maßnahmen im Gebäudebestand die Energiesparziele am besten erreicht werden können (Heizung, Wärmedämmung, Lüftungssystem, passive Sonnenenergieelemente, Solaranlagen). Die Diskussion um das Berufsbild des Sanitär-Heizungs-Klimatechnik-Handwerks der letzten Jahre spiegelt diese Entwicklung wider. Zur Zeit sieht es so aus, daß mit der Novellierung des Anhangs A der Handwerksordnung ein integriertes Berufsbild mit einer entsprechend modifizierten Ausbildung (im Sinn von integrierter „Haustechnik“) geschaffen wird.

Das Niedrigenergiehaus im Neubau

Die Neufassung der Wärmeschutz-Verordnung vom 1. Januar 1995 sieht vor, daß der spezifische Heizwärmebedarf um rund 30 Prozent gesenkt wird, auf etwa 50 bis 100 Kilowatt pro Quadratmeter im Jahr (kW/m^{2}a). Niedrigenergiehäuser sollen zum Normalfall werden. Der Ölverbrauch wird auf 6 bis 12 Liter pro Quadratmeter und Jahr verringert, der Gasverbrauch auf 6 bis 12 Kubikmeter. In einer zweiten Stufe der Neufassung sollen weitere 25 bis 30 Prozent Energie gespart werden.

Nicht nur beim Neubau müssen heute die verschärften Wärmeschutzanforderungen erfüllt werden, sondern auch bei Ersatz und Erneuerung von Außenbauteilen (zum Beispiel Fassaden oder Dächern). In Zukunft soll ein Wärmepaß für Gebäude deren energiebezogene Merkmale erfassen.

Über den Energieverbrauch entscheiden vor allem Wärmeverluste durch die Gebäudehülle und die Lüftung. Die Wärmeverluste durch die Außenhülle von Gebäuden werden durch den Wärmedurchgangskoeffizienten, den sogenannten k-Wert, ausgedrückt. Der k-Wert ist der Wärmeverlust des Hauses, dividiert durch die Differenz zwischen Innen- und Außentemperatur (Watt je Quadratmeter und Kelvin). Dachgeschoßdecken sollen einen k-Wert von unter 0,15 haben. Dies kann durch Dämmstoffe erreicht werden. Für die Außenwände ist ein k-Wert von höchstens 0,25 und für die Fenster von unter 1,5 vorgeschrieben.

Gedämmte Konstruktionen müssen sorgfältig gegen Luftzug abgedichtet sein, wenn nicht ein großer Teil der erhofften Energieeinsparung verlorengehen soll. Der Wärmeschutz muß die gesamte Gebäudehülle lückenlos umschließen. Eventuelle Schwachstellen (Fugen zwischen Bauteilen, ungedämmte Durchtritte von Versorgungsleitungen, Risse in Mauerwerk oder Putz) können Wärmebrücken sein, die erhebliche Energieverluste mit sich bringen. Neben der und ergänzend zur Wärmedämmung kann das Passivhaus erheblich zum Energiesparen beitragen. Es nutzt die Strahlungswärme der Sonne in Kombination mit intelligenten Wärmespeichern, Wärmetausch- und Lüftungssystemen und konventionellen Dämmaßnahmen.

Im Neubau spielen Fenster als „Wärmefallen" eine große Rolle. Es hat sich gezeigt, daß die Ausrichtung eines Gebäudes bzw. die Anordnung der Fenster ausschlaggebend ist für die Energiebilanz. Untersuchungen zeigen, daß die Südorientierung das höchste Strahlungsangebot bringt und daß Glasvorbauten, die nicht beheizt werden müssen, die Energiebilanz positiv beeinflussen. Sie stellen wichtige Puffer- und Wärmegewinnungszonen dar. Dabei ist energetisch die Größe der vom Glas abgedeckten Fläche entscheidend und nicht das Volumen. Außerdem sind in den letzten Jahren Faktoren wie Lüftungswärmeverluste und interne Wärmegewinne ins Blickfeld der Energiesparer geraten.

Experten erklären: „Thermodynamisch betrachtet, sollte die Gebäudeheizung eigentlich überhaupt keine Energie erfordern. Raumheizung ist ohnehin nur die Aufrechterhaltung eines Nichtgleichgewichts, das es durch bautechnische Maßnahmen hin zum Gleichgewicht zu verschieben gilt. Wenn es draußen kälter ist als im Haus, entstehen zwar die beschriebenen Wärmeströme. Nichts aber spricht physikalisch und technisch dagegen, diese Verluste mit geeigneten Barrieren so gering zu halten, daß die Wärmeabgabe von den Bewohnern und Haushaltsgeräten sowie die Sonneneinstrahlung ausreichen, das Haus selbst im Winter angenehm warm zu halten."[4]

Niedrigenergiehäuser: Sanierung des Bestandes

Die wichtigsten Strategien zur Senkung des Energieverbrauches im Altbaubestand sind:

4 W. Feist, Vom konventionellen Wohngebäude über das Niedrigenergiezum Passivhaus, in: Spektrum der Wissenschaft, Digest: Umwelt-Wirtschaft, Heidelberg (ohne Nummer oder Erscheinungsdatum)

- Senkung des Wärmeverlustes durch Wärmedämmung und Isolierung
- Senkung des Wärmeverlustes durch kontrollierte Lüftung bzw. interne Wärmerückgewinnungssysteme
- Nutzung der Sonneneinstrahlung, regenerative Energien

Im Jahr 2005 werden erst schätzungsweise 18 Prozent aller Gebäude Neubauten sein. Wenn in diesem Jahr das nationale Energiesparziel von 25 Prozent erreicht werden soll, muß der Gebäudebestand auf der Basis des Niedrigenergiehausstandards saniert werden. Untersuchungen des Instituts für Wohnen und Umwelt kommen allerdings zu dem Ergebnis, daß die energiepolitisch notwendige Sanierung des Altbaubestands unwahrscheinlich ist. Zu groß seien die Informationsdefizite bei Hausbesitzern, Mietern, Architekten, Ingenieuren und Handwerkern. Deshalb fordert das Institut, Energiekennwerte einzuführen, die Energieberatung auszubauen, höhere Umweltabgaben und/oder -steuern festzusetzen und Förderprogramme für die energetische Bausanierung durchzuführen.

Wärmedämmung von Gebäuden

Bis zu vierzig Prozent der eingesetzten Energie gehen durch die Außenhülle von Gebäuden verloren. Dagegen hilft vor allem eine lückenlose Wärmedämmung.

Das Hamburger Zentrum für Energie, Wasser und Umwelttechnik (ZEWU) hat an Gebäuden unterschiedlicher Bauart und unterschiedlichen Alters Winddichtigkeitsuntersuchungen durchgeführt. Ergebnis: Fast an allen Gebäuden gibt es energetische Mängel. Schon kleine Undichtigkeiten und Fugen zwischen Bauteilen bewirken enorme Wärmeverluste. Die Triebkräfte dafür sind Winddruck und thermischer Auftrieb. Die Energieverluste, die durch solch ungewollte „Lüftungen" entstehen, übersteigen deutlich die Energieverluste normalen Wärmedurchgangs durch die Gebäudehülle.

Zu den Wärmeverlusten kommen bauphysikalische Schäden. Sie entstehen, wenn Feuchtigkeit durch Fugen eindringt. Wenn warme Raumluft entweicht, wird Luftfeuchtigkeit durch die Mau-

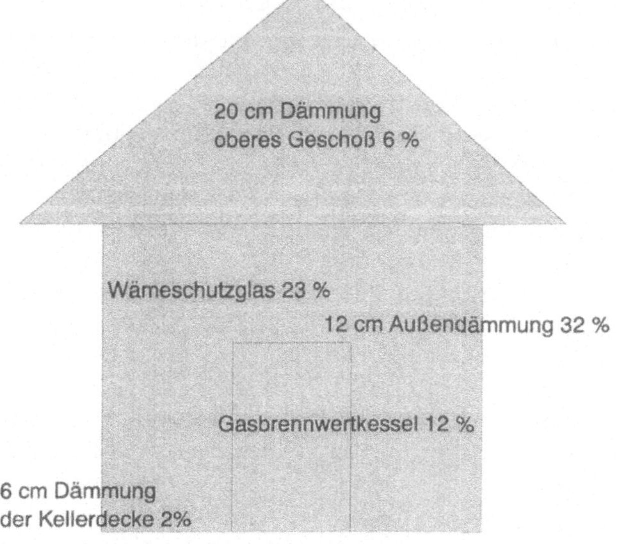

Die Abbildung zeigt, durch welche Maßnahmen bei einem Mehrfamilienhaus aus den sechziger Jahren Energieeinsparungen erzielt werden können und welchen Anteil die verschiedenen Maßnahmen an der Gesamteinsparung haben.

ern ausgeschwitzt. Allerdings wird durch ein Loch von nur vier Zentimetern Größe hundertmal mehr Feuchtigkeit transportiert, als durch eine ein Quadratmeter große Wand hindurchwandern kann. Daher müssen nach DIN 4108 Fugen im äußeren Baukörper dauerhaft luftundurchlässig abgedichtet werden.

Untersuchungen des ZEWU an bereits renovierten Gebäuden zeigen, daß immer wieder die gleichen Hauptproblemstellen auftreten. Mauerwerksundichtigkeiten etwa verursachen hohe Energieverluste. Durch fehlerhaften oder gar nicht vorhandenen Putz an Innen- und Außenwänden kann Luft über das poröse Mauerwerk in den Innenraum eindringen. Leichtziegelmauerwerk hat zum Beispiel vor dem Verputzen einen rund fünfzigfach höheren Luftdurchgang als danach.[5] Weitere Schwachstellen sind in der Regel Fenster, besonders Fensterbänke, die oft nicht winddicht eingebaut sind. Lufteintrittsstellen liegen auch im Bereich der Ver- und Entsorgungsstränge, und beim Dachgeschoßausbau entsteht oft eine hohe Zahl von Fugen.

Um diese Mängel zu beseitigen, muß zuerst Putz aufgetragen werden, damit das Mauerwerk luftdicht wird. Häufig wird vergessen, hinter dem Estrichdämmstreifen, im Hohlraum von Holzbalkendecken und hinter Rohren zu verputzen. Auch der Fenstereinbau, die Installationsarbeiten, der Einbau von Dampfbremsfolien und der Dachausbau müssen sorgfältig und fachgerecht ausgeführt werden, um Wärmeverluste zu vermeiden.

Um Winddichtigkeit sicherzustellen, sind folgende Maßnahmen zu empfehlen[6]:

- Entwicklung eines schlüssigen Dichtungskonzepts durch den Planer: Bestimmung der Dichtungsmaterialien und -ebenen, Abklärung von Punkten, bei denen ein besonderer Aufwand nötig ist, wie Durchdringungen, Anschlüsse usw.
- regelmäßige Bauüberwachung und Abnahme der Dichtungsarbeiten durch Fachpersonal
- Klärung und Festlegung der Zuständigkeiten für die Dichtungsarbeiten mit allen am Bau beteiligten Handwerksbetrieben (Zimmerer, Maurer, Fensterbauer usw.). Abklärung besonders der Schnittstellen zwischen den verschiedenen Gewerken (wer macht was und wann?). Kein Abschluß der Dichtungsarbeiten, ehe nicht alle Eingriffe in die dichtende Hülle beendet sind.
- Messung der Luftdichtigkeit nach Abschluß der Arbeiten

5 R. Borsch-Laaks, Wind und Luftdichtigkeit der Gebäudehülle – ein Stolperstein auf dem Weg zum Niedrig-Energie-Haus, Sonderdruck aus: Reader zum AGÖF-Fachkongreß "Ökologischer Stadtumbau, 12./13. September 1990 in Recklinghausen

6 ZEWU Hamburg (Hg.), Energieeinsparung in bestehenden Gebäuden durch Wind- und Luftdichtigkeit, Hamburg 1996

Die Qualität und der Erfolg der Wärmedämmaßnahmen an Gebäuden kann mit Hilfe des Minneapolis-Blower-Door-Geräts erfolgen. Es erzeugt mit einem Gebläse einen Unterdruck im Haus und mißt, wieviel Luft von außen nach innen fließt.

Wachstumsmarkt Solarenergie

Der wachsende Einsatz regenerativer Energien ist einer der wichtigsten Beiträge zur Klimawende. Auch hier nimmt das Handwerk eine Schlüsselposition ein zwischen Produzenten und Markt. Handwerker, das sind heute auch Windwerker und Solarwerker: Die Windenergiebranche ist vor allem ein Feld für Maschinenbauer und Elektromaschinenbauer, inzwischen gibt es sogar speziell ausgebildete Experten für die Errichtung von Windkraftanlagen. Die Sanitär-Heizungs-Lüftungsinstallateure bedienen die wachsende Nachfrage nach thermischen Solaranlagen. Die Photovoltaik, Stromerzeugung durch Sonnenenergie, spielt gegenwärtig noch eine untergeordnete Rolle; sie wird von Elektroinstallateuren verkauft, eingerichtet und betreut.

Thermische Solaranlagen: Warmwasser vom Dach

Der Solarthermikmarkt in Europa wächst, sogar im solartechnischen Entwicklungsland Bundesrepublik.

Der deutsche Markt für thermische Solaranlagen entwickelt sich seit einigen Jahren dynamisch. 1995 ist die installierte Kollektorfläche um 23 Prozent gewachsen. Die Prognosen liegen bei einem durchschnittlichen Wachstum von 20 bis 30 Prozent in Europa. Deutschland ist inzwischen wegen seiner Größe und des Nachholbedarfs an installierter Fläche pro Kopf der wichtigste Markt auf dem Kontinent. Das zeigen nicht zuletzt die gestiegenen Importe thermischer Anlagen aus Griechenland, Israel und anderen Ländern.

Der Solaranlagenboom ist um so erstaunlicher, als er von der Baurezession unberührt geblieben ist. Handwerksbetriebe, die sich rechtzeitig auf den neuen Trend eingestellt hatten, litten nicht

Marktdaten thermische Solarenergie in Europa und Nordafrika, Stand 1994*

		Verglaste Kollektoren				Kunststoff-absorber	
Einwohner (in Mio.)	Land	1994 inst. Fläche (in 1000 m^2)	1994 inst. Fläche per 1000 Ew. (in m^2/1000 Ew.)	Seit 1982 installierte Fläche (in 1000 m^2)	Seit 1992 inst. Fläche per Ew. (in m^2/1000 Ew.	1994 inst. Fläche (in 1000 m^2)	Seit 1982 inst. Fläche (in 1000 m^2)
Europa							
7,8	Österreich	120	15,4	565	72,4	40	375
9,8	Belgien	1	0,1	17	1,7	1	16
5,2	Dänemark	20	3,8	74	14,2	3	14
5	Finnland	-	-	3	0,6	-	56
56,6	Frankreich	12	0,2	320	5,7	20	260
79,2	Deutschland	185	2,3	685	8,6	85	335
10,1	Griechenland	113	11,2	2000	198	-	-
57,5	Großbritannien	6	0,1	108	1,9	3	63
15,1	Holland	10	0,7	49	3,2	4	79
3,5	Irland	-	-	1	0,3	-	-
57,7	Italien	14	0,2	176	3,1	1	4
4,7	Kroatien	2	0,4	250	53,2	-	-
0,4	Luxemburg	-	-	1	2,5	-	-
4,3	Norwegen	-	-	1	0,2	-	-
10,6	Portugal	8	0,8	200	18,9	-	-
23,3	Rumänien	1	-	100	4,3	-	-
8,6	Schweden	14	1,6	71	8,3	2	9
6,8	Schweiz	20	2,9	131	19,3	18	128
2	Slowenien	-	-	82	41	-	-
39	Spanien	7	0,2	118	3	-	-
67,3	Türkei	112	1,7	1538	22,9	-	-
0,7	Zypern	29	41,4	560	800	-	-
475,2	Summe / Ø	674	1,4	7080	14,8	177	1339
Nordafrika							
54,5	Ägypten	21	0,4	140	2,6	-	-
5	Israel	345	69	2.800	560	-	-
4,1	Jordanien	31	7,6	535	130,5	-	-
25,7	Marokko	1	-	11	0,4	-	-
8,4	Tunesien	2	0,2	22	2,6	-	-
97,7	Summe / Ø	400	4,1	3.508	35,9	-	-

* Quelle: Bundesverband Solarenergie e.V., Essen

darunter, daß die Zahl der Heizungsneuinstallationen gesunken ist.

Solaranlagen werden hauptsächlich in Altbauten eingerichtet, meist wenn die Heizungsanlagen saniert werden. Dagegen sind thermische Solaranlagen ausgerechnet bei Neubauten keineswegs Selbstgänger. Die hohen Baukosten sorgen dafür, daß die Bauherren an allen Ecken und Enden sparen müssen, auch wenn thermische Solaranlagen gegenwärtig nur noch ein paar tausend Mark teurer sind als konventionelle Installationen. Ein Kilowatt Solarwärme kostet zwischen zwanzig und dreißig Pfennig, konventionell erzeugte Wärme zehn bis zwanzig Pfennig.

Die Politik hat diesen Mangel bei Neubauten inzwischen ansatzweise erkannt: Das Berliner Abgeordnetenhaus hat eine Verordnung verabschiedet, die vorsieht, daß Neubauten mit thermischen Solaranlagen ausgestattet werden müssen. Auch die Wohnungsbauförderung der Bundesregierung ist angepaßt worden: Solaranlagen werden acht Jahre lang mit zwei Prozent der Investitionssumme gefördert, der Hausbesitzer erhält also sechzehn Prozent der Kosten als Zuschuß.

Thermische Solaranlagen waren noch Mitte der achtziger Jahre ein seltener Anblick und wurden vor allem von Alternativbetrieben angeboten und installiert. Mittlerweile hat sich dieser Markt massiv professionalisiert. Ein Blick auf Fachmessen zeigt: Fast alle großen Heizungsanlagenbauer bieten inzwischen thermische Solaranlagen als Standardprodukte an, vor allem technisch ausgereifte und erprobte Warmwassersolaranlagen.

Zum Beispiel: ad fontes – die Spezialisten für Solartechnik und ökologische Haustechnik

ad fontes ist ein Verbund von Handwerksunternehmen, der in Hamburg, Elbe-Weser, Kiel, Bremen, Lüneburg und Ostfriesland ökologische Haustechnik aus einer Hand anbietet. Das Unternehmen fing Ende der siebziger Jahre als einer der vielen Alternativbetriebe der „Solargemeinde" klein an und ist heute der größte Solartechnologiefachbetrieb in Hamburg und Umgebung. Er bietet Solarwärme, Regenwassernutzung, Solarstrom, Heiztechnik, Wärmespeicherung, Gebäudedämmung und alles, was es sonst noch an ökologischer Haustechnik gibt.

Innovativ ist nicht nur die Produktpalette, auch der organisatorische Fortschritt der letzten Jahre ist bemerkenswert. ad fontes kooperiert heute

Solaranlagen auf Altbauten sind immer häufiger zu finden. In der Marktstraße 125 in Hamburg hat ad fontes eine Anlage zur Brauchwassererwärmung für das Mehrfamilienhaus realisiert.

auf Franchise-Basis mit einer langsam, aber stetig wachsenden Zahl von Solarbetrieben im norddeutschen Raum.

Die Vorteile der Kooperation liegen auf der Hand: gemeinsamer Einkauf, gemeinsame Werbung, Know-how-Transfer, Schulung und Zusammenarbeit bei Planung und Realisierung größerer Projekte. Carsten Kuhlmann, einer von drei Geschäftsführern von ad fontes: „Um auf dem Markt, auf dem jetzt die kapitalkräftigen Großanbieter einsteigen, konkurrenzfähig zu bleiben, haben wir kleineren Betriebe nur eine Chance: Wir müssen intelligent und im Verbund zusammenarbeiten." Einen weiteren wichtigen Vorteil sieht Kuhlmann darin, daß der Verbund nicht von einzelnen Herstellern abhängig ist.

Über die Frage, ob sich Solaranlagen rechnen, kann sich Kuhlmann nur noch ärgern: „Wir machen das, weil es richtig ist, und nicht, weil es sich rechnet. Wenn wir ins Restaurant gehen, ein Badezimmer oder eine Küche einbauen lassen oder ein Auto kaufen, fragen wir auch nicht danach, ob sich die Sache rechnet."

Die erste Hamburger Solaranlage zur Brauchwassererwärmung im Mehrgeschoßwohnungsbau in Hamburg (1992). Sie wird von der STEG betrieben und versorgt mit einer Kollektorfläche von 24 Quadratmetern und einem Speichervolumen von 1500 Litern acht kleine Wohneinheiten. Die Anlage deckt den Warmwasserbedarf zu rund fünfzig Prozent.

Es kann kein Zweifel daran bestehen, daß der regenerativen Energie, besonders der Wind- und Sonnenenergie, die Zukunft gehört. Das wird sich spätestens dann zeigen, wenn die Preise für die nichterneuerbaren Rohstoffe Öl und Gas die ökologische Wahrheit sagen. Dann ist es auch wirtschaftlich vorteilhaft, Sonne und Wind zu nutzen. Um von der Klimakatastrophe gar nicht erst zu reden.

Um Wirtschaft und Verbraucher auf diese Zukunft vorzubereiten, verpflichten immer mehr Länder und Kommunen die Stromversorgungsunternehmen dazu, von Dritten eingespeisten Strom aus BHKW, Windrädern oder Sonnenenergieanlagen kostendekkend zu vergüten. So soll der Preisnachteil der alternativen Stromerzeugung wettgemacht werden. Diese Regelung müßte eigentlich auch im Sinn der Energieversorgungsunternehmen sein: Es ist für sie billiger, als neue Großanlagen zur Energieerzeugung zu bauen.

Beratung, Weiterbildung und Entwicklung aus einer Hand: Umweltzentren im Handwerk

Lange Zeit hatten thermische Solaranlagen es auch deshalb schwer auf dem Markt, weil Verkauf, Installation und Wartung nicht flächendeckend gewährleistet waren. Das hat sich inzwischen grundlegend geändert. Das heißt aber leider nicht, daß alle Handwerksbetriebe ihre Kunden stets so beraten, daß sie sich für umweltfreundliche Technologien entscheiden. Umweltschutz steht auch im Handwerk keineswegs immer im Vordergrund als Bestandteil oder Motivation unternehmerischen Handelns. Eine wichtige Ursache sind fehlende Kenntnisse über Probleme und Chancen des ökologischen Strukturwandels für Unternehmen. Um Informations- und Qualifikationsdefizite abzubauen und Branchenlösungen zu entwickeln, sind in den letzten Jahren Umweltschutzzentren des Handwerks aufgebaut worden. Das ZEWU Hamburg machte den Anfang.

Die Zukunftswerkstatt der Handwerkskammer Hamburg hatte im Auftrag des Bundesforschungsministeriums untersucht, welche Anforderungen und Perspektiven mit dem Umweltschutz einhergehen. Das wichtigste Ergebnis dieses Forschungsprojekts ist das ZEWU, das 1986 gegründet worden ist. Die Arbeitsschwerpunkte des ZEWU sind Aus- und Weiterbildung, Beratung, Forschung und Entwicklung. Das ZEWU beschäftigt sich mit handwerksgerechten Technologien und adäquaten Weiterbildungsangeboten. Dazu gehören neue Berufsbilder, wie das des Umweltschutzberaters im Handwerk, und die Weiterbildung in Themen wie effiziente Energieanlagen, Niedrigenergiehäuser, Wasserspartechniken oder dezentrale Kläranlagen. ZEWU-Qualifizierungsangebote sind in den letzten Jahren zunehmend auch von Unternehmen wahrgenommen worden, die nicht zum Handwerk gehören. Quasi als Abfallprodukte wurden außerdem zusammen mit dem Handwerk Low-scale-Technologien und Branchenlösungen entwickelt, die nicht nur für Unternehmen Hamburgs interessant sind.

Bauen nein danke: Perspektivenwechsel für die Baubranche

Wohnen ist ein menschliches Grundbedürfnis. Die meisten Menschen wünschen sich einen Ort, der ihnen Schutz vor Umwelteinflüssen, Ruhe und Sicherheit bietet. Einen Ort, wo sie erwünscht sind und bleiben dürfen. Einen Ort, der ihnen funktional und ästhetisch entspricht als Lebensraum und Spiegel ihrer Persönlichkeit. Dieser Wunsch ist so groß und (nicht nur) in Deutschland so eng mit der Vorstellung von den eigenen vier Wänden verbunden, daß viele Menschen sich für ein ganzes Leben verschulden, um ihn sich zu erfüllen. Es wird ununterbrochen gebaut. Aber die Ökobilanz des Bausektors ist katastrophal. Und zwar vor allem aus zwei Gründen:

1. Der Flächenverbrauch durch das Bauen in Deutschland ist viel zu hoch; er muß möglichst zum Stillstand gebracht werden.
2. Die Energie- und Stoffstrombilanz des Bausektors bewegt sich in Größenordnungen, die nicht zukunftsfähig sind.

Flächenverbrauch

Von der Gesamtfläche der Bundesrepublik Deutschland (35 697 000 Hektar) waren 1993 11,3 Prozent Siedlungs- und Verkehrsflächen, 54,7 Prozent landwirtschaftliche Flächen, 29,2 Prozent Waldflächen. In den alten Bundesländern sind die besiedelten Flächen von 1950 bis 1992 um achtzig Prozent gewachsen. Städte und dichtbesiedelte Räume verbrauchten am meisten Fläche.

Einer der größten Flächenverbraucher ist der Verkehr, vor allem das Auto. Der Verkehr beansprucht rund 40 Prozent aller

Siedlungsflächen in der Bundesrepublik. Die Bundesforschungsanstalt für Landeskunde und Raumforschung geht davon aus, daß auch der Wohnungsbau in Deutschland bis zum Jahr 2010 weitere Flächen belegen wird. In den Jahren 1985 bis 1989 nahm die Siedlungsfläche um 87 Hektar pro Tag zu, zwischen 1989 und 1992 ist dieser Wert auf 71 Hektar gesunken. Knapp 1 Prozent des Gebäudebestands der Bundesrepublik entsteht jährlich neu. Von dem Bestand, der im Jahr 2020 genutzt werden wird, existieren bereits 75 Prozent.

Bebaute Flächen verlieren ihre ökologischen Funktionen (Wasserversickerung, Lebensraum für Tiere und Pflanzen). Die Rückzugsgebiete und Biotope, die für den Artenschutz notwendig sind, werden Stück um Stück verkleinert, weil Siedlungen, Straßen und andere Infrastrukturmaßnahmen das Land zerstückeln und zerschneiden. Obwohl die Bundesrepublik seit Mitte der achtziger Jahre den Flächenverbrauch reduzieren will, konnten Wirtschaftswachstum und Flächenverbrauch in Deutschland nicht entkoppelt werden.

Stoffstrombilanz

Eine im Auftrag der Enquete-Kommission des Deutschen Bundestags „Schutz des Menschen und der Umwelt" erstellte Studie über die Stoffströme und Kosten bei Bauen und Wohnen kommt zu folgenden Ergebnissen: Der Bausektor erzeugt rund vierzig Prozent des Abfallaufkommens in Deutschland. Nicht nur die Menge der Bauabfälle ist bedrohlich, sondern zunehmend auch deren Zusammensetzung. Der Trend zur Chemisierung der Baustoffe hält an. Die vielen neuen Bau- und Bauhilfsstoffe beeinflussen die Innenluft von Gebäuden, und in dreißig bis hundert Jahren erschweren sie die Entsorgung und Wiederverwertung von Bauschutt.

Wissenschaftler der Universität Karlsruhe haben eine Modellrechnung für die Stoffstromentwicklung im Hochbau in den nächsten 25 Jahren entwickelt.[1] Danach werden die jährlichen Stoff-

1 Bericht der Enquete-Kommission des Deutschen Bundestages v. 12.7.94

umsätze von gegenwärtig 140 Millionen Tonnen auf 150 Millionen Tonnen im Jahr 2000 ansteigen, um dann von 2011 bis 2020 auf jährlich 90 Millionen Tonnen zurückzugehen. Die Abfallmengen werden von heute 70 Millionen Tonnen pro Jahr auf über 90 Millionen Tonnen im Jahr 2020 zunehmen. Der Anteil des Sondermülls am Bauschutt wird sich in diesem Zeitraum stetig erhöhen, von 3,3 Millionen Tonnen im Jahr 1991 auf 5,6 Millionen Tonnen im Jahr 2020.

Die demographische Entwicklung und die veränderten Lebensformen bzw. Lebensstile treiben die Bauentwicklung voran. Die privaten Haushalte, ihre Zahl und ihre Ansprüche an Wohnen und Umfeld spielen eine Schlüsselrolle beim heutigen Flächenverbrauch. Die wichtigsten Einflußgrößen sind

- der anhaltende Trend zur freiwilligen oder unfreiwilligen Individualisierung (Singlehaushalte) bzw. zur Kleinstfamilie,
- der Alterungsprozeß der Gesellschaft, mit einer wachsenden Zahl von alleinlebenden älteren Menschen sowie, hiermit eng zusammenhängend,
- die steigende Quadratmeterzahl an Wohnraum pro Kopf der Bevölkerung.

Das Statistische Bundesamt erwartet, daß es im Jahr 2015 vierzehn Millionen Ein-Personen-Haushalte geben wird. Ihr Anteil an allen Haushalten wird damit von 34,7 auf 36,4 Prozent steigen. Der Alterungsprozeß der Gesellschaft trägt dazu auf spezielle Weise bei: Viele ältere Menschen bleiben als Alleinstehende in ihren Wohnungen, obwohl diese auf die Familiengröße früherer Zeiten zugeschnitten sind.

Hinzu kommt, daß die durchschnittliche Wohnungsgröße (in Quadratmetern pro Kopf) wächst, was den Flächenverbrauch in Ballungsräumen wesentlich mitverursacht. Haushalte mit höherem Einkommen beanspruchen erheblich mehr Wohnraum für sich als Haushalte mit niedrigem Einkommen. Haushalte mit geringem Einkommen müssen einen größeren Teil ihres Einkommens für Miete ausgeben als Haushalte mit höherem Einkommen. Größere Wohnungen sind relativ billiger als kleine.

Statistisch gesehen, nutzte im Jahr 1990 jeder Deutsche 37,8 Quadratmeter Wohnfläche (neue Bundesländer 28,3 Quadratmeter). Im Lauf der kommenden zehn bis fünfzehn Jahre werden die Westdeutschen zusätzlich 4 Quadratmeter und die Ostdeutschen 11 Quadratmeter pro Kopf belegen.

Stadt der kurzen Wege

Neben den Haushalten entscheiden vor allem die Siedlungsstrukturen und die Entwicklung der Umwelt- und Lebensbedingungen in den Städten über den Flächenverbrauch. In den Nachkriegsjahren haben sich die Stadt- und Siedlungsstrukturen katastrophal verändert. Die Innenstädte sind verödet, während die Immobilienpreise explodierten. Hinzu kam das städtebauliche Dogma der Trennung von Wohnen und Arbeit. Haushalte mit Kindern verließen und verlassen die schlechten, kinderfeindlichen Umwelt- und Lebensbedingungen und ziehen an den Stadtrand, möglichst ins Grüne. Produktionsstätten wurden aus der Stadt verdrängt und sorgten mit ihren neuen Standorten für mehr Verkehr, genauso wie die Einkaufszentren auf grüner Wiese. Wohnraum wird bis heute in Gewerberaum umgewandelt, während Bürogebäude über Jahre leerstehen.

Handwerksbetriebe und Geschäfte (Bäcker, Schuster, Ausbaubetriebe, Tante-Emma-Läden) können die hohen Mietpreise oft nicht mehr bezahlen und werden verdrängt. Immobilien werden überwiegend zu Anlagezwecken gekauft und verwertet. Nicht der Ertrag aus Mieten steht im Vordergrund der Immobilienverwertung, sondern Steuerersparnis und Kapitalbildung durch abgeschriebene Verluste. Die Bundestags-Enquete-Kommission „Schutz des Menschen und der Umwelt“ stellt dazu fest: „90 Prozent der bei Lohn- und Einkommensteuer geltend gemachten Verluste stammen aus Vermietung und Verpachtung. (...) Überraschend am Mietwohnungsmarkt ist, daß die steuerlich geltend gemachten Verluste (66 Milliarden Mark) der Vermieter fast zwei Drittel der Umsätze (100 Milliarden Mark) ausmachten. (...) Und: Herstellungs- und Finanzierungskosten wurden zu erheblichen Teilen weder von den Eigentümern noch von den Nutzern neu errichteter Wohnungen getragen, sondern von der Gesamtheit der Steuerzahler und damit auch von denjenigen, die nicht auf gleiche Weise ihre Steuerlast vermindert haben."[2]

Ökologische Stadtentwicklung, nachhaltige Baupolitik

Eine ökologische Wende in der Baupolitik verlangt vorrangig, den Gebäudebestand nachhaltig zu bewirtschaften. Gebäude und Flächen müssen umweltgerecht saniert und an die veränderten Bedürfnisse der Menschen angepaßt werden. Wenn Neubau notwendig ist, darf es nicht nur um die Energieeffizienz des Gebäudes gehen. Es muß darüber hinaus im Sinn eines ganzheitlichen ökologischen Bauens der gesamte Produktlebenszyklus berücksichtigt werden. Dazu gehört auch, daß der Bau mitwachsen und unterschiedlichsten künftigen Nutzungsansprüchen gerecht werden kann. Eine nachhaltige Baupolitik erfordert vor allem:

- Der Gebäudebestand muß möglichst lange effizient genutzt und gepflegt werden.
- Der Energiebedarf für die Produktion und Nutzung von Gebäuden muß gesenkt werden.
- Es sollte möglichst wenig neu gebaut werden.
- Es dürfen möglichst wenig unbebaute Flächen bebaut werden.
- Es müssen ungiftige, trennbare und weiterverwendbare Baustoffe entwickelt und eingesetzt werden.
- Neue Baukonstruktionen müssen dauerhaft, reparatur- und pflegefreundlich sein und im Betrieb Energie sparen.
- Beim Bau sollte ein hoher Anteil von Baustoffen wiederverwendet werden.
- Das städteplanerische Leitbild der Trennung von Wohnen und Arbeit muß durch das Leitbild der Stadt der kurzen Wege ersetzt werden.

2 Bericht der Enquete-Kommission des Deutschen Bundestages vom 12.7.94

- Der Beschäftigungseffekt einer nachhaltigen Gebäudebewirtschaftung sollte erkannt und genutzt werden.

Das Bauhandwerk vor neuen Herausforderungen

Zur Jahreswende 1996/97 waren in Deutschland über 400 000 Bauarbeiter arbeitslos gemeldet. Eine Rekordzahl. Die wichtigsten Ursachen für die dramatische Entwicklung seit 1994 waren konjunktureller Natur:

- das Ende der vereinigungsbedingten Sonderkonjunktur in West- und Ostdeutschland
- die stark rückläufigen Investitionen der öffentlichen Hand
- der Rückgang des Gewerbebaus infolge der insgesamt negativen gesamtwirtschaftlichen Rahmenbedingungen und des Überangebotes an Bürogebäuden

Neben den konjunkturellen Schwankungen, denen die Baubranche schon immer weit stärker als andere Branchen ausgesetzt war, sind gegenwärtig eine Reihe struktureller Veränderungen zu beobachten:

- das erfolgreiche Eindringen europäischer Mitbewerber in den deutschen Baumarkt, vor allem in Grenzregionen
- die Europäisierung und Internationalisierung der Bauindustrie
- der Bedeutungszuwachs neuer Technologien (Automatisierung, Präfabrikation, neue Technologien wie Gebäudeleittechnik u. a. m.)
- neue Märkte (Projektentwicklung und Projektmanagement, Niedrigenergiehäuser, ökologisches Bauen, Wärmedämmung, regenerative Energien, Contracting, Gebäudemanagement u.a. Dienstleistungen)

Insgesamt erwies sich das Bauhandwerk in der Vergangenheit – trotz hoher individueller unternehmerischer Risiken – als ein unterm Strich eher stabiler Wirtschaftsbereich, der auch heute noch beschäftigungspolitisch geringeren Schwankungen unterworfen ist als die Bauindustrie.

Das Bauhandwerk in Deutschland: Betriebe, Beschäftigte*

	Betriebe	Beschäftigte
1963	118.100	1.412.300
1977	101.900	1.145.500
1995	107.100	1.225.000
mit den neuen Bundesländern		
1995	132.200	1.663.600**
nur neue Bundesländer		
31.12.1989	12.700	79.800
31.3.1995	25.100	438.600

* Quelle: Statistisches Bundesamt, 1996

** Die Beschäftigtenzahlen für die neuen Bundesländer sind vom 31.12.1989 und vom 30.9.1994.

Im Bauhaupt- und Ausbaugewerbe arbeiten etwa 230 000 Betriebe mit rund 2,6 Millionen Beschäftigten, das sind mindestens sechs Prozent aller Erwerbstätigen in der Bundesrepublik.[3] In den neunziger Jahren hat die Branche zunächst vom vereinigungsbedingten Bauboom in Ost und West profitiert. In den siebziger Jahren betrug der Anteil des Bausektors am Bruttoinlandsprodukt (BIP) 17 Prozent, Ende der achtziger Jahre war er auf 11,6 Prozent gesunken, um 1994 zeitweilig auf 14 Prozent zu steigen. Aber bereits seit Mitte der neunziger Jahre sinkt die Baunachfrage wieder, und die Insolvenzraten gehen nach oben. In Deutschland, vor allem in den alten Bundesländern, wie in den meisten Industriestaaten sinkt die Bedeutung des Bausektors in dem Maß, wie sich die Volkswirtschaft zur Dienstleistungsgesellschaft fortentwickelt.

3 A. Spillner, V. Rußig, Baugewerbe unter verstärktem Anpassungsdruck, in: Ifo Schnelldienst, Nr. 22/1996, S. 18

Ein Blick auf die Beschäftigungsstruktur illustriert die Veränderungen, die das Baugewerbe durchgemacht hat. Positiv hervorzuheben ist, daß mehr Höherqualifizierte beschäftigt sind. Der Anteil der kaufmännisch, planerisch oder dispositiv Tätigen wuchs von 9 Prozent im Jahr 1970 auf 16 Prozent im Jahr 1995. Im selben Zeitraum stieg der Anteil des Fach- und Führungspersonals zuungunsten der ungelernten und gelernten „Werker". Die Produktivität nahm in den Jahren 1980 bis 1994 um 45 Prozent zu, dies entspricht dem Durchschnitt des verarbeitenden Gewerbes. Insgesamt bleibt das Baugewerbe eine überdurchschnittlich arbeitsintensive Branche, in der die Höhe der Löhne und der Lohnnebenkosten von überragender Bedeutung ist.

Produktionsfaktoren im Vergleich (1994)*

	Baugewerbe	verarbeitendes Gewerbe
Material	23 %	38 %
Personal	36 %	27 %
Nach- und Fremdleistungen	24 %	2 %

* Quelle: RWI-Handwerksberichte, Jahrgang 1995

In den letzten Jahren wurden zunehmend Aufträge an Subunternehmer vergeben. Ihr Anteil an den Gesamtaufträgen kletterte von 14 Prozent 1980 auf 26 Prozent 1993. Dies hat mehrere Ursachen. Ein Grund sind die Kostenvorteile des „Outsourcing". Außerdem begünstigt der Markt Bauleistungen aus einer Hand, wobei der Anbieter des „Bauleistungspakets" Aufträge an andere Firmen weitergibt. Und nicht zuletzt sind Subunternehmen aus west- und osteuropäischen Nachbarländern auf dem deutschen Markt aufgetaucht.

Baunachfragetrends

Der inzwischen abgeebbte Bauboom in der ersten Hälfte der neunziger Jahre wurde getragen vom enormen Nachholbedarf an gewerblichen Bauten und an öffentlicher Infrastruktur in den neuen Bundesländern sowie von der großen Nachfrage nach Wohnungen in Ost und West. Vor allem staatliche Subventionen hatten die Bauinvestitionen in Ostdeutschland zwischen 1991 und 1995 um fast das Zweieinhalbfache erhöht. Die Steigerungsrate erreichte knapp 25 Prozent pro Jahr. Die Baubranche in den neuen Bundesländern erwirtschaftete im genannten Zeitraum rund 17 Prozent des dortigen Bruttoinlandsprodukts und damit einen mehr als dreimal so hohen BIP-Anteil wie in den alten Ländern (5 Prozent).

Die Sonderkonjunktur infolge der Vereinigung und der Öffnung der osteuropäischen Nachbarländer machte sich auch im Westen bemerkbar, im Wohnungs- wie im Gewerbebau. Die stark gestiegene Wohnungsnachfrage in den alten Bundesländern war vor allem zurückzuführen auf die von 1985 bis 1994 um 4,75 Millionen gewachsene Einwohnerzahl durch Aus- und Übersiedlung. 1994 erreichte der Aufwärtstrend seinen Wendepunkt mit einem Überschuß von mehr als 900 000 genehmigten Wohnungen. Seitdem stagniert die Baunachfrage, teilweise ist sie sogar rückläufig.

Die Baubranche in Ost und West wird seit Mitte der neunziger Jahre von ihren strukturellen Problemen, besonders Produktivitätsrückständen, eingeholt. Der Anteil der Baubranche am Bruttoinlandsprodukt ist im Westen auf das Niveau der Vorwendezeit gesunken.

Die kurz- und mittelfristigen Prognosen der großen wirtschaftswissenschaftlichen Institute gehen davon aus, daß die Baunachfrage weiter stagniert oder sogar deutlich nachläßt. Das Ifo-Institut für Wirtschaftsforschung und die Europäische Studiengemeinschaft für Bauforschung haben Anfang 1996 errechnet, daß das Bauvolumen in Deutschland 1996 um 0,6 Prozent und 1997 um 0,4 Prozent sinkt. Nach Hochrechnungen des Basler Prognos-Instituts bis zum Jahr 2010 ist bei einer durchschnittlichen Erhöhung der Wertschöpfung von 1 Prozent ein Beschäftigungsabbau von 16 Prozent zu erwarten. Die Zahl der Erwerbstätigen im Bauwesen, so Prognos im Mai 1996, werde von 8,2 Prozent aller Beschäftigten im Jahr 1993 auf 6,8 Prozent der Beschäftigten im Jahr 2010 sinken.

Für die neuen Bundesländer sehen die Experten einen hohen Bedarf an Modernisierungsmaßnahmen, da rund die Hälfte aller 6,5 Millionen Wohnungen in Ostdeutschland aus der Zeit vor 1948 stammt (im Westen sind es nur etwa dreißig Prozent). Die im Gesamtverband der Wohnungswirtschaft zusammengeschlossenen Wohnungsbaugesellschaften und Wohnungsbaugenossenschaften schätzen, daß Investitionen von rund 250 Milliarden Mark notwendig sind, um ihren Gebäudebestand komplett zu sanieren und zu modernisieren. Instandsetzung und Modernisierung erreichten 1993 laut DIW einen Anteil von vierzig Prozent am gesamtdeutschen Bauvolumen.

Ein Stück Zukunftssicherheit für das Bauhandwerk

Wie bereits dargelegt, muß eine umweltverträgliche Baupolitik vor allem das Bauen vermeiden. Ihr geht es um Instandhaltung und Instandsetzung sowie um eine nachhaltige Nutzung des Gebäudebestands. Ein Wandel in der Baupolitik würde ein Stück Zukunftssicherheit für das Bauhandwerk darstellen. Anders als die Bauindustrie konzentriert sich das Bauhandwerk traditionell auf Instandsetzung und Modernisierung. Diese Marktsegmente haben einen höheren Planungs- und Dienstleistungsanteil als der Wohnungsbau. Das erfordert, daß mehr Facharbeiter tätig werden, und schafft neue, qualifizierte Arbeitsplätze.

Die Vermeidung von Bauschäden beginnt bei der fachgerechten Bauausführung. Nach Feststellung des Bundesbauministeriums sind von 100 Wohngebäuden etwa 24 im ersten Jahr, 15 im zweiten Jahr, 7 im dritten Jahr, 6 im vierten Jahr und 3 im fünften Jahr von Schäden betroffen. Die Kosten für die Beseitigung von Bauschäden betrugen in den ersten fünf Jahren nach Baufertigstellung im Mittel 22 500 Mark (Preisniveau von 1980). In diesem Zeitraum fallen etwa achtzig Prozent aller Anfangsschäden an; sie sind auf Planungs-, Ausführungs- und Materialfehler zurückzuführen. Generell sind schlechte Planung, schlechte Ausbildung, mangelnde Erfahrung der Architekten und unsachgemäße Ausführung die wichtigsten Ursachen für Fehler. Verschiedene Untersuchungen belegen, daß auch eine ineffiziente Bauorganisation (zuwenig Kooperation und Kommunikation zwischen den am Bau Beteiligten) eine große Rolle spielt. Gute Planung, fortschrittliche Bauorganisation und fachgerechte Ausführung, wie sie vor allem durch die Arbeit mit Fachkräften gewährleistet ist, tragen daher bei zu kostensparendem und nachhaltigem Bauen.

Sind die Bauschäden erst einmal beseitigt, dann zeigen Gebäude in den ersten zehn bis zwanzig Jahren nur wenig Altersschäden und Abnutzungen. Größere Erhaltungsaufwendungen bei Hochbauten fallen meist nach 25 bis 30 Jahren an. Dies gilt allerdings nicht für technische Gebäudeeinrichtungen wie Sanitär-, Heizungs- und Lüftungsanlagen oder Fahrstühle, die wie Anstriche, Bodenbeläge, Fenster und Dach früher instand gestellt werden müssen. Generell gilt, daß während einer achtzigjährigen Nutzung das 1,3- bis 1,4fache der Erstellungskosten investiert werden muß. Werden notwendige Instandhaltungsmaßnahmen nicht rechtzeitig durchgeführt, dann verschlechtert sich der Zustand von Gebäuden rasch, und die Kosten steigen exponentiell.

Die Erfahrung zeigt, daß der weitaus größte Teil aller Schäden an Bauten wegen mangelhafter oder unterlassener Instandhaltung entsteht, obwohl in den letzten Jahren die Pflege des Gebäudebestands insgesamt an Bedeutung gewonnen hat. Dies schlägt sich deutlich in der Verteilung der Bauinvestitionen nieder. Gingen Ende der siebziger Jahre nur zwanzig Prozent der Mittel in die Bestandspflege, so liegt dieser Anteil inzwischen bei fünfzig Prozent. Besonders kraß ist die Lage in den neuen Bundesländern. Obwohl dort nur zwanzig Prozent des Gesamtwohnungsbestands stehen, entfallen rund siebzig Prozent des Instandsetzungsbedarfs auf Ostdeutschland.

Die Instandsetzung war schon immer ein ausgesprochener Bauhandwerksmarkt. Mittlerweile erschließen sich zusätzlich das Gebäudemanagement und die Gebäudepflege als neue Aufgaben für das Handwerk. Es ist für Bauherren sinnvoll und mittelfristig kostensparend, Handwerksbetriebe zu beauftragen, Gebäude, Gebäudeteile und technische Geräte zu pflegen, zu warten und instand zu setzen. Eine wachsende Zahl von Handwerksbetrieben bietet mit Erfolg Dienstleistungen an wie zum Beispiel die Pflege von Holzfußböden oder die Wartung von Anlagen und Dächern. Der nächste Schritt in Richtung nachhaltiger Gebäudebewirtschaftung kann ein professionelles Gebäudemanagement sein, wie es gegenwärtig auch unter dem Stichwort „Facility-Management“ diskutiert wird.

Die Instandhaltung von Gebäuden ist ein wesentliches Element des sogenannten „Facility-Managements“, für das es heute einen wachsenden Markt gibt, vor allem bei größeren Objekten. Funktionssicherheit, Werterhaltung, Energieverbrauch und Umweltbelastung von Gebäuden hängen ab von der Qualität der Wartung sowie dem Zeitpunkt und dem Umfang der Instandhaltungsmaßnahmen. Vorbeugende Instandhaltung ist daher ein wesentlicher Bestandteil des Gebäudemanagements.

Ein modernes, integriertes Gebäudemanagement bedeutet auch, daß Teilfunktionen des Gebäudes im Sinn fortgeschrittener Konzepte der Gebäudeleittechnik organisatorisch miteinander verknüpft werden. Es handelt sich um eine neue, ganzheitliche Kombination von Produktions- und Dienstleistungsangeboten, die Handwerksbetriebe allein oder in Kooperation mit anderen Gewerken erbringen können.

Genauso wichtig wie das Gebäudemanagement ist es im Interesse der Nachhaltigkeit, den Gebäudebestand ökologisch zu modernisieren. Dazu gehören die verschiedenen Möglichkeiten, den Energieverbrauch zu verringern. Ziele einer ökologischen Stadtentwicklung sind außerdem: Auswahl und Verarbeitung von umweltverträglichen und rückbaubaren Baustoffen, umweltschonender Rückbau (Baustoffrecycling) und ressourcenschonender Umgang mit Wasser. Auch hier ist das Handwerk oft genug Entscheidungsträger und Anbieter von Produkten und Dienstleistungen, und es führt auch Baumaßnahmen im Auftrag Dritter durch.

Kostensparendes Bauen

Immobilienpreise von 3000 bis 4000 Mark und Mieten in einer Größenordnung von 25 bis 30 Mark pro Quadratmeter in Ballungsräumen haben dazu geführt, daß intensiv über kostensparendes Bauen diskutiert wird. Allerdings haben die reinen Baukosten die Preise nicht steigen lassen, schon gar nicht in den Städten.

Wie Expertengespräche in der Zukunftswerkstatt e. V. ergeben haben, müssen hier unter anderem die Bodenpreise, die Kosten durch überzogene Standards (Normen) und die Überbürokratisierung des Bauens berücksichtigt werden. Preistreiber sind auch die Baunebenkosten wie Honorare oder Finanzierungs- und Genehmigungskosten usw.

Außerdem läßt in der Regel die Bauplanung und Bauorganisation zu wünschen übrig. Durch eine bessere Bauorganisation (eventuell in Kombination mit rationellerer Fertigung) kann viel Geld gespart werden. Diese These wird auch durch ein Forschungsprojekt der Handwerkskammer Hamburg gestützt. Bundesbauminister Klaus Töpfer schätzt, daß mindestens zwanzig bis dreißig Prozent der Baukosten vermieden werden können, wenn der Bauprozeß optimiert wird.[4] Neue Technologien wie CAD und moderne Kommunikationsmedien bieten sich als Werkzeuge an, ohne aber die direkte Kommunikation und ein adäquates Prozeßmanagement ersetzen zu können. Für das Bauhandwerk eröffnen sich auf diesen Feldern große Chancen.

Ökologisches Bauen gestern

Wie Untersuchungen der durch den Bausektor verursachten Stoffströme gezeigt haben, ist nicht nur die Menge, sondern vor allem auch die Zusammensetzung der Baustoffe eine Gefahr. Die große Zahl von Baustoffen und deren Chemisierung sowie der wachsende Anteil von Verbundwerkstoffen verursachen gesundheitliche Risiken für die Bauhandwerker und die späteren Nutzer des Hauses. Sie stellen aber auch ein wachsendes Problem beim Rückbau bzw. beim Bauschuttrecycling dar.

Dabei sind die neuen Baustoffe den alten nicht unbedingt funktionell überlegen. In vergangenen Jahrhunderten wurde umweltfreundlicher und ressourcenschonender gebaut als heute. So

4 Bundesbauminister Klaus Töpfer bei der Präsentation der Förderinitiative "Bauforschung und Bautechnik" im April 1996, nach: Billiger Bauen durch bessere Technik, in: Süddeutsche Zeitung vom 16.4.1996

erfüllte die traditionelle handwerkliche Bauweise in vielerlei Hinsicht die Anforderungen, die heute an das ökologische Bauen gestellt werden. Bauhistorische Untersuchungen an alten Häusern zeigen, daß zum Beispiel die in Deutschland vielfach üblichen Fachwerkständerbauten über viele Jahrhunderte den Umwelteinflüssen standhielten und sich den unterschiedlichen Anforderungen wechselnder Besitzer anpaßten.[5] Diese Häuser bestehen aus einer begrenzten Zahl von meist regionalen Baustoffen.

Die wichtigsten traditionellen Baustoffe waren:

Lehm

Lehm wurde für Decken, (Fachwerk-)Wände, Putz, Mörtel und Bodenbelag benutzt. Lehm kommt in Deutschland nahezu überall vor. Er hat eine gute Wassertransportfähigkeit. Wegen seiner vorzüglichen Dampfdiffusionsdurchlässigkeit hält Lehm seit mehr als 500 Jahren in Fachwerkhäusern das Bauholz trocken. Er sorgt für gutes Raumklima. Lehm hat bauphysikalisch nur einen Nachteil: Er ist nicht wasserfest und muß vor Schlagregen und Spritzwasser geschützt werden. Lehm ist leicht zu verarbeiten und beliebig oft wiederzuverwenden. Gebrannter Lehm wird für Backsteine, Dachziegel und Bodenfliesen benutzt. Baustoffe aus Lehm haben – wenn sie nicht versintert oder verglast sind – ebenfalls eine gute Dampfdiffusionsdurchlässigkeit. Sie sind bei der Verwendung von weichem Mörtel mehrfach wiederverwendbar.

Holz

Holz wurde nahezu überall verwendet. So für Wandkonstruktionen im Fachwerk- oder Blockbau, Dachwerke, Balkendecken, Wand- und Giebelverbretterungen, Schindelbehänge, Fußbodendielen, Türen und Tore, Fenster und Fensterläden, Treppen, Wandverkleidungen, Möbel und Geräte. Der Baustoff Holz hat sich in jeder Hinsicht bewährt. Neben seiner hohen Lebensdauer

5 H. Reimers (Projektleitung), 500 Jahre Garantie, Materialien zur Kunst- und Kulturgeschichte in Nord- und Westdeutschland, Band 12, Marburg 1994

und seinen hervorragenden bauphysikalischen Eigenschaften weist er eine besonders gute Ökobilanz auf. Holz kann aus der Region bezogen werden.

Naturstein
Steine wurden benutzt als Bruchsteine für Mauern und Ausfachungen, als Quader für Mauern, als Fenster- und Türgewände, für Sockel, Gesimse sowie als Bauschmuck, für Dächer (Sandstein- und Schieferplatten) sowie als Bodenbeläge. Sie kamen, wo immer möglich, aus der Region. Am häufigsten wurden die leicht zu bearbeitenden Sand- und Kalksteine verwendet.

Kalk
Kalk, je nach Verwendungszweck gemischt mit weiteren Stoffen wie Sand, Tierhaaren oder Farbpigmenten, wurde als Mörtel, Estrich, Putz oder Anstrich benutzt. Kalk wird aus gebranntem Kalkstein hergestellt, der gelöscht und dauerhaft mit Wasser bedeckt (eingesumpft) wird. Baustoffe auf Kalkgrundlage sind wasserdampfdurchlässig.

Gips
Gips wurde gegossen oder geformt, unter anderem für Estrich, Putz, Stuck oder Mörtel. Ausgehärteter Gips ist formstabil, schrumpft und quillt nicht, was sich je nach Verwendung als Vor- oder Nachteil erweist. Gips wurde früher aus Gipsstein hergestellt, der bei hoher Temperatur gebrannt wurde. Je nach Brenntemperatur hatte der Gips verschiedene Eigenschaften.

Metall
Eisen wurde bis zum 19. Jahrhundert für Beschläge, Schlösser, Maueranker, Windeisen in Fenstern sowie Nägel verwendet und vom Schmied oder Schlosser bearbeitet. Blei wurde benutzt als Fensterrute für die Bleiverglasung und um Dübel im Werkstein einzubringen. Blechplatten aus Kupfer und Blei wurden beim Dachdecken eingesetzt. Seit dem 19. Jahrhundert wurden auch Zinkbleche und verzinktes Eisenblech im Hausbau verarbeitet.

Ökologisches Bauen heute

Es gibt inzwischen eine wachsende Zahl von Handwerksbetrieben, die sich auf ökologisches Bauen spezialisiert haben. Sei es, daß sie auf spezielle Baustoffe oder traditionelle Bauweisen zurückgreifen (zum Beispiel Dämmung mit Recyclingpapier oder Lehmbauten), sei es, daß sie spezielle ökologische Konstruktionselemente verwenden (Holzsprossenfenster, Brauchwasseranlagen, Solaranlagen, Zimmermanns- und Fachwerkbauweise, Holzhäuser usw.).

Ökologisches Bauen ist ein ausgesprochen attraktives Betätigungsfeld für Bauhandwerksbetriebe. Das zeigen die steigende Nachfrage nach baubiologisch einwandfreien Baustoffen sowie das wachsende Interesse an ökologischer Architektur. Messen wie die „Terrabau" in Hannover widmen sich heute erfolgreich diesem Thema. Auch die großen Baumärkte haben die Zeichen der Zeit erkannt. So wird einer der größten Anbieter in den nächsten Jahren seine Fachmärkte um ein breites Angebot an ökologischen Baustoffen erweitern.

Besonders vielversprechend ist das Engagement des Handwerks dort, wo Unternehmen über Gewerksgrenzen hinaus erfolgreich kooperieren und zum Beispiel mit Komplettangeboten (Häuser, Dachausbauten, Sanierung) auf den Markt gehen. Das oben kurz skizzierte Beispiel „Frontalbau" in der Rhön zeigt, daß die Verwendung regionaler Baustoffe über die rein stoffökologischen Aspekte hinaus die Nachhaltigkeit des Angebots erweitern kann. Ähnlich wie „Frontalbau" funktioniert das Kooperationsmodell D-I-E Werkstatt-Partnerverbund.

Zum Beispiel: D-I-E Werkstatt-Partnerverbund
D-I-E Werkstatt-Partnerverbund ist ein Franchise-Unternehmenskonzept. Es wurde von Handwerksbetrieben in Zusammenarbeit mit einer süddeutschen Marketing-Agentur entwickelt und organisiert Bauhandwerksbetriebe mit ökologischen Angeboten in ganz Deutschland. Das wichtigste Ziel der Handwerksunternehmen ist es, durch attraktive Angebote und Preise verstärkt auch Privatkunden zu gewinnen. So werden die Betriebe unabhängig von einzelnen Architekten oder Großkunden.
Wichtige Elemente dieser Kooperation sind die Geschäftsphilosophie, das Logo und ein Marketingkonzept. Die gemeinsame Corporate Identity zeigt

sich unter anderem in den Geschäftspapieren, der Lkw-Beschriftung oder in diversen Marketinginstrumenten: Messeauftritten, Tag der offenen Tür, Vortragsreihen über gesundes Bauen, Zusammenarbeit mit Bausparkassen.

Für die beteiligten Unternehmen lohnt sich die Kooperation. Es konnten mehr Privatkunden gewonnen werden. Neben Banken, Maklern oder Architekten sind es heute auch D-I-E-Betriebe, die Kunden beraten. Die Kostenstruktur und die Erträge wurden verbessert, und die Betriebe sind weniger konjunkturanfällig.

Als Fazit sagt Christa Jacquinta-Wäschle, die den Verbund mit aufgebaut hat: „Gefordert sind heute gewerkeübergreifendes Denken und Handeln, eine konsequente Unternehmensstrategie sowie auch die Bereitschaft zur Fortbildung. Mit dem Wandel zum Dienstleistungsmarkt spielen Einzelkämpfer immer weniger eine Rolle. Vernetztes Denken und Handeln definiert die Ökonomie des modernen Handwerks."*

* C. Jacquinta-Wäschle, Kooperation macht stark, in: C. Ax (Hg.), Werkstatt für Nachhaltigkeit, Handwerk als Schlüssel für eine zukunftsfähige Wirtschaft, München, Politische Ökologie, Heft 9, Januar 1997, S. 74

Der Weg entsteht beim Gehen

Es ist fast so, als ob wir in einem rasenden Zug säßen, der kaum noch aufzuhalten ist. Immer mehr Produkte, immer schneller produziert, immer kürzer gebraucht. Keine Zeit mehr, sorgfältig von Hand schöne Dinge herzustellen, die auch morgen noch schön sind. Keine Zeit, den Käse oder den Schinken reifen oder den Baustoff in Ruhe – ohne chemischen Zusatz – abbinden zu lassen. Wir haben keine Zeit mehr, denn Zeit ist Geld. Ein Spruch, der noch nie so wahr war wie heute: Vor allem menschliche Arbeit erscheint heute teuer, während die Kosten für Energie und die meisten Rohstoffe im Verhältnis zur Arbeit kaum mehr ins Gewicht fallen. Anfang des Jahrhunderts war es genau umgekehrt.

Das ist eine Ursache für unser ökologisches und soziales Dilemma. Weil Arbeit so teuer geworden ist, wandert die Produktion in Regionen aus, wo menschliche Arbeit weniger wert ist, nicht zuletzt weil die Menschen dort weniger wert sind. Und die Unternehmen, die weiterhin in Europa produzieren, brauchen immer weniger Menschen dank ungeheurer Produktivitätsfortschritte. Mit dem Ergebnis, daß immer mehr Menschen sich immer weniger von den so effizient hergestellten Produkten leisten können.

Doch Autos kaufen keine Autos, das wußte schon Henry Ford. Mit der wachsenden Zahl von Menschen, die aus Sicht der Wirtschaft überflüssig sind, wachsen die sozialen und ökonomischen Widersprüche unserer Produktionsweise. Aber so unsozial diese Verhältnisse auch sind, es gibt ein Szenario, das noch schlimmer ist: daß sich die Menschen dank steigender Massenkaufkraft noch mehr billig hergestellte Massenprodukte oder Autos kaufen und noch mehr Energie verbrauchen.

Aus dem Dilemma, „verschwenden zu müssen, um arbeiten zu dürfen", existiert nur ein sinnvoller Ausweg, und zwar der Übergang zu einer nachhaltigen Wirtschafts- und Lebensweise. Auf dem Papier herrscht darüber bereits ein nationenübergreifender

Konsens. Es geht um eine Wirtschaftsweise, die die ökologische, die soziale und die ökonomische Dimension miteinander versöhnt. Allein, Papier ist geduldig, und Politik und Gesellschaft haben bisher viel zuwenig Schritte in die richtige Richtung gemacht und in einigen Bereichen sogar dramatisch versagt. Bekenntnisse reichen nicht aus. Wir brauchen zukunftsfähige Produkte, eine ökologische Stadtentwicklung, eine sozialverträgliche Arbeitswelt, Solidarität mit den Verlierern und Gemeinschaftssinn bei den Gewinnern sowie neue, überzeugende Lebensstile. Dazu können alle einen Beitrag leisten: wir VerbraucherInnen, wir Produzenten, wir Bankangestellte und Börsenmakler, Manager, Beamte und Politiker, wir Handwerker und Gewerkschafter. Wir alle können – wenn wir es wollen – ein Teil der Problemlösung werden. Nachhaltige Entwicklung ist nichts, was wir theoretisch erfinden können oder schon morgen umgesetzt haben müssen. Wir haben Zeit genug, das Ziel zu erreichen. Aber jeder Schritt muß in die richtige Richtung gehen. Die Ziele sind annähernd klar, und der Weg entsteht beim gemeinsamen Gehen.

Neohandwerklich, postindustriell: die alten und die neuen Meister

In ganz Deutschland finden wir traditionsbewußte oder innovative Handwerksunternehmen, die – ohne groß über Nachhaltigkeit zu reden – nachhaltig arbeiten und denken. Der Elektromeister, der von der Reparatur lebt, der Schuhmacher, der gute Heizungsinstallateur, der Schlachter und der Bäcker von nebenan: sie alle sind ein Stück strukturelle Nachhaltigkeit. Womit nicht gesagt sein soll, daß alle Handwerksbetriebe ihre Umweltprobleme bereits gelöst hätten.

Eine im Jahr 1925 veröffentlichte gewerbliche Betriebsstättenzählung im deutschen Reichsgebiet ergab, daß die Klein- und Mittelbetriebe ihren Bestand seit der Erhebung im Jahr 1907 behauptet hatten. Im selben Jahr kam Werner Sombart in seinem Werk „Das Wirtschaftsleben im Zeitalter des Hochkapitalismus" zu dem Ergebnis, daß das Handwerk der Konkurrenz des Kapitalismus siegreich widerstanden habe. Professor Sombart schreibt, daß es vor allem drei Gebiete seien, die dem Handwerk vorbehalten blieben: die individualisierte Arbeit, die lokalisierte Arbeit und die Reparaturarbeit. Doch so klug Sombart wesentliche Züge künftiger Entwicklungen voraussah, er konnte nicht ahnen, daß der unwiderstehlich scheinende Siegeszug der Massenproduktion am Ende dieses Jahrhunderts in Europa an seine ökologischen, sozialen und ökonomischen Grenzen stoßen würde. Gleichermaßen unvorhersehbar waren für Sombart die Chancen, die sich mit dem Dezentralisierungspotential des technischen Fortschritts und den neuen Universalwerkzeugen ergeben.

Am Ende dieses Jahrhunderts spricht vieles dafür, daß weder dem alten Handwerk noch der vergleichsweise neuen Industrie die Zukunft gehört. An ihre Stelle wird vielleicht eine Produktionsweise mit neuen Kategorien treten. In ihrem Zentrum könnte die Nachhaltigkeit stehen, und ihre Strukturen wären möglicherweise gleichermaßen postindustriell wie neohandwerklich.

Und doch hat das Handwerk in der künftigen Wirtschaftsweise eine Chance, wenn auf dem Weg in die Zukunft nicht die Vielfalt und der Reichtum vergessen werden, die das traditionelle Handwerk mit sich trägt. Die Erzeugnisse von Handwerksunternehmen sind aber nur dann auf Dauer besser als Industriewaren, wenn die handwerkliche Qualität der Arbeit und des Produkts gelebt wird: Vielfalt, Schönheit, Sinnlichkeit, Materialästhetik. Das Handwerk der Zukunft knüpft an traditionellen Arbeitsweisen, Fertigkeiten, Qualitäten oder Materialien an und entwickelt sie weiter. Dazu gehört, sich neue Technologien, Produkte und Dienstleistungen zu erschließen. Handwerk und Innovation passen gut zusammen.

Akzeptable Rahmenbedingungen

Ob, wann und wie gelingt der Übergang zu einer nachhaltigen Wirtschafts- und Lebensweise, und welchen Platz wird das Handwerk darin finden? Darüber entscheidet nicht nur das Handwerk, sondern ebenso VerbraucherInnen, PolitikerInnen und UnternehmerInnen. Wir brauchen in erster Linie nicht ein neues, besseres Handwerk, sondern die richtigen Leitbilder und besonders akzeptable gesellschaftliche und ökonomische Rahmenbedingungen für das Handwerk und seine Kunden.

Eine zentrale Rolle spielen Einkommensverhältnisse und Arbeitskosten. Gutes Handwerk ist für viele Menschen Luxus. Wie absurd die Verhältnisse sind, zeigt die Tatsache, daß Handwerker sich als Kunden Handwerk nicht mehr leisten können. Bei einem Nettolohn von dreizehn bis fünfzehn Mark muß ein Handwerksgeselle einen ganzen Tag arbeiten, um eine Arbeitsstunde seines Kollegen bezahlen zu können!

Wer oder was ist dafür verantwortlich? Handwerk ist eine arbeitsintensive Branche. So nachhaltig und sozial sie dadurch ist, sosehr wird sie abgestraft durch Steuern und Abgaben. Denn die Arbeit finanziert unsere sozialen Sicherungssysteme und eine Vielzahl anderer gesellschaftlicher Aufgaben. Das macht sie so teuer, daß sie wegrationalisiert wird, wo immer es möglich ist. Die Zahl der „Normalarbeitsverhältnisse", die die Grundlage unserer Sozialversicherungssysteme (Rente, Krankenkasse, Arbeitslosenversicherung) sind, schmilzt wie Schnee in der Sonne.[1] Dadurch steigt die Last für jene, die ihre Arbeit behalten.

Großunternehmen entziehen sich, indem sie Unternehmensteile auslagern, obwohl die Unternehmenssteuern verringert werden. Teuer wird die Arbeit aber auch durch ein speziell deutsches Phänomen: durch die Kompliziertheit und Regulierungswut des perfekt sein wollenden Staats, der in erheblichem Umfang zu einem Kostenfaktor für Kleinbetriebe geworden ist.

Das läßt sich am Beispiel Bauen und Wohnen gut illustrieren. Bei Neubauten beträgt der Anteil der Arbeitskosten gerade einmal 25 Prozent, von denen rund die Hälfte an den Staat und die Sozialversicherungsträger fließen. Die verbleibenden 75 Prozent der Baukosten sind den Bodenpreisen, den Finanzierungskosten

1 Der Anteil der Normalarbeitsverhältnisse in Deutschland ist seit 1970 von 84 % auf 68 % gefallen, d.h. um 16 %. Im gleichen Zeitraum stieg die Zahl der befristet Beschäftigten, der Teilzeitbeschäftigten, der geringfügig Beschäftigten, der Selbständigten, Heimarbeiter, Leiharbeiter, ABM- und Kurzarbeiter um diese 16 %. Quelle: Kommission für Zukunftsfragen der Freistaaten Bayern und Sachsen.

und den durch Bund und Kommunen erlassenen Vorschriften und Genehmigungsverfahren zuzuschreiben.

Es gibt Alternativen. An erster Stelle steht, daß die Preise endlich die ökologische Wahrheit sagen müssen. Eine ökologische Steuerreform kann ein richtiger Weg sein. Die Einnahmen müssen genutzt werden, um den Faktor Arbeit zu entlasten. Finanzierungsgerechtigkeit ist ein weiterer wichtiger Schritt: Gesellschaftliche Aufgaben müssen aus sozial gerecht erhobenen Steuern bezahlt werden und nicht allein von der Arbeit. Eine konsequente Europapolitik müßte die ökonomischen, sozialen und ökologischen Rahmenbedingungen für die Unternehmen angleichen. Auch die Welthandelsbeziehungen müssen überprüft werden, und die Solidarität mit den Entwicklungsländern sollte sich von selbst verstehen. Ökologische Wertschöpfungsketten, wie sie zum Teil heute schon entstehen, sind eine gute und global zukunftsfähige Alternative zu den zerstörerischen Handelsbeziehungen der Gegenwart.

Wir Verbraucher haben es uns in der alten Umweltschutzdebatte so richtig gemütlich gemacht und böse Blicke auf „die Industrie“ geworfen. Im Hinblick auf Nachhaltigkeit ist unsere Lage mittlerweile aber schwieriger geworden. Denn so sicher es ist, daß die Industrie die Umwelt gefährdet, wir tun dies ebenfalls, und zwar in dem Maß, wie wir unsere nicht mehr zukunftsfähigen Verhaltens- und Konsumprioritäten verteidigen. Es ist wie in der Geschichte mit dem Autofahrer, der empört von der Arbeit nach Hause kommt und über den Verkehrsstau schimpft. Dabei sieht er nicht, daß er gar nicht im Stau steckte. Er war der Stau.

Kultur statt Geschmack

Wie die Beispiele Schuhe, Textilien oder Möbel zeigen, müssen wir uns im Alltag ständig zwischen den Alternativen „besser“ oder „mehr“ entscheiden. Wollen wir fünf Paar Schuhe für je fünfzig Mark kaufen oder statt dessen nur hin und wieder Maßschuhe, die hundertprozentig sitzen, lange halten und auch in zehn Jahren noch elegant aussehen? Ist letzteres ein Opfer? Kaufen wir immer wieder aufs neue Sperrholzmöbel, oder lassen wir uns ein Vollholzmöbel nach unseren Vorstellungen fertigen, das uns ein Leben lang begleiten soll? Wollen wir lieber zwanzig billige Kleidungsstücke kaufen, oder gehen wir zum Schneider und lassen uns ein Maßprodukt anfertigen? Entscheiden wir uns für den Kaufrausch im Supermarkt oder für das persönliche Gespräch, die Langsamkeit der gemeinsamen Entwicklung des Produkts? Dies alles ist für manche auch eine Frage des Geldes – doch keineswegs für alle. Es erfordert vor allem Kultur statt Geschmack – einen nachhaltigen Wertewandel.

Ein Grundbedürfnis nach Schönheit

Zeitweise war „Öko" ein Schimpfwort unter Jugendlichen. Das lag auch daran, daß die Gesundheitsschuhe der „Müslis" in den siebziger und achtziger Jahren nicht gerade elegant aussahen. Doch der Wunsch nach dem Besonderen, nach Selbstdarstellung und Luxus muß nicht umweltvernichtend sein.

Der englische Künstler und Schriftsteller William Morris hat Mitte des letzten Jahrhunderts das Menschenrecht auf Schönheit eingeklagt. Angesichts der minderen Qualität von Industrieprodukten hat er sich vehement für Kunst und Handwerk eingesetzt. Einer seiner wichtigsten Ratschläge war: „Nehmen Sie nichts in Ihrem Haus auf, das nicht entweder nützlich ist oder das Sie nicht als schön ansehen."

Doch was ist schön? So schwer diese Frage zu beantworten ist, Schönheit ist auf jeden Fall mehr als Design. Sie hat nicht nur mit Schein zu tun, sondern vor allem auch mit Sein: mit Wahrheit und mit Sinn. Lange bestimmten Philosophen, Künstler und Handwerker, was als schön zu gelten habe. Sie stritten darüber, arbeiteten aber auch zusammen. Die Übergänge waren fließend.

Man muß nicht lernen, was schön ist, aber man kann es lernen. Unsere großen Lehrer, Werbeagenturen und Medien, sind dazu allerdings nicht geeignet. Je mehr wir von überflüssigen Informationen und virtuellem Leben überflutet werden, je weniger wir uns direkt der Welt aussetzen, desto mehr stumpfen unsere Sinne ab. Wir verlieren Kenntnisse und das Gefühl für Unterschiede und

Qualität. Nichts ist dem berechtigten Wunsch nach Erleben so wenig zuträglich wie zuviel scheinbares, virtuelles Erleben.

Qualität ist der Unterschied, der den Unterschied macht: für den, der nicht nur die Sinne hat, sondern sich auch die Zeit nimmt, den Unterschied wahrzunehmen. Der Sinn für Schönheit sollte in den Schulen gelehrt werden. Kunst und Werken: die konkrete Auseinandersetzung mit dem Material, etwas selbst machen können, die Gestaltbarkeit der Welt und die eigene Gestaltungsmacht erfahren. Zur Menschwerdung gehört nicht nur der Kopf, sondern auch die denkende Hand. Bildung ist mehr als Ausbildung und darf kein Luxus werden, den sich nur die Kinder der Wohlhabenden leisten können.

Erfolgsfaktoren

Die Handwerker, die mit gutem Beispiel vorangehen, zeichnen Kommunikations- und Kooperationsbereitschaft sowie soziale Kompetenz aus. Diese müssen an die Stelle der für das „alte" Handwerk eher typischen „Eigenbrötlerei" treten und sind Bedingungen für Innovation und Erfolg. Aber sie sind auch eine Generationenfrage.

Genauso wichtig ist die Fähigkeit, sich als Dienstleister zu verstehen. Innovation im Sinn einer nachhaltigen Wirtschaftsweise heißt: in Nutzen denken und nicht in Produkten. Schon heute fällt der Trend zur „Verdienstleistung" von Erzeugnissen auf. Sei es, daß ein Produkt um Dienstleistungen angereichert wird (Leasing, Wartung usw.), sei es, daß in ein Produkt kundenspezifische Inhalte einfließen (Maßproduktion). Nur der Unternehmer, der die Bedürfnisse seiner Kunden im Auge hat, wird auf Dauer am Markt bleiben.

Handwerk ist auch dort erfolgreich, wo die handwerkliche Kultur bewahrt und weiterentwickelt, wo auf die Konkurrenz der Industrie mit handwerkseigenen Stärken geantwortet wird (von der Schnelligkeit bis zur Sicherung der traditionellen Qualität). Innovation und Tradition schließen sich im Handwerk nicht aus, sondern sind vielfach Voraussetzung für den Erfolg.

Entwicklungsengpaß Handwerksorganisation?

Die Handwerksorganisation ist eher ein Bremser als ein Motor, wenn es um Innovation geht. Die Reformen der Berufsbilder und der Inhalte der Meisterausbildung kommen mit dem rasanten Wandel des Markts und der Technologie kaum noch mit. Auch die Institution Handwerk leidet unter dem für große Organisationen typischen „Tankersyndrom". Aber Schwere und Tiefgang der Handwerksorganisation haben auch ihre Vorzüge: Sie halten das Schiff Handwerk auf Kurs und geben ihm Stabilität in schwierigen Gewässern. Außerdem brauchen Handwerksbetriebe, die sich kein Büro in Bonn oder Brüssel leisten können, eine Lobby. Gewiß, man kann darüber streiten, ob die Lobby stark genug ist und die Interessen des Handwerks angemessen vertritt.

Die Handwerksorganisation ist außerdem ein Dienstleister, der dringend benötigt wird. Sie organisiert überbetriebliche Beratung. Sie ist die Entwicklungs-, Finanzierungs- und Stabsstelle des Handwerks und, wo notwendig, dessen Aus- und Weiterbilder. Sie unterstützt, wie in Hamburg, Kleinbetriebe dabei, Mütter nach der Familienphase weiterzubeschäftigen, und beseitigt damit ein Hindernis für die Einstellung von Frauen im Handwerk. Und wenn es Mängel gibt, dann sei darauf hingewiesen, daß die Handwerksorganisation auf dem Selbstorganisationsprinzip beruht. Ihre weitere Entwicklung liegt nicht zuletzt in der Hand der Betriebe. Engagement tut not.

Entwicklungsengpaß Politik

So selbstverständlich das Handwerk in Deutschland den meisten als Beschäftigungsträger und stabilisierender Wirtschaftsfaktor erscheint, sowenig selbstverständlich ist es, daß es alle Herausforderungen der Gegenwart unbeschadet überstehen wird. Ohne handwerksfreundliche Kommunal- und Wirtschaftspolitik werden die Chancen vertan, die ein starkes Handwerk für Markt und Gesellschaft mit sich bringt.

Schwindende Kaufkraft, die demographische Entwicklung und die sinkende Ausbildungsbereitschaft der Betriebe sind

Warnsignale. Die Altersstruktur des Handwerks macht erhebliche Anstrengungen notwendig, um den Bestand der überlebensfähigen Betriebe zu sichern. Wichtige Aufgaben sind, Betriebsübernahmen, eventuell auch durch Nichthandwerker, zu unterstützen, die Meisterausbildung und Existenzgründungen zu fördern. Und die Banken müßten viel mehr in Menschen und Ideen investieren, statt ausschließlich an Sicherheiten zu denken. Das Handwerk der Zukunft braucht vor allem gutausgebildete, kreative junge Leute, die Produzenten von morgen. Darunter müßten mehr Frauen sein, die in vielen Handwerksbetrieben stark unterrepräsentiert sind.

Kleinbetriebe haben viele Stärken, aber auch bedrohliche Schwächen. Engpässe gibt es vor allem bei der strategischen Planung. Handwerksbetriebe und Kleinbetriebe insgesamt sind auf Kooperationen und auf eine angemessene öffentliche Infrastruktur angewiesen. Die staatlichen Beratungs- und Hilfsangebote müssen auf die geringe Marktmacht, die geringe Kapitalausstattung sowie die fehlenden Forschungs- und Entwicklungs-Ressourcen dieser Unternehmen abgestimmt sein. Dies bedeutet auch, daß die Förderung von Forschung und Entwicklung, aber auch andere Förderprogramme neue Schwerpunkte setzen müssen. Es muß möglich werden, daß verstärkt auch kleinere Entwicklungsvorhaben, die ein geringeres Finanzvolumen, aber relativ hohe Bearbeitungs- und Beratungskosten haben, unterstützt werden. Die Förderstruktur sollte dezentral und flexibel angelegt und die mit der Verwaltung der Mittel beauftragten Personen sollten motiviert werden, auch arbeitsintensive Kleinprojekte zu betreuen.

Ein weiteres Defizit der Förderprogramme ist ihre Technikfixierung: Organisatorischer Fortschritt, Produktentwicklung, neue Dienstleistungen sowie Kooperationsansätze und Branchenlösungen sollten gleichermaßen verstärkt in die Förderung aufgenommen werden.

Agenda 21: ein Motor in Sachen Nachhaltigkeit

Das Schlagwort vom „globalen Denken und lokalen Handeln" wird heute in Deutschland und Europa an immer mehr Orten ernst genommen. Die Agenda 21 verpflichtet in ihrem Artikel 28 alle Kommunen der Unterzeichnerstaaten, eine nachhaltige Entwicklung anzustreben. Es geht um einen Konsens für Nachhaltigkeit zwischen den wichtigen kommunalen Akteuren (Bürger, Verwaltung, Wirtschaft, Schulen). Auch das Handwerk muß sich an diesem Prozeß beteiligen. Es muß seine alte und seine neue Rolle in der lokalen Ökonomie definieren. Darin stecken ökologische und ökonomische Chancen, die aber von den Kommunen und der Bundesregierung leider noch nicht in ausreichendem Maße erkannt und genutzt worden sind.

Postskriptum: Plädoyer für eine handwerkliche Ästhetik der Nachhaltigkeit

„Man entschließe sich, ob man für sein Geld reizende Formen oder tadellosen Schliff haben will, ob man aus dem Arbeiter einen Menschen oder einen Schleifstein machen will."

John Ruskin

Das Dilemma, „verschwenden zu müssen, um arbeiten zu dürfen", steht auf zwei Beinen: unserer hohen Produktivität und einem Lebensstil, der auf dem „fordistischen Gesellschaftsvertrag" beruht, auf entfremdeter Arbeit, die durch das Versprechen erkauft wird, daß es immer mehr Menschen immer besser gehen wird. Es scheint geradezu unsere vornehmste Aufgabe zu sein, konsumierend dafür zu sorgen, daß sich das Rad der Wirtschaft dreht und dreht. Aber je produktiver wir werden, desto mehr müssen wir herstellen und verbrauchen.

Würden wir so essen, wie wir Konsumgüter verbrauchen, dann drängte sich die Diagnose „chronische Bulimie" auf: Wie der Riese in Rabelais' Märchen „Gargantua und Pantagruel" verschlingen wir Tag für Tag riesige Berge von Waren, um sie nahezu unverdaut wieder auszuspucken. Güter, die ganz offensichtlich nicht dazu in der Lage sind, Menschen dauerhaft satt zu machen.

Zwischen Industrie und Handwerk: der Deutsche Werkbund

Über Jahrhunderte versorgte das Handwerk die Gesellschaft mit Gebrauchs-, Luxus- und Repräsentationsgegenständen. Ihre Herstellung erfolgte nach tradierten Verfahren und Mustern, was – unabhängig vom individuellen Vermögen der Gesellen oder Meister – ein hohes gestalterisches und ästhetisches Niveau sicherte.

Dies änderte sich mit der maschinellen Fertigung. Walfried Pohl, Kunsthistoriker und aktiv im Landesverband Nordrhein-Westfalen des Deutschen Werkbunds, schreibt: „Da bei der industriellen Produktion die ästhetische Gestaltung des Produktes für den Absatz eine wachsende Bedeutung erhielt, verwischten sich die Grenzen: Repräsentationsgegenstände wurden alltäglich, Gebrauchsgegenstände repräsentativ. Die beginnende Industrieproduktion erfüllte das breite Repräsentationsbedürfnis des Bürgertums mit Protz- und Billigprodukten, Imitaten, Surrogaten und Stereotypen. Das Handwerk schloß sich dieser Entwicklung an."[1] Künstler zogen sich auf die „reine Kunst" zurück und überließen es anderen, die Vorlagen für Handwerk und Industrie herzustellen.

Der offensichtliche ästhetische und qualitative Niedergang der Produktkultur provozierte bereits Mitte des 19. Jahrhunderts eine vielbeachtete Debatte. Darin sind kulturelle Gegenentwürfe entstanden, die vor dem Hintergrund der Krise unserer Industriegesellschaft von überraschender Aktualität sind.

Zu den bedeutendsten Kritikern der industriellen Gleichmacherei gehörten die britischen Schriftsteller und Sozialreformer William Morris und John Ruskin, die entschieden für eine handwerkliche Produktion auf hohem gestalterischem und kulturellem Niveau eintraten. William Morris unterstellte ein menschliches Grundbedürfnis nach Schönheit und beklagte den Abstieg der handwerklichen Arbeit und der Kunst. Sein Schüler John Ruskin verwies auf den Zusammenhang zwischen der Qualität der Arbeit und der Qualität der Produkte. Er appellierte an die Verantwortung der Konsumenten, die mit der Wahl der Produkte immer auch über die Arbeitsbedingungen der Produzenten mitentschieden.

1 W. Pohl, Kunst, Handwerk und Werkbund im Industriezeitalter, unveröffentlichtes Manuskript, 1996

In seinem Buch „Wie wir arbeiten und wirtschaften müssen“ schreibt Ruskin:

Wir erstreben heutzutage immer, Hand- und Geistesarbeit voneinander zu trennen; wir verlangen, daß der eine Mensch immer denken, der andere immer arbeiten soll; wir nennen den einen Gentleman, den anderen Arbeiter, indessen dieser oftmals denken und jener oftmals arbeiten sollte, damit beide im besten Sinne des Worten Gentlemen werden könnten. So, wie die Dinge liegen, können sie es nicht werden; der eine beneidet, der andere verachtet seinen Bruder, und die Gesellschaft besteht aus krankhaften Denkern und elenden Arbeitern. Es kann nun einmal die Arbeit nur durch das Denken gesund erhalten und das Denken nur durch die Arbeit glücklich gemacht werden, und wo man beide trennt, bleibt die Strafe nicht aus. Es wäre gut, wenn wir alle in irgendeinem Fache gute Handwerker wären und man die Handarbeit nicht als Unehre ansehe. (...)
Man richte sich nach den drei folgenden Regeln:

1. *Man ermutige niemals die Anfertigung eines nicht absolut notwendigen Gegenstandes, der ohne Mithilfe künstlerischer Konzeption hergestellt wird.*
2. *Man verlange niemals vollendete Ausführungen um ihrer selbst, sondern nur um eines praktischen und edlen Zweckes willen.*
3. *Man ermutige niemals Imitation oder Nachbildung irgendwelcher Art, außer wo es sich darum handelt, von einem großen Werk eine Art Urkunde zu bewahren. (...)*

Nur ein Beispiel, das dem Leser meine Ansicht (...) erläutern soll. Unser modernes Glas an sich ist außerordentlich klar, seine Form aufs Haar exakt, sein Schliff regelrecht. Wir sind stolz darauf. Wir sollten uns dessen schämen. Das alte venezianische Glas war trüb, seine Formen durchaus nicht regelrecht, sein Schliff plump, wenn es überhaupt geschliffen war. Und die alten Venezianer rühmten sich dessen mit Recht. Dies unterscheidet den Englischen vom Venezianischen: der erste denkt nur an die schablonenhafte Wiedergabe seiner Vorlage, an die haarscharfe Herstellung der Kurven und Kanten und

> *wird zur Maschine, die Kurven dreht und Kanten schleift; indes es dem alten Venezianer gar nicht auf den Schliff seiner Kanten ankam, sondern er ersann ein neues Muster für jedes Glas, das er schuf, und er gestaltete jeden Griff und jedes Mundstück verschiedenartig und phantasievoll. Und wiewohl gewisse venezianische, von ungeschickten phantasielosen Arbeitern hergestellte Gläser plump und unschön sind, so sind die Formen anderer so reizend, daß sie unbezahlbar sind; und man sieht dasselbe Muster nicht zweimal. Feiner Schliff und Formmannigfaltigkeit gehen nicht zusammen. Der Arbeiter kann sich nicht gleichzeitig um den Schliff der Kanten kümmern und dabei Muster erfinden. Man entschließe sich, ob man für sein Geld reizende Formen oder tadellosen Schliff haben will, ob man aus dem Arbeiter einen Menschen oder einen Schleifstein machen will.*

Die von Ruskin inspirierte Bewegung „Arts and Crafts", die Kunst und Handwerk wieder vereinen sollte, führte europaweit zu einer ästhetischen Erneuerung, die als Modern Style, Art Nouveau, Secession, Modernismo und Jugendstil bekannt wurde. Stilmittel waren partielle Asymmetrie, florale und lineare Kurvaturen, geometrische Reihungen. Walfried Pohl schreibt:

> *1895 entstand der Stil, 1905 war er schon am Ende. Er ging in die Trivialisierungsfalle, eine Entwertung, welche die Industriekultur für alle innovative Gestaltung bereithält. Als Gegengift gegen die Industrie und den Niedergang des Handwerks konzipiert, griff ihn die Industrie auf und kommerzialisierte ihn, bedeckte alles und jedes mit Jugendstilschnörkeln. Bei den überdekorierten Wohnhäusern lösten nicht nur Jugendstilornamente die Neostile ab, sie mischten sich auch mit ihnen. (...) Es gab einen barockisierenden, einen gotisierenden, ja sogar einen archaisierenden Jugendstil. Massenproduktion und Verwerfungen irritierten die Schöpfer des Stils derart, daß sie ihn fallenließen.*[2]

2 Ebenda, S. 2

Unter diesen Vorzeichen gründeten im Herbst 1907 zwölf Künstler und zwölf Vertreter der deutschen Industrie in München eine kleine, aber epochemachende Interessengemeinschaft, den Deutschen Werkbund. Dem Kreis ging es um die Erneuerung der ästhetischen und funktionalen Qualität der deutschen Güter. Die Sorge war berechtigt: Die Kennzeichnung „Made in Germany" war Anfang des 19. Jahrhunderts keine Empfehlung. Sie sollte die Besucher der Pariser Weltausstellung im Jahr 1900 vor der bescheidenen Qualität deutscher Produkte warnen.

Die Werkbund-Debatte konzentrierte sich zunächst auf die kulturellen, ästhetischen und sozialen Konsequenzen des sich abzeichnenden Siegeszugs der industriellen Massenproduktion. Die Qualität der Arbeit lag den Mitgliedern des Werkbunds dabei ebenso am Herzen wie die ästhetische Qualität der Produkte.

Denn der Niedergang der Arbeit und die Verschlechterung der Produktqualität hingen voneinander ab. Der große Architekt Fritz Schumacher in seiner Gründungsrede:

Die Trennung zwischen Erfinder und Ausführer, die wir heute machen, war früher nicht. (...) Eine gründliche Gesundung des Kunstgewerbes ist nur möglich, wenn die erfindenden und die ausführenden Kräfte wieder enger zusammenwachsen. (...) Denn nur die Werte geben im Wettbewerb der Völker den Ausschlag, die man nicht nachahmen kann. Alles, was man nachahmen kann, verschwindet bald als Wert auf dem Völkermarkt, unnachahmbar aber sind allein die Qualitätswerte, die entspringen aus der unnennbaren inneren Kraft einer harmonischen Kultur. Und deshalb stecken in der ästhetischen Kraft zugleich die höchsten wirtschaftlichen Werte.

Auch Henry van de Velde, belgischer Architekt und ein einflußreicher Führer des Jugendstils und des Werkbunds, bedauerte den Verlust an Schönheit und Wahrheit der Produkte durch den Niedergang des Handwerks. Er rechnete auf seine Weise mit Handwerk und Industrie ab:

Die Basis, auf der die Industrie sich entwickelte, war erfolgreich ohne jede Größe. (...) Die Industrie leidet darunter, daß die Schönheit und die Freude, diese beiden guten Feen, nicht an ihrer Wiege gestanden haben. (...) In der Tatsache, daß keine moralische Beziehungen, keine Liebe mehr zwischen dem fabrizierten Gegenstand und dem Fabrikanten existieren, liegt eine solche Anomalie, daß bei anderen Sachen als Möbeln, Porzellan, Glas, Silberwaren, Stoffen usw. sich das öffentliche Gewissen längst geregt hätte. Es würde gerechte Forderungen aufstellen und von dem Fabrikanten ebensoviel Liebe zu den Sachen, die er herstellt, verlangen, wie man sie von einem Kutscher für sein Pferd, vom Gärtner für die Blumen und die Früchte, die er pflegt, von der Köchin für den Braten oder den Auflauf, den sie bereitet, verlangt. Der Fortbestand dieser moralischen Beziehungen bewirkt es, daß wir uns noch über den Anblick schöner Pferde freuen, uns mit schönen Blumen umgeben und schöne Früchte essen können, diese fortbestehenden moralischen Beziehungen machen die guten Beefsteaks und die gut gelungenen Soufflés.

Ziel des Werkbunds war die „Veredlung der gewerblichen Arbeit". Selbstbewußte Künstler sollten den anonymen Industrieentwerfer ablösen und mit ihren Namen für die Qualität der Produkte einstehen. Damit war der Industriedesigner geboren und die Grundlage für das bis heute bestehende Spannungsverhältnis zwischen handwerklicher Produktion und Design gelegt.

Auf der Tagung im Vorfeld der „Deutschen Werkbund-Ausstellung Cöln 1914" entbrannte eine besonders interessante Kontroverse, die den Werkbund beinahe gespaltet hätte. Der deutsche Architekt und Kunstschriftsteller Hermann Muthesius verlangte von den Gestaltern (heute würde man Designer sagen), standardisierte Typen zu entwickeln. Henry van de Velde hingegen forderte die individuelle Gestaltung bei absoluter künstlerischer Freiheit. In dieser Diskussion wurde deutlich, daß die Nachahmung individuell gestalteter Objekte in Verflachung und Abgeschmacktheit enden muß.[3]

3 Ebenda, S. 3

Nach der Niederlage Deutschlands im Ersten Weltkrieg hatten zunächst die Befürworter der Handwerkskultur wieder die Oberhand in der ästhetischen Debatte. So bezog sich Walter Gropius bei der Gründung des später so einflußreichen Bauhauses zunächst ausdrücklich auf die mittelalterliche Bauhüttentradition und knüpfte an der Einheit von Kunst und Handwerk an:

> *Architekten, Bildhauer, Maler, wir alle müssen zum Handwerk! Denn es gibt keine „Kunst von Beruf". Es gibt keinen Wesensunterschied zwischen dem Künstler und dem Handwerker. Der Künstler ist eine Steigerung des Handwerkers. Gnade des Himmels läßt in seltenen Lichtmomenten, die jenseits des Wollens stehen, unbewußt Kunst aus dem Werk einer Hand erblühen, die Grundlage des Werkmäßigen aber ist unerläßlich für jeden Künstler. Dort ist der Urquell des schöpferischen Gestaltens.*
> *Bilden wir also eine neue Zunft der Handwerker, ohne die klassentrennende Anmaßung, die eine hochmütige Mauer zwischen Handwerkern und Künstlern errichten wollte! Wollen, erdenken, erschaffen wir gemeinsam den neuen Bau der Zukunft, der alles in einer Gestalt sein wird: Architektur und Plastik und Malerei, der aus Millionen Händen der Handwerker einst gen Himmel steigen wird als kristallenes Sinnbild eines neuen kommenden Glaubens.*[4]

Das war ein ästhetisches Programm, das in den ersten Jahren der Bauhausarbeit bewirkte, daß in der Ausbildung der Bauhausschüler Kunst und Handwerk gleichberechtigt nebeneinanderstanden. In den Werkstätten des expressionistischen Bauhauses durchliefen die Schüler eine handwerkliche, eine zeichnerische und eine wissenschaftliche Schulung. Walter Gropius' Ziel war der „gemeinsam errichtete" Bau. Ganzheitlich entwickelte „Gesamtkunstwerke", zu denen alle *durch Handwerk* beitragen sollten: Architekten wie Tischler, Maler und Textilkünstler, Glaser und Metallwerkstätten. Die Entwicklung und Bildung der Persönlich-

4 Archiv (Hg.), Bauhaus 1919-1933, Köln 1990, S. 18

keit im Sinn des großen schweizerischen Malers und Kunstpädagogen Johannes Itten galt in dieser Periode als die wichtigste Quelle der gestalterischen Kraft. Die kreative Arbeit und der schöpferische Umgang, die handwerkliche Vertrautheit mit dem Material war für den künftigen Baumeister oder Designer Ausgangspunkt jeglicher kognitiven, also abstrakt begrifflichen oder konstruktiven Karriere.

Wenige Jahre später und nicht zuletzt aus wirtschaftlichen Gründen orientierten sich Gropius und mit ihm die einflußreiche Architektur- und Designschule des Bauhauses um. Im Zentrum stand nun eine „Maschinenästhetik", wie sie der niederländische Architekt und Kunstkritiker Theo van Doesburg skizziert hatte. Es lief auf einen radikalen Reduktionismus hinaus. Mit der Notwendigkeit, Entwürfe für maschinenproduzierbare Serienprodukte herzustellen, veränderte sich das ästhetische Leitbild. Leitform, auch für Wohnbauten, Schulen, Krankenhäuser oder Kirchen, wurde jetzt die Fabrik. Mit dem berühmten Motto „form follows function" wurden allerdings nicht nur die Produktentwürfe und die Architektur, sondern auch der Mensch, für den diese Häuser und Gebrauchsgegenstände gedacht waren, auf das Funktionelle, das Notwendige reduziert.

Von der Notwendigkeit des Überflüssigen

Was braucht der Mensch? Diese Frage stellt sich angesichts der Herausforderung an eine zukunftsfähige Gesellschaft und Wirtschaft, nicht nur den Energieverbrauch zu verringern und die Ressourceneffizienz zu steigern, sondern auch eine „Kultur des Genug" zu entwickeln. Ein Blick in die Geschichte und in andere Regionen dieser Erde zeigt, daß verschiedene Kulturen diese Frage unterschiedlich beantworten. Allerdings fällt überall auf, daß sich die Menschen gerne mit Dingen umgeben, die über den reinen Zweck und die pure Funktion hinausgehen und symbolischen oder auch magischen Charakter haben.

Ein Gang durch das Völkerkundemuseum in Bremen zeigt, daß Menschen in Kulturen, die aus unserer Sicht „arm" waren, stets dafür sorgten, daß die wenigen Dinge, mit denen sie sich umgaben, einen magischen, spirituellen Charakter hatten. Der Wasserkrug, der Löffel, das Zinngefäß, der Hocker, das Gewand: alle waren liebevoll bearbeitet und sprechen bis heute eine über den Zweck hinausgehende Sprache. Neben Funktionalität und Schönheit sind sie sinnstiftende Objekte, die ihren Besitzer in das rechte Verhältnis zu seinem Kosmos setzen.

Wie verhält es sich bei uns? Was sind für uns die Dinge, mit denen wir uns umgeben, die wir benutzen, mit denen wir uns bekleiden, für die wir Normalverdiener mit unserem Geld auch immer ein Stück Lebenszeit und Arbeitskraft eintauschen? Was suchen wir im Kaufrausch, und was bleibt übrig, wenn er vorbei ist? Und welchen Lebensstil können wir uns leisten angesichts des Gebots der Nachhaltigkeit? Sind die Dinge, die wir uns bislang geleistet haben, echter Luxus gewesen, oder haben wir uns nur um den Lohn unserer Arbeit betrügen lassen? Wie müßten wir, wie müßten die Dinge des Lebens beschaffen sein, damit eine „Kultur des Genug" Fuß fassen kann?

In diesem Zusammenhang ist die Frage interessant, was Menschen unter „arm" und „reich" verstehen. Armut und Reichtum hatten nämlich je nach Kultur und Zeit unterschiedliche Inhalte: materielle (der Besitz von Kamelen, Frauen, Autos, Schmuck oder Immobilien), aber auch immaterielle (soziale Anerkennung, Macht, Spiritualität). Auch selbstgewählte materielle Armut galt einst als Königsweg zu innerem Reichtum und war über Jahrtausende ein hochgeachteter Lebensstil. Hierarchien der gesellschaftlichen Wertschätzung hingen zum Beispiel in traditionellen indischen Dörfern nicht ab von materiellem Besitz oder Einkommen.[5]

Bei der Kaufentscheidung in unserer Gesellschaft steht oft weniger der funktionale Aspekt des Produkts im Vordergrund als vielmehr die mit ihm verbundenen immateriellen Dinge. Natürlich bestand der Nutzen des Schnabelschuhs nicht zuerst darin, die Füße seines Besitzers vor Kälte und Schmutz zu schützen. Viel wichtiger war, daß er Erotik symbolisierte und den hervorgeho-

5 Majid Rahnema, Armut, in: Wolfgang Sachs (Hg.), Wie im Westen so auf Erden, Reinbek bei Hamburg 1993

benen sozialen Rang des Schuhbesitzers demonstrierte. Auch ist zu vermuten, daß der Schuhbesitzer überzeugt war von der magischen Wirkung seiner Schuhe, davon, daß sich deren erotische Eigenschaften auf ihn übertrugen.

Waren erfüllen vorrangig folgende Funktionen[6]:

1. Sie sind Fetische, zum Beispiel als Erlebnis- und als Erinnerungsobjekte, als persönlich wichtige oder aus biographischen Gründen geliebte Objekte.
2. Sie sind Partner wie zum Beispiel Autos.
3. Sie sind Instrumente oder Werkzeuge, vorrangig Gebrauchsobjekte (Schraubenschlüssel).
4. Sie sind Zeichen, Symbole, stellvertretend für einen immateriellen Inhalt.

Der Anthropologe Marshall Sahlins geht sogar davon aus, daß die Besonderheit der westlichen Kultur darin besteht, daß die Produktion von Gütern gleichzeitig die wichtigste Form der Produktion und Übermittlung von Symbolen darstellt.

Eine nur auf den ersten Blick verblüffende Antwort auf die Frage nach den Dingen, die der Mensch braucht, finden wir bei dem spanischen Philosophen José Ortega y Gasset:

> *Daher ist für den Menschen nur das objektiv Überflüssige notwendig. Dies wird man für paradox halten, aber es ist die pure Wahrheit. Die biologisch objektiven Notwendigkeiten an sich sind nicht notwendig für ihn. Findet er, daß er sich ganz auf sie beschränken muß, so weigert er sich, sie zu befriedigen, und zieht es vor, zu unterliegen. Sie verwandeln sich in Notwendigkeiten nur, wenn sie als Bedingungen des „in der Welt sein" erscheinen, das seinerseits in subjektiver Form notwendig ist, d. h. weil es das Sich-wohl-Befinden in der Welt und das Überflüssige notwendig macht. Daraus geht hervor, daß selbst das objektiv Notwendige für den Menschen nur im Hin-*

6 Gudrun Scholz, Service und Symbol der neuen Gegenstände, in: D. Steffen (Hg.), Welche Dinge braucht der Mensch?, Gießen 1995, S. 23

blick auf das Überflüssige notwendig ist. (...) Der Mensch, der tief und völlig davon überzeugt wäre, daß ihm das Sich-wohl-Befinden oder zumindest eine Annäherung daran nicht gelingen kann und daß er sich mit dem bloßen und nackten Sich-Befinden begnügen müßte, begeht Selbstmord.

Das Überflüssige, der Luxus – nicht als etwas, wovon man auch lassen könnte, sondern als die erste dringende Notwendigkeit – kennzeichnet den Menschen, weil er über die bloße Notwendigkeit hinaus immer schon unterwegs ist zur Freiheit.[7]

Vom Schein und vom Sein

Handwerkliche Arbeit und damit auch das Produkt waren traditionell fast nie nur Zweck, sondern auch luxuriöser Selbstzweck. Dies galt für fast alle Bereiche des täglichen Lebens. Trotz Musterbüchern und strengen Gestaltungsauflagen, die die Zunft dem Meister, der Meister dem Gesellen und der Geselle dem Lehrling mit auf den Weg gaben: Unübersehbar war stets die Neigung des Menschen, sich in der Arbeit am Werkstoff gestalterisch zu verschwenden – dem Material mit seinen Händen ein Stück von der eigenen Seele einzuflößen und sich in der Auseinandersetzung mit seinen Grenzen und den Materialien zu erfahren und weiterzuentwickeln. Diesem Wunsch standen KundInnen gegenüber, die sich mit dem Produkt des Handwerkers schmücken wollten, ganz gleich, ob es sich um eine Textilie oder um ein Haus handelte. Es ging immer auch um die Darstellung des Selbst, um die Welt der Dinge als (läuternder) Spiegel der menschlichen Seele.

Mit der Trennung von Entwurf und Ausführung in der industriellen Fertigung wurde diese Einheit von Kopf und Hand, aber auch die auf menschlichen Erfahrungen und Kommunikation basierende Einheit von Kunde und Produzent zerstört. Den Rest

7 Nach: C. Graf von Krockow, Luxus: Von der Notwendigkeit des Überflusses, in: D. Steffen (Hg.), Welche Dinge braucht der Mensch?, a. a. O., S. 117ff.

erledigte die Technik. Der Kunde wurde vom Ge-braucher zum Ver-braucher. Und je schneller und je billiger produziert werden konnte, desto schneller mußte konsumiert wurden. Zeit ist Geld, denn Arbeit kostet Geld. Womit auch die gestaltende Arbeit immer weniger bezahlbar wurde.

Konstruktion und Gestaltung der Güter gingen auf Spezialisten über, auf Produktentwickler und Designer. Und in dem Maß, wie die Gestaltungsaufgabe von der Industrie und ihren Designern übernommen wurde, verlor das Handwerk seinen gestalterischen Impetus und seine gestalterische Kompetenz.

Doch anders als der Handwerker, der nur seinen Kunden im Auge haben darf, ist es die Aufgabe des Designers, immer neue Produkte zu entwerfen, den Stil der „Massenseele" zu treffen oder besser noch: zu prägen, damit die Stückzahlen und der Umsatz steigen. Während nach dem Krieg zunächst der Gebrauchswert der Güter im Vordergrund stand, überrollte in den achtziger und neunziger Jahren die Designerwelle die gesättigten Märkte. Vieles wurde zum Modeartikel. Kaum hatte sich zum Beispiel die Form eines Küchengeräts als erfolgreich erwiesen, überfluteten schon billige Plagiate das betreffende Marktsegment, aber nur um wenig später von einem neuen Design abgelöst zu werden. Das Versprechen von Qualität durch Design ging am eigenen Erfolg zugrunde.

Angesichts der ökologischen Kosten dieser Flut immer neuer und angeblich schönerer Produktvarianten wächst auch die Zahl der nachdenklichen Designer. Ecodesign ist nun das aktuelle Zauberwort, das Erlösung aus diesem Dilemma verspricht.

Der Italiener Ezio Manzini, einer der Vordenker des ökologischen Designs, hält drei Konsumszenarien für denkbar:

1. Vom Konsum zur Pflege

Dieses Szenario erfordert, einen mißverstandenen Funktionsbegriff zu überwinden, der den Konsum beschleunigt und eine Welt von Wegwerfprodukten geschaffen hat. In diesem Szenario besteht die Aufgabe des Designs darin, Produkte zu entwickeln, die sowohl in technischer wie auch in kultureller Hinsicht die Zeit überdauern: Produkte, die Pflege erfordern und zu denen die Benutzer eine emotionale Beziehung aufbauen können.

2. Vom Produktkonsum zur Inanspruchnahme von Dienstleistungen

Dieses Szenario bedeutet, daß man weniger auf Besitz und individuellen Konsum setzt und statt dessen einen nichtzerstörerischen Gebrauch von Produkten und die Nutzung von Dienstleistungen anstrebt. Ein höheres Niveau ökosozialer Effizienz wird erreicht, wenn sich die Konsumnachfrage ausrichtet an neuen Dienstleistungen, die eine wirksamere Nutzung der Ressourcen erlauben. In diesem Szenario besteht die Aufgabe des Designs darin, umweltverträgliche Produkte und Dienstleistungen zu entwickeln, die auch gesellschaftlich attraktiv sind.

3. Vom Konsum zum Nichtkonsum

Dieses Szenario ist das radikalste, und es läßt sich nur auf kultureller Ebene verwirklichen. Auch in diesem Kontext kann Design eine wichtige Rolle spielen, wenn man es als eine Ausprägung der Kultur von Produkten und Dienstleistungen begreift. Es kann Szenarien, Qualitätskriterien und Werturteile hervorbringen, bei denen sich Bedarfsreduzierung als Zunahme sozialer Qualität erfahren läßt. Aber bevor das Design im Wandel wirksam werden kann, muß es nach Manzini „seine Wurzeln überprüfen". Manzini weiter:

> *Man sollte nicht vergessen, daß diese Disziplin im Kontext eben jenes Entwicklungsmodells entstand, das sich heute in einer Krise befindet (...). In der ersten Hälfte dieses Jahrhunderts spielte das Design eine entscheidende Rolle dabei, der Moderne ihre Form zu geben. In den achtziger Jahren trug das Design, im guten wie im schlechten, zur Ästhetisierung der Dinge entscheidend bei, so oberflächlich sie oftmals auch war: eine Ästhetisierung, die sich als unfähig erwies, dem allgemeinen ästhetischen Niedergang der Welt entgegenzutreten.*[8]

8 Ezio Manzini, Design, Umwelt und soziale Qualität. Vom Existenzminimum zum "Qualitätsmaximum", in: D. Steffen (Hg.): Welche Dinge braucht der Mensch?, a. a. O., S. 169 ff.

Manzini fordert eine neue Ästhetik der Nachhaltigkeit: „In Wahrheit sind Ästhetik und Ethik derart miteinander verbunden, daß sich keine wahren, tiefgreifenden ästhetischen Erneuerungen entwickeln können, ohne auf einem Wertesystem zu basieren."

Möglicherweise ist in diesem gestalterischen Dilemma auch die handwerkliche Arbeitsweise ein zukunftsfähiger Weg. Denn anders als in der industriellen Fertigung fällt beim Handwerk die Formgebung mit dem Arbeitsprozeß zusammen. Bei allem Willen zur Perfektion bleibt das Produkt stets ein Unikat: mit kleinen Unterschieden, die, auch wenn nur unbewußt wahrgenommen, dem Objekt immer ein Stück Individualität verleihen.

Wird im Handwerk auf hohem gestalterischem und handwerklichem Niveau produziert, dann kann das Ergebnis oft als Kunstgegenstand betrachtet werden. Dies gilt, wie jeder Besuch in Kunstgewerbemuseen belegt, auch, wenn sich minimales individuelles gestalterisches Können mit höchstem handwerklichem Vermögen verbindet. Anders als das Massenprodukt ist das gute handwerkliche Erzeugnis, vom Haus bis zum Teppich, stets einmalig wie ein Stern im Universum. Ein Stück dauerhafter Wohlstand und kultureller Reichtum.

Anders als der abstrakte Entwurf des Designers entwickelt der Handwerker sein Produkt in der konkreten Auseinandersetzung mit dem Material. Der österreichische Drechsler und Künstler Sepp Viehauser schreibt: „Die Auseinandersetzung mit dem Material, mit dem Werkstück, mit dem Objekt ist für den Handwerker stets eine Prüfung mit der Chance des Scheiterns. Er wird auf die Grenzen seiner Möglichkeiten zurückverwiesen und damit auf sich selber. In diesem Sinne ist die handwerkliche Auseinandersetzung mit dem Werkstück Bildung im eigentlichen Sinne. Das Werkstück ist der Spiegel, durch den das Individuum hindurchgeht, um zu sich selber zu finden."[9]

Möglicherweise ist die für das Industriedesign und die moderne Architektur so typische Reduzierung des Designs auf die Funktion – die funktionale Ästhetik – nichts anderes als die unbefrie-

9 "Wenn einer einen inneren Plan hat", Interview mit Sepp Viehauser, in: C. Ax (Hg.), Werkstatt für Nachhaltigkeit, a. a. O.

digende Reduzierung des Menschen auf die Notwendigkeit. Das jedenfalls ist die Schlußfolgerung aus Ortega y Gassets Annahme, daß nur das Nutzlose oder der Luxus wirklich notwendig sei. Die Menschen wählen gerne das Maximum an Qualität, an Freiheit und an Luxus.

Beim Funktionalismus ist die Gestaltungsohnmacht des Werkzeugs der heimliche Herrscher über die Gestalt. Handwerkliches Gestaltungsvermögen („das Vermächtnis der Hand“) hat sich dagegen immer dadurch ausgezeichnet, daß die Form des Produkts und die Fertigkeit des Produzenten nicht voneinander zu trennen sind. Abstraktes Denken, Konstruieren oder einfaches „Kunst-machen-Wollen“ scheitert in der konkreten Auseinandersetzung mit dem Material: Die Vollkommenheit des Objektes liegt ausschließlich und wortwörtlich allein in der Hand des wahren Meisters oder der wahren Meisterin.

Dank

Mein Dank gilt zunächst und vor allem denjenigen, die dieses Buch möglich gemacht haben: den Menschen im Handwerk, die die Zukunft im wahrsten Sinne des Wortes in ihren Händen haben. Zu Dank verpflichtet bin ich auch all jenen, die auf ihre Weise maßgeblich zu diesem Buch beigetragen haben. Dazu gehören u.a.: meinen Eltern Karl-Heinz und Mathilde Ax, Dieter Horchler, Jürgen Hogeforster, William Morris, Ernst Ulrich von Weizsäcker, Karl-Ludwig Schweisfurth, Merlin, Franz-Theo Gottwald, Walter Stahel, Christiane Busch-Lüthy, Reinhard Loske, Sepp Viehauser, Peter Rath, Thomas Schröpler, Hubertus Heintze, Edith Memmel, Monika von Rantzau, Christian von Ditfurth, Heinrich Jung, Dorothée Engel und meinen Kollegen in der Zukunftswerkstatt e.V. und der Handwerkskammer Hamburg.